Gräfer/Schneider

Bilanzanalyse

Online-Version inklusive!

Stellen Sie dieses Buch jetzt in Ihre „digitale Bibliothek" in der NWB Datenbank und nutzen Sie Ihre Vorteile:

- Ob am Arbeitsplatz, zu Hause oder unterwegs: Die Online-Version dieses Buches können Sie jederzeit und überall da nutzen, wo Sie Zugang zu einem mit dem Internet verbundenen PC haben.
- Die praktischen Recherchefunktionen der NWB Datenbank erleichtern Ihnen die gezielte Suche nach bestimmten Inhalten und Fragestellungen.
- Die Anlage Ihrer persönlichen „digitalen Bibliothek" und deren Nutzung in der NWB Datenbank online ist kostenlos. Sie müssen dazu nicht Abonnent der Datenbank sein.

Ihr Freischaltcode: WMQEEJFEAYZWZLOLO

Gräfer, Bilanzanalyse

So einfach geht's:

1. Rufen Sie im Internet die Seite **www.nwb.de/go/online-buch** auf.
2. Geben Sie Ihren Freischaltcode ein und folgen Sie dem Anmeldedialog.
3. Fertig!

Die NWB Datenbank – alle digitalen Inhalte aus unserem Verlagsprogramm in einem System.

www.nwb.de

NWB Studium Betriebswirtschaft

Bilanzanalyse

- Traditionelle Kennzahlenanalyse des Einzeljahresabschlusses
- Kapitalmarktorientierte Konzernjahresabschlussanalyse
- Mit zahlreichen Abbildungen

Von
Professor Dr. Horst Gräfer und
Professor Dr. Dr. Georg Schneider

11., vollständig überarbeitete Auflage

nwb STUDIUM

Kein Produkt ist so gut, dass es nicht noch verbessert werden könnte. Ihre Meinung ist uns wichtig! Was gefällt Ihnen gut? Was können wir in Ihren Augen noch verbessern? Bitte verwenden Sie für Ihr Feedback einfach unser Online-Formular auf:

www.nwb.de/go/campus.

Als kleines Dankeschön verlosen wir unter allen Teilnehmern einmal pro Quartal ein Buchgeschenk.

ISBN 978-3-482-**69171**-3 (online)
ISBN 978-3-482-**63241**-9 (print)

11., vollständig überarbeitete Auflage 2010

Satz: Griebsch & Rochol Druck GmbH & Co. KG, Hamm
Druck: medienHaus Plump GmbH, Rheinbreitbach

VORWORT

Das vorliegende Buch ist als Lern- und Arbeitsbuch konzipiert. Studierenden an Hochschulen und berufsbildenden Einrichtungen, Managern und Aufsichtsräten, aber auch „Nichtfachleuten" wird es ermöglicht, sich kurzfristig in die Techniken und Methoden der Analyse von Einzel- und Konzernjahresabschlüssen einzuarbeiten.

Es wird ausführlich gezeigt und begründet, wie veröffentlichte Jahresabschlüsse genutzt werden können, um sodann durch die Bildung und Interpretation von Kennzahlen Erkenntnisse zu den Fragestellungen, die sich bei einer externen Unternehmensbeurteilung ergeben, zu erlangen.

Während in der übrigen umfangreichen Literatur vorzugsweise der derzeitige Stand bilanzanalytischer Möglichkeiten im Detail dargestellt und diskutiert wird, geht es hier insbesondere um den praktischen Einsatz dieses Instrumentariums. Das Buch will helfen, die Anwendung der Ergebnisse des wissenschaftlichen Bemühens zu erlernen und für praktische Fragestellungen nutzbar zu machen. Es wendet sich an diejenigen betriebswirtschaftlich Interessierten, die die Entschlüsselung von Jahresabschlüssen erlernen wollen, um Bilanzen vorsichtig und skeptisch als das zu nutzen, was sie sind: die öffentlich zugänglichen Quellen der Information und Rechenschaftslegung von Unternehmungen.

Das Buch ist so angelegt, dass der Leser simultan mit der Erarbeitung des Hintergrundwissens und der Technik selbst Bilanzanalyse betreiben kann und nach gründlicher Durcharbeit in der Lage ist, eigenständig Bilanzuntersuchungen anzustellen.

Dem Leser wird empfohlen, die einzelnen Arbeitsschritte anhand eines aktuellen Jahresabschlusses einer börsennotierten Gesellschaft nachzuvollziehen. Dadurch erlangt er Gespür und Übung für den Umgang mit den Instrumenten der Bilanzanalyse. Bleiben einzelne Fragen bzw. Zusammenhänge ungeklärt oder wünscht der Leser ausführliche Informationen, sollte er auf die jeweils am Ende eines Kapitels detailliert angegebene Spezialliteratur zurückgreifen.

Die praktische Arbeit beginnt mit der Analyse der Bilanzpolitik. Dann wird versucht, Erkenntnisse zu den einzelnen möglichen Fragekomplexen

- Erfolgsentstehung zur Einschätzung der Ertragskraft,
- Vermögenslage, Liquiditätssituation und Solidität der Finanzierung,
- „Zukunftsvorsorge": Investitionspolitik und Risikostreuung, Wachstum, Finanzierungspotenzial und Anpassungsfähigkeit

zu erlangen. Die zu jeder dieser Fragen vorzunehmenden Untersuchungen, Berechnungen, Zeit, Betriebs- und Branchenvergleiche sowie Argumentationsmöglichkeiten werden ausführlich dargestellt und begründet.

Paderborn/Gütersloh, im Juni 2010 *Horst Gräfer und Georg Schneider*

INHALTSVERZEICHNIS

Vorwort V
Inhaltsverzeichnis VII
Abbildungsverzeichnis XIII
Abkürzungsverzeichnis XV

1. Teil: Allgemeine Grundlagen, Methoden, Instrumente und Techniken der Analyse von Jahresabschlüssen 1

1. Allgemeine Grundlagen 1
   1.1 Bedeutung des Jahresabschlusses und Problemstellung der Bilanzanalyse 1
   1.2 Der an der Analyse des Jahresabschlusses interessierte Personenkreis 6
      1.2.1 Anteilseigner, Gesellschafter und potenzielle Anleger 6
      1.2.2 Kreditgeber, Lieferanten, Kunden 7
      1.2.3 Arbeitnehmer und Gewerkschaften 7
      1.2.4 Die „interessierte Öffentlichkeit“ 8
      1.2.5 Unternehmensleitung 8
      1.2.6 Analysten und Fondsmanager 9
   1.3 Das Informationsmaterial 9
   1.4 Grenzen und Schwierigkeiten der externen Bilanzanalyse 10
2. Methoden, Instrumente und Techniken der Analyse 12
   2.1 Aufdeckung der Rahmenbedingungen und formale Analyse 12
      2.1.1 Kurzübersicht 12
      2.1.2 Die Rahmenbedingungen der Unternehmung 13
         (1) Die Eigentums- und Kapitalverhältnisse 13
         (2) Beziehungen zu verbundenen Unternehmen 14
         (3) Die Unternehmung in ihrem Markt 14
            aa) Konkurrenz- und Branchenverhältnisse 14
            bb) Die Geschäftsentwicklung 14
      2.1.3 Formale Bilanzbetrachtungen: Einhaltung der Rechnungslegungsvorschriften 15
      2.1.4 Auswertung des Anhangs 15
   2.2 Analyse und Auswertung der Bilanzpolitik 16
   2.3 Bilanzanalyse als Kennzahlenrechnung 18
      2.3.1 Bedeutung der Bildung von Kennzahlen 18
      2.3.2 Kennzahlenarten 19
         a) Grundzahlen 19
         b) Verhältnis-/Relativzahlen 19
            (1) Gliederungszahlen 19
            (2) Beziehungszahlen 20

(3) Index-Zahlen (Messzahlen) 20
(4) Richtzahlen 20
2.4 Interpretation der Erkenntnisse der Teilanalysen mithilfe von Vergleichsmaßstäben 20
2.4.1 Wesen der Teilanalyse 20
2.4.2 Die statische Bilanzanalyse als Ausgangspunkt und das Problem des Vergleichsmaßstabes 21
2.4.3 Der Zeit- und Entwicklungsvergleich 21
2.4.4 Der Betriebs- und Branchenvergleich 22
2.4.5 Der Normenvergleich: Soll-Ist-Vergleich 23
2.4.6 Kombination der Beurteilungsmaßstäbe 24
2.5 Methodisch-systematischer Ablauf der Unternehmensbeurteilung 24

2. Teil: Traditionelle Kennzahlenanalyse des Einzeljahresabschlusses 27

1. Erfolgswirtschaftliche Jahresabschlussanalyse 27
1.1 Problemstellung und Analyseziel 27
1.2 Die Gewinn- und Verlustrechnung als Informationsbasis 30
1.3 Ergebnisquellenanalyse und Erfolgsspaltung 33
1.3.1 Bedeutung und Ermittlung des ordentlichen Betriebsergebnisses 34
1.3.2 Der Finanz- und Verbunderfolg 38
1.3.3 Das finanzwirksame Außerordentliche und Liquidationsergebnis 41
1.3.4 Der Bewertungserfolg 42
1.3.5 Analyse der Erfolgsverwendung 44
1.4 Die detaillierte Analyse des Betriebsergebnisses 46
1.4.1 Umsatzanalyse 46
1.4.2 Bestandsveränderungen 47
1.4.3 Intensitäts- und Aufwandsstrukturkennzahlen 47
1.4.4 Wirtschaftlichkeitsbetrachtungen 50
1.4.5 Ursachenforschung 52
1.5 Pro-Forma-Kennzahlen: Die „Before ...“-Familie 56
1.5.1 Earnings before Taxes (EBT) 56
1.5.2 Earnings before Interests and Taxes (EBIT) 57
1.5.3 Earnings before Interests, Taxes and Amortization (EBITA) 57
1.5.4 Earnings before Interests, Taxes, Depreciation and Amortization (EBITDA) 58
1.5.5 Zusammenfassende Beurteilung 59
1.6 Rentabilitätsbetrachtungen 60
1.6.1 Die Eigenkapitalrentabilität 61
1.6.2 Die Gesamtkapitalrentabilität 63
1.6.3 Die Betriebsrentabilität 63
1.6.4 Die Umsatzrentabilität, Umsatzrendite, EBIT-Marge 64
1.6.5 Das Return-on-Investment-Konzept 65

2. Finanzwirtschaftliche Jahresabschlussanalyse 70
2.1 Das Analyseziel 70
2.2 Die Beurteilung der kurzfristigen, situativen Liquidität 72
2.2.1 Liquiditätskennzahlen 72
(1) Barliquidität, Liquidität 1. Grades 72
(2) Liquidität 2. Grades 72
(3) Working Capital 73
(4) Beurteilung und zusammenfassende Thesen zu den Liquiditätskennzahlen 73
2.2.2 Vermögensstrukturkennzahlen 74
(1) Vermögensintensitäten 74
(2) Umschlagskoeffizienten 74
2.3 Statische, strukturelle Finanzanalyse: Die Ausstattung mit Kapital 76
2.3.1 Finanzierungsgrundsätze als Ausgangspunkt 76
2.3.2 Eigenkapital und Eigenkapitalquote 78
(1) Die besondere Bedeutung des Eigenkapitals 78
(2) Die „vorsichtige“ Ermittlung des „bilanzanalytischen“ Eigenkapitals 79
(3) Die Eigenkapitalquote und ihre Bedeutung 81
(4) Die Struktur des Eigenkapitals 82
2.3.3 Analyse der Rückstellungen 84
2.3.4 Die Höhe und Struktur der Verbindlichkeiten 85
2.3.5 Vermögensaufbau und finanzielle Deckung: Horizontale Bilanzanalyse 87
2.4 Dynamische, stromgrößenorientierte Finanzanalyse: Der Cashflow 91
2.4.1 Der Cashflow als Maßstab für das Innenfinanzierungspotenzial 91
(1) Definition und Charakteristik 91
(2) Die Ermittlung des Cashflow 92
a) Die direkte Ermittlung 92
b) Die indirekte Ermittlung 92
c) Der Cashflow nach DVFA/SG 93
2.4.2 Aussage und Interpretation 94
(1) Beurteilung der Finanzkraft 95
(2) Der Cashflow als Erfolgsindikator 96
(3) Der Cashflow als Frühwarnindikator 97
3. Untersuchungen zur Zukunftsvorsorge: Investitionspolitik, Risikostreuung, Wachstum und Finanzierungspotenzial 99
3.1 Präzisierung des Untersuchungszieles 99
3.2 Analyse der Investitionstätigkeit 100
3.2.1 Das Investitionsvolumen des Geschäftsjahres 100
3.2.2 Investitionen im Kernbereich der Unternehmung 102

(1) Investitionen in immaterielle Vermögensgegenstände 102
(2) Investitionen in das Sachanlagevermögen 102
3.2.3 Investitionen im Finanzanlagevermögen und Beteiligungsbereich 103
3.3 Beurteilung des Investitionsrisikos 104
3.4 Wachstum und Finanzierungspotenzial 106
3.4.1 Die Messung des Wachstums 106
3.4.2 Finanzierung der Investitionen und des Periodenwachstums 107
3.4.3 Finanzierungspotenzial für künftiges Wachstum 108

3. Teil: Kapitalmarktorientierte Analyse von Konzernjahresabschlüssen 111

1. Besonderheiten und Grundlagen der Analyse von Konzernabschlüssen 111
1.1 Methodische Vorbemerkungen 111
1.2 Funktionen und Besonderheiten des Konzernjahresabschlusses 112
1.3 Die Art der Einbeziehung der zum Konzern gehörenden Einzelunternehmen in den Konzernjahresabschluss 113
1.4 Beispiel zur Vollkonsolidierung 115
2. Zusätzliche Bilanz- und Erfolgsrechnungspositionen und ihre Problematik 117
2.1 Geschäfts- und Firmenwerte 117
2.2 Passivischer Unterschiedsbetrag 119
2.3 Unterschiedsbetrag aus Währungsumrechnungen 119
2.4 Latente Steuern 122
2.5 Ausgleichsposten für Anteile im Fremdbesitz, Anteile anderer Gesellschafter, Anteile Konzernfremder 124
2.6 Gewinn- und Verlustanteile anderer Gesellschafter 124
2.7 Erwirtschaftetes Kapital der Gruppe 124
3. Die Nutzung des Informationsgehaltes von Kapitalflussrechnungen (Statement of Cashflows) 125
3.1 Funktion und Charakteristika 125
3.2 Aufbau und Struktur 126
3.3 Analyse und Interpretation der Kapitalflussrechnung 128
3.4 Die externe Ableitung einer Kapitalflussrechnung aus dem Jahresabschluss 133
4. Die Einschätzung der Unternehmung durch den Kapitalmarkt 136
4.1 Sinn der Betrachtung 136
4.2 Börsenkurs/Bilanzkurs 137
4.3 Kurs/Gewinn-Verhältnis, Ergebnis nach DVFA/SG und Earnings per Share nach IFRS 137
5. Konzept und Instrumente der wertorientierten Unternehmensführung 139
5.1 Das Kapitalkostenkonzept 141

5.2 Wertorientierte Kennzahlen 143
5.2.1 Cashflow Return on Investment (CFRoI) 143
5.2.2 Return on Capital employed (RoCe) und Return on Net Assets (RoNa) 147
5.2.3 Economic Value Added (EVA) 147
5.3 Aufgaben, Struktur und Ergebnisse der Segmentberichterstattung 149

4. Teil: Statistische Verfahren zur Früherkennung von Insolvenzen: Die Diskriminanzanalyse 153

1. Problemstellung und Ansatz 153
2. Generelle Vorgehensweise bei der Diskriminanzanalyse 154
3. Die Ermittlung geeigneter Kennzahlen und deren Kombination 155
3.1 Die Ausgangslage 155
3.2 Univariate Diskriminanzanalyse 155
3.3 Multivariate Diskriminanzanalyse 157
3.4 Besonders geeignete Kennzahlen und ihre Kombinationen 159
3.5 Zusammenfassung 159

Literaturverzeichnis 161

Stichwortverzeichnis 167

ABBILDUNGSVERZEICHNIS

ABB. 1:	Gliederung der Jahresabschlussanalyse	4
ABB. 2:	Kurzübersicht, Formblatt	13
ABB. 3:	Profil der Bilanzpolitik, Formblatt	17
ABB. 4:	Ablauf der Unternehmensanalyse	25
ABB. 5:	Erfolgsspaltung	28
ABB. 6:	Analyse des Jahreserfolgs	30
ABB. 7:	Gewinn- und Verlustrechnung nach dem Gesamtkostenverfahren	31
ABB. 8:	Gewinn- und Verlustrechnung nach dem Umsatzkostenverfahren	32
ABB. 9:	Ordentlicher Betriebserfolg, Formblatt	34
ABB. 10:	Jährliche Zuführung zu Pensionsrückstellungen	36
ABB. 11:	Finanz- und Verbunderfolg, Formblatt	39
ABB. 12:	Der außerordentliche und Liquidationserfolg, Formblatt	41
ABB. 13:	Bewertungserfolg, Formblatt	43
ABB. 14:	Schnellübersicht	44
ABB. 15:	Kennzahlensystem zur Analyse des Betriebserfolgs (GKV)	54
ABB. 16:	Kennzahlensystem zur Analyse des Betriebserfolgs (GKV)	55
ABB. 17:	Pro-Forma-Kennzahlen	59
ABB. 18:	Das Return-on-Investment-Konzept nach GKV	66
ABB. 19:	Kennzahlen zur Rentabilitätsanalyse, Formblatt	68
ABB. 20:	Kennzahlen und Instrumente der Finanzanalyse	71
ABB. 21:	Bilanz-Aufbau	79
ABB. 22:	Bestimmung des bilanzanalytischen Eigenkapitals	80
ABB. 23:	Eigenkapitalquote	82
ABB. 24:	Verbindlichkeitenspiegel	86
ABB. 25:	Finanzschulden	86
ABB. 26:	Strukturbilanz	88
ABB. 27:	Deckungsgrade; Fristenkongruenz	88
ABB. 28:	Cashflow nach DVFA/SG	94
ABB. 29:	Cashflow-Analyseziele	95
ABB. 30:	Ermittlungsschema Cashflow, Formblatt	98
ABB. 31:	Ermittlung des Konzerneigenkapitals, Formblatt	125
ABB. 32:	Kapitalflussrechnung als 3. Jahresrechnung neben Bilanz und Ergebnisrechnung	126
ABB. 33:	Struktur der Kapitalflussrechnung	128
ABB. 34:	Kapitalflussrechnung BEIERSDORF AG	130

ABB. 35: Auswertung der Kapitalflussrechnung 132
ABB. 36: Beispiel einer Kapitalflussrechnung 134
ABB. 37: Ermittlungsschema nach IDW 135
ABB. 38: Ermittlung der Kapitalkosten 142
ABB. 39: Cashflow Return on Investment 145
ABB. 40: Zweifache univariate Diskriminanzanalyse 156

ABKÜRZUNGSVERZEICHNIS

A

a. a. O.	am angegebenen Ort
a. o.	außerordentlich
Abs.	Absatz
ähnl.	ähnlich
AG	Aktiengesetz
AHK	Anschaffungs- und Herstellungskosten
aktiv.	aktiviert
allgem.	allgemein
Aufl.	Auflage
außerplanm.	außerplanmäßig
AV	Anlagevermögen

B

BB	Betriebs-Berater (Zeitschrift)
BBK	Buchführung, Bilanzierung, Kostenrechnung (Zeitschrift)
betr.	betrieblich
betriebl.	Betrieblich
betriebsnotw.	betriebsnotwendig
BFuP	Betriebswirtschaftliche Forschung und Praxis (Zeitschrift)
BGA	Betriebs- und Geschäftsausstattung
BilMoG	Bilanzrechtsmodernisierungsgesetz
bzw.	beziehungsweise

C

ca.	circa
CFRoI	Cashflow Return on Investment
c. p.	ceteris paribus

D

DB	Der Betrieb (Zeitschrift)
d. h.	das heißt
DM	Deutsche Mark
DRS	Deutscher Rechnungslegungsstandard
DStR	Deutsches Steuerrecht (Zeitschrift)
DV	Datenverarbeitung
DVFA	Deutsche Vereinigung für Finanzanalyse und Asset Management
∅	Durchschnitt

E

EBIT	Earnings before Interest and Taxes
EBITDA	Earnings before Interest, Taxes, depreciation and amortization
EE-Steuern	Steuern vom Einkommen und Ertrag
EK	Eigenkapital
eig.	eigene
einschl.	einschließlich
Einstell.	Einstellung
erweit.	erweiterte
EStG	Einkommensteuergesetz
EStR	Einkommensteuer-Richtlinien
EStDV	Einkommensteuer-Durchführungsverordnung
etc.	et cetera
evtl.	eventuell

F

F & E-Kosten	Forschungs- und Entwicklungskosten
FinAV	Finanzanlagevermögen
FK	Fremdkapital
Ford.verbund.Untern.	Forderungen an verbundene Unternehmen
F. u. E.	Forschung und Entwicklung

G

gebund.	gebunden
gem.	gemäß
ges.	gesetzlich
ggü.	gegenüber
GKV	Gesamtkostenverfahren
GJ	Geschäftsjahr
GuV	Gewinn- und Verlustrechnung
GWG	Geringwertige Wirtschaftsgüter

H

HGB	Handelsgesetzbuch
HR	Handelsregister
hrsg.	herausgegeben

I

IAS	International Accounting Standards
IFRS	International Financial Reporting Standards
i. d. R.	in der Regel
imm.	immateriell

i. e. S.	im engeren Sinne
i. S.	im Sinne

J

J.	Jahr
Jg.	Jahrgang

K

KFR	Kapitalflussrechnung
KGaA	Kommanditgesellschaft auf Aktien
KGV	Kurs-Gewinn-Verhältnis
KoR	Kapitalmarktorientierte Rechnungslegung (Zeitschrift)
Korr.	Korrektur
KSt	Körperschaftsteuer
kurzfr.	kurzfristig

L

lgfr.	langfristig
LuL	Lieferungen und Leistungen
lt.	laut

M

Mio.	Million

N

NOPAT	Net Operating Profit after Taxes

O

od.	oder
o. Verf.	ohne Verfasser
ordentl.	ordentlich

P

PSch	Postscheck
PublG	Publizitätsgesetz

R

RAP	Rechnungsabgrenzungsposten
Rückst./Rückstell.	Rückstellungen

S

SAV	Sachanlagen, Sachanlagevermögen
SG	Schmalenbach Gesellschaft

sonst.	sonstige
Sp.	Spalte
St.	Steuern
steuerl.	steuerlich
StuB	Steuern und Bilanzen (Zeitschrift)

T

techn.	technisch

U

u.	und
u. a.	unter anderem/und andere
UKV	Umsatzkostenverfahren
unregelm.	unregelmäßig
u. U.	unter Umständen
UV	Umlaufvermögen

V

Verb.	Verbindlichkeiten
Verm.	Vermögen
Verw.	Verwendung
VG	Vermögensgegenstände
vgl.	vergleiche
v. H.	vom Hundert
VJ	Vorjahr
vorüberg.	vorübergehend

W

WACC	Weighted Average Cost of Capital
Wertmind.	Wertminderung
WiSt	Wirtschaftswissenschaftliches Studium (Zeitschrift)
WISU	Das Wirtschaftsstudium (Zeitschrift)
WPg	Die Wirtschaftsprüfung (Zeitschrift)

Z

z. B.	zum Beispiel
ZfbF	Zeitschrift für betriebswirtschaftliche Forschung
ZfB	Zeitschrift für Betriebswirtschaft
ZGR	Zeitschrift für das gesamte Rechnungswesen
Ziff.	Ziffer
z. T.	zum Teil
zzt.	zurzeit

1. Teil: Allgemeine Grundlagen, Methoden, Instrumente und Techniken der Analyse von Jahresabschlüssen

1. Allgemeine Grundlagen

1.1 Bedeutung des Jahresabschlusses und Problemstellung der Bilanzanalyse

Unternehmungen haben über den Erfolg ihrer Geschäftstätigkeit und über ihre wirtschaftliche Situation, insbesondere über die Vermögens-, Finanz- und Ertragslage, mindestens einmal jährlich Rechenschaft abzulegen. Instrument dieser Rechenschaftslegung sind der Jahresabschluss, bestehend aus Bilanz, Gewinn- und Verlustrechnung und Anhang, sowie der Lagebericht. Die gesetzlichen Grundlagen hierzu finden sich in § 242 HGB[1].

§ 242

(1) Der Kaufmann hat zu Beginn seines Handelsgewerbes und für den Schluss eines jeden Geschäftsjahrs einen das Verhältnis seines Vermögens und seiner Schulden darstellenden Abschluss (Eröffnungsbilanz, Bilanz) auszustellen. Auf die Eröffnungsbilanz sind die für den Jahresabschluss geltenden Vorschriften entsprechend anzuwenden, soweit sie sich auf die Bilanz beziehen.

(2) Er hat für den Schluss eines jeden Geschäftsjahrs eine Gegenüberstellung der Aufwendungen und Erträge des Geschäftsjahrs (Gewinn- und Verlustrechnung) aufzustellen.

(3) Die Bilanz und die Gewinn- und Verlustrechnung bilden den Jahresabschluss.

Siehe HGB § 242:

(4) Die Absätze 1 bis 3 sind auf Einzelkaufleute i. S. des § 241a nicht aufzuwenden. Im Fall der Neugründung treten die Rechtsfolgen nach Satz 1 schon ein, wenn die Werte des § 241a Satz 1 am ersten Abschlussstichtag nach der Neugründung nicht überschritten werden.

Soweit es sich um **Einzelunternehmen** und **Personenhandelsgesellschaften** handelt, braucht der Jahresabschluss nicht veröffentlicht zu werden. Er hat in diesem Fall vorzugsweise folgende Funktionen:

- **Ermittlung des Periodengewinns und Selbstinformation**
- **Dokumentationsfunktion**
- **Grundlage für die steuerliche Gewinnermittlung**

Im Falle von Kapitalgesellschaften hat der Jahresabschluss den Besonderheiten dieser Unternehmen entsprechend weitere zusätzliche Funktionen zu erfüllen:

- **Ermittlung des ausschüttungsfähigen Gewinns unter Aspekten der Kapitalerhaltung und des Gläubigerschutzes**
- **Vermeidung von haftungssubstanzmindernden Ausschüttungen an die Eigentümer (Ausschüttungssperrfunktion)**

1 Soweit nicht ausdrücklich ein Gesetz angegeben ist, beziehen sich die §-Angaben auf das HGB.

- **Rechenschaftslegung gegenüber Anteilseignern, Gläubigern und der Öffentlichkeit**
- **Sicherstellung einer Mindestausschüttung**

Da in den modernen Industriegesellschaften die Unternehmen trotz rechtlicher Selbstständigkeit häufig nicht unabhängig voneinander operieren, sondern Teile eines Konzernverbunds und damit abhängig von der Muttergesellschaft sind, müssen eben diese Muttergesellschaften einen Konzernjahresabschluss erstellen, in den die verbundenen Unternehmen (Tochterunternehmen) und die Unternehmen, mit denen ein Beteiligungsverhältnis besteht, einbezogen werden. Da an diesen Konzernabschluss keine Ausschüttungsfolgen geknüpft sind, hat er vornehmlich eine Informationsfunktion. Insbesondere die nach **International Financial Reporting Standards (IFRS)** erstellten Abschlüsse dienen dem Ziel, Investoren mit entscheidungsrelevanten Informationen zu versorgen. Auch deutsche Kapitalgesellschaften müssen – soweit sie börsennotiert sind – einen Konzernjahresabschluss auf Grundlage dieser IFRS aufstellen und veröffentlichen.

So unterschiedlich die Informationsbedürfnisse der verschiedenen Interessengruppen (Anteilseigner und potenzielle Anleger, Kreditgeber, Lieferanten, Arbeitnehmer und ihre Organisationen, Wirtschaftsverbände und -presse) in Abhängigkeit von ihren differierenden Beziehungen und Bindungen zu dem jeweils betrachteten Unternehmen auch sein mögen, so konzentrieren sich ihre Fragen zusammenfassend doch auf die folgenden **Problemstellungen der Jahresabschlussanalyse**:

- die Beurteilung der **gegenwärtigen Ertragslage** mit dem Ziel der Prognose der **künftigen Ertragskraft** des Unternehmens;
- die Beurteilung der **finanziellen Stabilität** zur Einschätzung der Fähigkeit der Unternehmung, ihren gegenwärtigen und zukünftigen Zahlungsverpflichtungen nachkommen zu können;
- die **Einschätzung des Erfolgspotenzials** im Sinne von Stärken und Schwächen des Unternehmens, die u. a. in Investitionsaktivitäten, Wachstum, Risikostreuung und Finanzierungsmöglichkeiten zum Ausdruck kommen, aber ihrer Natur gemäß nur zum Teil aus dem Jahresabschluss erkennbar sind.

Darüber hinaus sind bei Großunternehmen auch die Fragen der Wertschöpfung, ihr Beitrag zur Forschung und Entwicklung und die gesellschaftlichen Konsequenzen ihrer Aktivitäten, Erfolge und Misserfolge von Bedeutung.

Nun gibt der Jahresabschluss in der veröffentlichten Form nicht ohne Weiteres und auf den ersten Blick Auskunft über diese verschiedenen Fragen. Seiner mehrfachen Zwecksetzung entsprechend, stellt er vielmehr ein nach bestimmten Vorschriften erstelltes komplexes Rechen- und Zahlenwerk dar.

In der **Bilanz** wird eine Bestandsaufnahme über die Zusammensetzung und Werte der Vermögensgegenstände sowie über die Herkunft des eingesetzten Kapitals, also der eigenen Mittel und der Schulden, zu einem bestimmten **Zeitpunkt**, dem Abschlussstichtag, vorgenommen. In der ebenfalls zum Jahresabschluss gehörenden **Gewinn- und Verlustrechnung** werden die in der Abrechnungsperiode, also in einem bestimmten **Zeitraum** entstandenen Erträge und die zugehörigen Aufwendungen zahlenmäßig erfasst und einander gegenübergestellt. Im **Anhang** werden zusätzliche Angaben, Informationen und Erläuterungen, die zum Verständnis des Zahlenwerks notwendig sind, gemacht. Der **Lagebericht** gibt Auskunft über besondere Ereignisse im Geschäftsjahr und über die Einschätzung der zu erwartenden Entwicklung aus Sicht der gesetzlichen Vertreter, also der Vorstände bzw. der Geschäftsführer.

In diesem Gesamtwerk, dieser Sammlung von Zahlen und Detailinformationen, muss sich der Bilanzleser Antworten auf seine Fragen suchen. Er muss die ihm gegebenen, aufgrund der Buchführungs- und Abschlusstechniken, Bewertungsregeln, Bilanzierungsvorschriften und „Grundsätze ordnungsmäßiger Buchführung" zusammengestellten – meist numerischen – Unternehmensdaten für seine speziellen Ziele und Fragestellungen nutzbar machen.

Hier setzt die Bilanzanalyse oder korrekter die **Jahresabschlussanalyse** an.

MERKE

Die Jahresabschlussanalyse ist ein systematisches Verfahren der Ausschöpfung und Verarbeitung des Informationspotenzials von Bilanz, Gewinn- und Verlustrechnung, Anhang und Lagebericht mit dem Ziel, Einsichten und Erkenntnisse über die wirtschaftliche Lage und Zukunftsaussichten eines Unternehmens zu erlangen.

Auf Basis der vergangenheitsorientierten Daten und Informationen des aktuellen Jahresabschlusses wird versucht, Erkenntnisse über die zu erwartende künftige Entwicklung des Unternehmens zu erlangen.

Dabei besteht die Jahresabschlussanalyse neben der Auswertung der qualitativen Informationen des Lageberichts und des Anhangs vorzugsweise in der **Bildung von Kennzahlen und deren Interpretation** sowie der Prognose der künftigen Entwicklung.

Traditionell wird zwischen der erfolgswirtschaftlichen und der finanzwirtschaftlichen Jahresabschlussanalyse unterschieden.

ABB. 1: Gliederung der Jahresabschlussanalyse

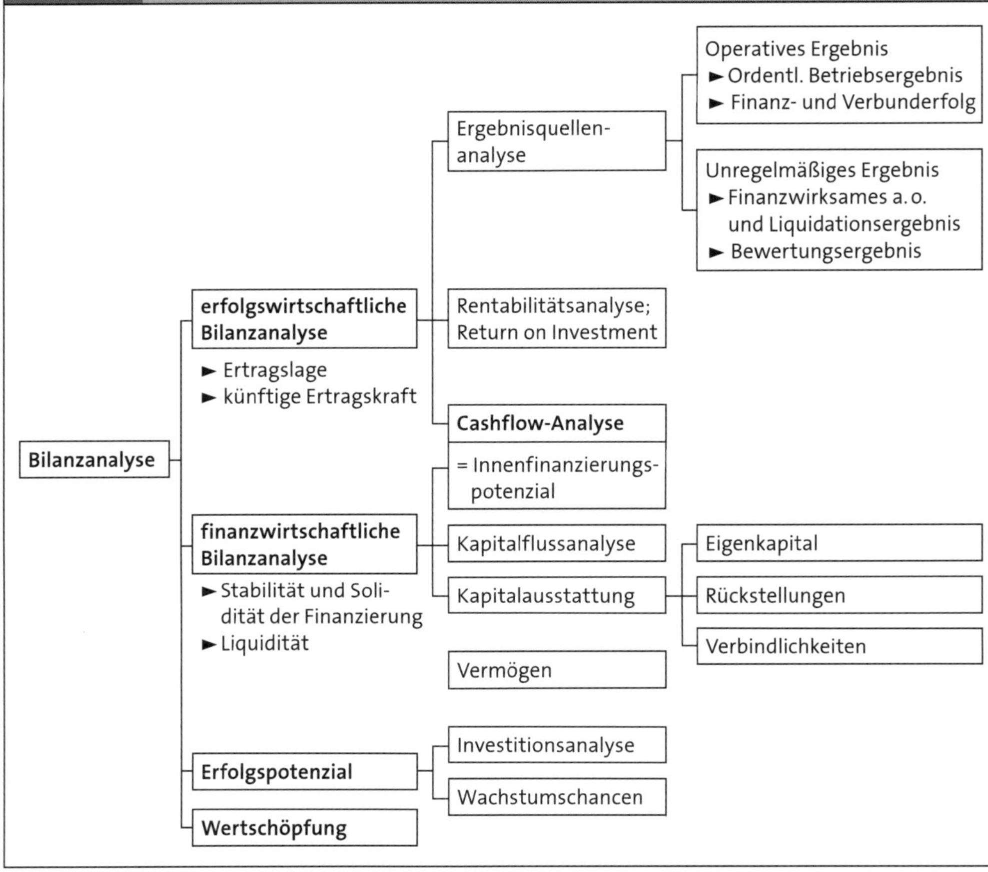

MERKE

Zusammenfassend kann die Bilanzanalyse als eine Methode zur Informationsverarbeitung verstanden werden, bei der das Zahlenmaterial eines oder mehrerer Jahresabschlüsse von einer oder mehreren Unternehmungen im Hinblick auf bestimmte Informationsziele aufbereitet, gruppiert, zu Kennzahlen verdichtet und schließlich interpretierend beurteilt und begutachtet wird. Mit Hilfe dieser bilanzanalytischen Kennzahlen will man aussagefähigere Informationen über die ökonomische Lage und die Zukunftsaussichten eines Unternehmens erhalten, als sie die ursprünglichen Zahlen der Jahresabschlussrechnung liefern.

Aufgabe dieses Buches soll es sein, zu zeigen, auf welche Weise externe Interessenten an einem Unternehmen Informationen zu den oben genannten Fragen aus veröffentlichten Jahresabschlüssen erlangen können. Es soll erläutert werden, mit welchen Methoden und Instrumenten Bilanzen aufbereitet werden, welche Kennzahlen zur Gewinnung von Aussagen und Prognosen zu bilden sind, wie die Ergebnisse interpretiert und ausgewertet werden können und wo die Grenzen und Schwächen der Bilanzanalyse liegen.

Mit anderen Worten: Dieses Buch soll es dem Leser ermöglichen, Technik, Methoden und Instrumente der Bilanzanalyse zu erlernen, d. h. die ökonomische Situation von Unternehmen anhand der Jahresabschlüsse zu beurteilen.

Das zu beschreibende Instrumentarium kann gleichermaßen auf Einzel- und Konzernjahresabschlüsse – und auch unabhängig davon, ob Letztere nach HGB oder IFRS erstellt worden sind – angewendet werden. Auf einzelne Besonderheiten der nach internationalen Standards erstellten Bilanzen wird jeweils und insbesondere im 3. Teil dieses Buches hingewiesen.

Die Ausführungen stellen auf den **externen Betrachter** ab und beziehen sich auf veröffentlichte Jahresabschlüsse. Die Gründe dafür liegen darin, dass dem breiten Publikum i. d. R. nur solche Bilanzen zugänglich sind und dass es sich bei der Mehrzahl der Interessenten um Personen und Institutionen außerhalb des Unternehmens handelt.

In unserer Argumentation beschränken wir uns auch im Wesentlichen auf die **aus dem Jahresabschluss hervorgehenden Daten**. Die Systematik, Formblätter, Aufbereitungsbögen und Rechenschemata erlauben es jedoch, darüber hinaus auch zusätzliche Informationen zu verarbeiten. Damit bietet dieses Buch auch denjenigen, die über zusätzliche Informationen verfügen, die Möglichkeit, diese zu nutzen und rechnerisch bei der Kennzahlenbildung zu erfassen. Gedacht ist beispielsweise an Steuerberater, Kreditinstitute, professionelle Analysten und Wirtschaftsjournalisten. Sie alle verfügen entweder ohnehin über besondere Informationen oder sind bis zu einem bestimmten Grade in der Lage, diese durch sachkundige Fragen und ggf. durch den Einsatz eines gewissen Sanktionspotenzials zu erlangen.

Zusammenfassung

(1) *Jahresabschlüsse sind ein jährlich zu erstellendes Instrument der Berichterstattung und Rechenschaftslegung über die wirtschaftlichen Aktivitäten, Erfolge und Misserfolge, die Finanz-, Ertrags- und Vermögenslage von Unternehmen.*

(2) *Bei Einzelunternehmen und Personenhandelsgesellschaften dienen sie vorzugsweise der Selbstinformation der Eigentümer und der Dokumentation. Sie ermöglichen die Feststellung des Erfolges, die Gewinnverteilung an die Gesellschafter und sind Grundlage für Besteuerung, Planungen, Dispositionen, Auseinandersetzungen und Kreditverhandlungen.*

(3) *Bei Kapitalgesellschaften kommen wegen der Haftungsbeschränkung und der allgemeinen wirtschaftlichen Bedeutung dieser Rechtsform als weitere Aufgaben des Einzeljahresabschlusses*

- *die vorsichtige Bemessung der Ausschüttungen unter Aspekten der Kapitalerhaltung und des Gläubigerschutzes,*
- *Rechenschaftslegung gegenüber den Kapitalgebern,*
- *die Information der Öffentlichkeit und Geschäftspartner,*
- *die Sicherstellung einer Mindestausschüttung zum Schutz von Klein- und Minderheitsaktionären im Falle der AG hinzu.*

Diese Ziele haben zur Konsequenz, dass der Abschluss veröffentlicht werden muss, nach speziellen Detailvorschriften zu erstellen und bei mittleren und großen Gesellschaften durch Abschlussprüfer zu prüfen ist.

(4) Konzernabschlüsse haben nur eine Informationsfunktion. Im Sinne der IFRS sollen sie Investoren und Anteilseigner mit entscheidungsrelevanten Informationen versorgen.

(5) Jahresabschlüsse liefern direkt nur einen Teil der zur Beurteilung der ökonomischen Situation von Unternehmungen notwendigen Zahlen und Informationen.

(6) Weitere Erkenntnisse und Hinweise müssen aus Anhang und Lagebericht gewonnen werden.

(7) Insbesondere durch die Bildung bestimmter Kennzahlen können aussagefähigere Erkenntnisse über die finanzwirtschaftliche und erfolgswirtschaftliche Lage der Unternehmung erlangt werden als aus dem ursprünglichen Zahlenmaterial.

LITERATURHINWEISE

Baetge, J./Kirsch, H.-J./Thiele, S.: Bilanzanalyse, 2. Aufl., Düsseldorf 2004.

Coenenberg, A. G.: Jahresabschluss und Jahresabschlussanalyse, 21. Aufl., Stuttgart 2009.

Kirsch, H.: Finanz- und erfolgswirtschaftliche Jahresabschlussanalyse nach IFRS, 2. Aufl., München 2007.

Küting, K./Weber, C. P.: Die Bilanzanalyse, 9. Aufl., Stuttgart 2009.

Peemöller, V. H.: Bilanzanalyse und Bilanzpolitik, 3. Aufl., Wiesbaden 2003.

Schult, E./Brösel. G: Bilanzanalyse, 12. Aufl., Berlin 2008.

1.2 Der an der Analyse des Jahresabschlusses interessierte Personenkreis

Der Jahresabschluss soll u. a. Instrument der Rechenschaftslegung und Informationsvermittlung sein. Damit stellt sich die Frage, wem gegenüber Rechenschaft abgelegt werden soll, wer an dem Unternehmensgeschehen interessiert ist.

1.2.1 Anteilseigner, Gesellschafter und potenzielle Anleger

Rechenschaft über die Aktivitäten, deren Erfolg oder Misserfolg, und die Situation der Unternehmung ist zunächst einmal gegenüber den nicht direkt an den Entscheidungen über die Geschäftspolitik und das Unternehmensgeschehen beteiligten Miteigentümern und Gesellschaftern abzulegen. Diese Gruppe hat Kapital zur Verfügung gestellt. Sie haftet mit diesem Kapital gegenüber den Gläubigern, kann es also verlieren. Und schließlich: Diese Gruppe ist es, der nach unserer Rechtsordnung bei einer erfolgreichen Entwicklung der Geschäfte der Gewinn zusteht.

Die Informationen benötigen die Anteilseigner für ihre Entscheidungen bei der Wahrnehmung ihrer Eigentums- und Mitgliedschaftsrechte; etwa darüber, ob sie ihre Anteile behalten, möglicherweise vermehren oder auch verkaufen wollen. Ebenso wichtig sind die Informationen für das Verhalten der Gesellschafter bei Abstimmungen in Gesellschaftsversammlungen, z. B. bei Beschlüssen über die Gewinnverwendung, Kapitalerhöhungen usw.

Ähnlich wie für die gegenwärtigen Gesellschafter lässt sich für potenzielle Kapitalanleger argumentieren. Sie brauchen für ihre Anlageentscheidung ebenfalls Informationen über die Situation der Unternehmung, um sich ein Urteil über die Sicherheit und die Rentierlichkeit der in Aussicht genommenen Beteiligung bilden zu können. Ohne diese Kenntnisse würde eine solche Kapitalanlage zu einem reinen Lotteriespiel.

1.2.2 Kreditgeber, Lieferanten, Kunden

Offensichtlich ist das Interesse der Gläubiger des Unternehmens an der Bilanzanalyse: Sie brauchen Informationen über die Sicherheit der dem Unternehmen gewährten Kredite bzw. über die Wahrscheinlichkeit, mit der das Unternehmen seinen Tilgungs- und Zinszahlungsverpflichtungen nachkommen können wird.

Zum Kreis der Gläubiger gehören die Fremdkapitalgeber, also Banken, Versicherungsgesellschaften, private Geldgeber und Inhaber von Teilschuldverschreibungen. Aber auch die Lieferanten kommen i. d. R. in eine Gläubigerposition, indem sie dem Unternehmen Lieferungen und Leistungen gewähren, die nicht sofort bezahlt werden. Dabei kann es sich sowohl um Personen und Institutionen, die sich bereits in der Gläubigerposition befinden, wie auch um solche handeln, die erst eine Kreditgewährung oder die Aufnahme von Geschäftsbeziehungen planen.

Ihnen allen stellt sich die Frage nach der **Kreditwürdigkeit** des Unternehmens, bei deren Beantwortung der Jahresabschluss Hinweise liefern soll.

Auf den ersten Blick nicht ganz so offensichtlich ist das Interesse der Kunden an dem sich im Jahresabschluss niederschlagenden Unternehmensgeschehen. Dass aber auch sie Informationen über den Stand und die neu zu erwartende Entwicklung der Unternehmung brauchen, wird deutlich, wenn man sich vor Augen führt, dass gegenwärtige Geschäftsverbindungen oftmals weit in die Zukunft reichende Konsequenzen haben.

1.2.3 Arbeitnehmer und Gewerkschaften

Neben den Anteilseignern, Gläubigern und Kunden haben ganz besonders die Arbeitnehmer ein vitales Interesse am Unternehmensgeschehen und damit am Jahresabschluss. Ihr Arbeitsplatz, ihre beruflichen Entfaltungsmöglichkeiten und ihr Einkommen hängen in hohem Maß von der Entwicklung der sie beschäftigenden Unternehmung ab. Oftmals reicht die Bindung an die Firma infolge von Pensions- und Ruhegeldzusagen sogar über das Arbeitsleben hinaus. In manchen Unternehmen partizipieren sie auch durch Vermögens- und Erfolgsbeteiligungssysteme am Bilanzgewinn.

Es ist daher leicht einsichtig, dass auch die Belegschaften bzw. ihre Vertretungen und Standesorganisationen im Jahresabschluss nach relevanten Informationen suchen.

Die Gewerkschaften brauchen solche Informationen für ihre Tarifverhandlungen. Ganz einleuchtend ist dies, wenn sogenannte „Haustarife“ abgeschlossen werden. Hier wird die Gewerkschaft ihre Forderungen an der Leistungsfähigkeit des speziellen Unternehmens ausrichten und zur Ermittlung eben dieser Leistungsfähigkeit auch die Bilanz und die Gewinn- und Verlustrechnung heranziehen.

1.2.4 Die „interessierte Öffentlichkeit“

Der Kreis der in ihren Interessen durch die Unternehmenspolitik und -entwicklung berührten Menschen und Institutionen geht weit über die Eigentümer, Gläubiger, Arbeitnehmer, Kunden und Lieferanten hinaus.

Vom Erfolg oder Misserfolg eines Unternehmens, von seiner Beschäftigungslage, seiner Investitionstätigkeit und Expansion oder auch von seinem Niedergang und seinem Zusammenbruch sind oft ganze Regionen betroffen. Beispiele dafür liefern Rezessionen und Konjunkturen in Fülle. Auch die Umweltschutzdiskussion dieser Tage gibt darüber Zeugnis ab.

Daraus leitet sich der Anspruch der Öffentlichkeit im weitesten Sinne ab, Auskunft über die Situation und die zu erwartende Entwicklung der großen Unternehmen zu bekommen. Repräsentiert wird diese Öffentlichkeit durch die Presse, durch Industrie- und Handelskammern, Wirtschaftsforschungsinstitute, Verbände aller Art und nicht zuletzt auch durch staatliche Institutionen wie Ministerien und Aufsichtsbehörden.

Sie alle betreiben Bilanzanalyse, kommentieren und veröffentlichen die Ergebnisse und ermöglichen es so den interessierten und betroffenen Menschen, sich ein Bild und Urteil über die Lage und die mögliche Entwicklung einzelner Unternehmen, einer Branche, Region oder die der Volkswirtschaft insgesamt zu bilden.

1.2.5 Unternehmensleitung

In kleineren und mittleren Unternehmen ist die vom Gesetzgeber erzwungene Buchführung und der aus ihr resultierende Jahresabschluss oftmals das einzige kontinuierlich nach gesicherten Regeln und Verfahrensweisen systematisch erstellte Rechenwerk, das Aufschluss über die Entwicklung des Unternehmens gibt. Die Größe und Art des Unternehmens sowie Kostenüberlegungen ermöglichen oder erzwingen häufig den Verzicht auf zusätzliche Instrumente, wie Planbilanzen, Planergebnisrechnungen, kurzfristige Erfolgsrechnungen usw., deren Durchführung besonders qualifizierte Mitarbeiter erfordert und deren Arbeitszeit bindet.

In dieser Situation greift man gern auf ohnehin vorhandenes Zahlenmaterial, wie es sich im Jahresabschluss findet, zurück und versucht, die Bilanz nicht nur zur Rechenschaftslegung, sondern auch als Lenkungs- und Kontrollinstrument zu verwenden.

Großunternehmen stehen i. d. R. zwar zusätzliche und oft auch bessere Steuerungsinstrumente und Entscheidungshilfen zur Verfügung, doch auch sie betreiben die Analyse der eigenen Bilanzen recht intensiv. Ein Grund dafür liegt in der Öffentlichkeitswirkung der Bilanz. Die Unternehmensleitung muss wissen, wie die Öffentlichkeit, die Anteilseigner, gegenwärtige und potenzielle Kreditgeber, die Börse, Lieferanten und Kunden auf die eigene vorgelegte Bilanz reagieren werden. Derartige Überlegungen werden zwar schon bei der Erstellung des Jahresabschlusses durch mögliche bilanzpolitische Maßnahmen berücksichtigt, aber auch der fertige Jahresabschluss muss noch einmal auf Schwachstellen, Ansatzpunkte möglicher Kritik und unangenehme Fragen in Hauptversammlungen, bei Pressegesprächen und Kreditverhandlungen hin abgeklopft und untersucht werden. Mit dieser Kenntnis lässt sich dann überzeugender argumentieren und begründen.

Ein weiterer Grund für die intensive Auswertung von Jahresabschlüssen durch Großunternehmen liefert die Erkenntnis, dass in dezentralisierten Konzernen die Jahresabschlussinformationen häufig brauchbare und wichtige Indikatoren für die Lage der Tochterunternehmen liefern.

1.2.6 Analysten und Fondsmanager

Für Wertpapieranalysten und die Manager von Pensions- und Investmentfonds stellen Jahresabschlüsse einschließlich der unterjährigen Quartalsberichterstattung und der in „Hintergrundgesprächen" mit den Gesellschaftern erlangten Kenntnisse die wichtigste Informationsquelle dar. Ihrem Einfluss ist es zu verdanken, dass die Jahresabschlusspublizität insbesondere im Hinblick auf die Notwendigkeiten der Kapitalmärkte erheblich besser geworden ist. Allerdings haben sich die nach unseren HGB-Regeln erstellten und weitgehend durch steuerliche Überlegungen beeinflussten Abschlüsse diesbezüglich als wenig tauglich erwiesen. Auch deswegen gehen immer mehr Muttergesellschaften für ihre Konzernrechnungslegung zur Bilanzierung nach IFRS über, die seit 2005 in Europa für Abschlüsse börsennotierter Konzerne auch zwingend vorgeschrieben ist.

1.3 Das Informationsmaterial

Der erste Schritt jeder Bilanzanalyse besteht in der Sammlung und Sichtung von Informationen. Wichtigste Informationsquelle sind natürlich der Jahresabschluss, bestehend aus Bilanz, Gewinn und Verlustrechnung und Anhang sowie der Lagebericht.

Wie später noch zu zeigen sein wird, reicht jedoch ein einzelner Jahresabschluss zur Beurteilung eines Unternehmens nicht aus, weil die Vergleichsmaßstäbe, an denen sich das Urteil ausrichten muss, fehlen. Aus diesem Grund wird der Analytiker versuchen, möglichst auch die Abschlüsse vergangener Jahre zu bekommen. Auch die Jahresabschlüsse von Konkurrenten des zu untersuchenden Unternehmens können in die Analyse einbezogen werden, denn gerade sie sind es, die einen Maßstab für die Beurteilung darstellen können.

Weitere Informationen, die der Analytiker nutzbar machen wird, erlangt er aus den Ansprachen in der Hauptversammlung, durch die Presseberichterstattung, aus Veröffentlichungen der Industrie- und Handelskammern und der Verbände, durch Beobachtung der Börsenkurse und möglicherweise auch durch die Verfolgung der Aktivitäten des Unternehmens und seiner Konkurrenten auf den Absatzmärkten.

Hinzu kommt, dass die Analysten i. d. R. durchaus die Möglichkeit haben, sich durch Rückfragen bei den Unternehmen zusätzliche Informationen zu verschaffen und ihr Urteil dadurch abzurunden oder zu korrigieren. Dies ist offensichtlich für den Kreditsachbearbeiter einer Bank, der die Kreditgewährung von weiteren Auskünften und Erläuterungen abhängig machen und insofern einen gewissen Druck ausüben kann. Es gilt aber gleichermaßen für Wirtschaftsjournalisten und professionelle Anlageberater, auf deren Urteil und möglichst positive Berichterstattung zumindest die börsennotierten Aktiengesellschaften Wert legen.

In diesen Fällen bestehen Sinn und Nutzen der Bilanzanalyse vorzugsweise darin, **Auffälligkeiten festzustellen und problemadäquate Fragen formulieren zu können**.

1.4 Grenzen und Schwierigkeiten der externen Bilanzanalyse

Es erscheint geboten, sich schon an dieser Stelle über die Grenzen und Schwierigkeiten der Bilanzanalyse, soweit sie mit den beschränkten Informationen des externen Analytikers betrieben wird, Gedanken zu machen. Nur wenn man die Grenzen, Probleme und möglichen Fehlurteile im Auge behält, kann man die durch den Einsatz des bilanzanalytischen Instrumentariums zu gewinnenden Erkenntnisse richtig werten und einschätzen.

Die Gründe für die Unzulänglichkeiten seien kurz beschrieben:

(1) Die zur Verfügung stehenden Informationsquellen sind unvollständig. Bilanz und Gewinn- und Verlustrechnung liefern nur quantitative Informationen. Wesentliche qualitative Aspekte, die für eine Unternehmensbeurteilung erforderlich wären, kennt der externe Analytiker oft nicht. Die Qualität des Managements und der Mitarbeiter, das Image der Unternehmung, die Qualität und die technologische Reife der Produkte, die Stärke der Konkurrenz auf den Absatzmärkten, das technische und organisatorische Know-how sind wichtige Einflussgrößen für den zukünftigen Erfolg einer Unternehmung, deren Wirkung ein außenstehender Beobachter kaum einzuschätzen vermag. Desgleichen fehlen genauere Kenntnisse über vorhandene Kreditreserven und den realen Wert immaterieller Vermögensgegenstände.

(2) Die Zahlen des publizierten Jahresabschlusses sind keine eindeutig definierten Größen. Bilanzierungs- und Bewertungsvorschriften und -wahlrechte erzwingen oder ermöglichen den Ansatz der Vermögenswerte und Rückstellungen oft zu unrealistischen Werten. Man denke nur an die Möglichkeiten zur Bildung stiller Reserven infolge der Aktivierung auf Basis der Anschaffungs- oder Herstellungskosten, die Ausnutzung von Bewertungsspielräumen infolge notwendiger Schätzungen bei der Bemessung der Rückstellungen.

(3) Jahresabschlüsse sind vergangenheitsorientiert. Ihre Informationen beziehen sich auf einen abgeschlossenen, vergangenen Zeitraum, der ein Jahr umfasst. Zur Beurteilung eines Unternehmens interessieren jedoch Informationen, die Schlüsse auf die Zukunft zulassen. Aussagen über die künftige Entwicklung der Unternehmung sind nur unter der Annahme möglich, dass eine in der Vergangenheit sichtbare Tendenz in die Zukunft übertragen werden kann.

(4) Die Informationen des Jahresabschlusses sind i. d. R. erst eine geraume Zeit nach dem Bilanzstichtag verfügbar (§ 325 Abs. 1) und damit zum Analysezeitpunkt oft schon überholt.

(5) Hinzu kommen die Schwierigkeiten, die sich aus der Unvollkommenheit aller Bilanzen infolge unzureichender Detailinformationen ohnehin ergeben.

Diese Probleme und Schwierigkeiten führen dazu, dass den aus Jahresabschlüssen zu gewinnenden Erkenntnissen enge Grenzen gesetzt sind und den möglichen Aussagen immer ein Hauch von Spekulationen anhängt. Insofern kann die Bilanzanalyse nur einen Teil der für eine Unternehmensbeurteilung notwendigen Erkenntnisse und Fakten liefern.

Trotz dieser Bedenken und Schwierigkeiten kann man jedoch bei der Unternehmensbeurteilung auf die Bilanzanalyse nicht verzichten. Sie stellt eine wichtige Komponente der Einschätzung eines Unternehmens dar.

Die Bedenken dürfen auch nicht dazu führen, dass man dem Jahresabschluss jeglichen Aussagewert abspricht und ihn daher völlig durch andere Instrumente ersetzt wissen will. Nach

Überzeugung des Verfassers stellt der Jahresabschluss trotz der beschriebenen Mängel auch für die externen Adressaten ein durchaus brauchbares Informationsmittel über die Vermögens-, Finanz- und Ertragslage der Unternehmung dar. Zudem wird der Informationswert des veröffentlichten Jahresabschlusses für die externen Analytiker nicht unerheblich dadurch gesteigert, dass das veröffentlichte Datenmaterial sachkundig aufbereitet, zu Kennzahlen verdichtet und es zu den entsprechenden Daten vergangener Perioden oder vergleichbarer Unternehmungen in Beziehung gesetzt – eben Bilanzanalyse betrieben wird.

MERKE

Ziel der Bilanzanalyse ist es nicht, sichere und endgültige Urteile über die betrachtete Unternehmung zu fällen. Es geht vielmehr darum, Entwicklungstendenzen, insbesondere Fehlentwicklungen und Auffälligkeiten zu erkennen. Diese sind dann Anlass für weitere Fragen und Recherchen.

Wenn man die geschilderten Grenzen im Auge behält, sich der Möglichkeit von falschen Interpretationen und Fehlurteilen bewusst ist und die gewonnenen Erkenntnisse und Aussagen mit der gebotenen Vorsicht formuliert und wertet, kann das hier vorzustellende bilanzanalytische Instrumentarium eine wichtige Hilfe für die Beurteilung und Einschätzung von Unternehmen sein.

Zusammenfassung

(1) Eigentümer, Gläubiger, Arbeitnehmer, Lieferanten, Kunden, Konkurrenzunternehmen und die „Öffentlichkeit" werden in ihren Interessen und persönlichen Zielrealisierungsmöglichkeiten durch Unternehmensgeschehnisse berührt und suchen daher nach Informationen über die Situation und Entwicklungstendenzen.

(2) Zur Erlangung dieser Informationen kann – abhängig von der Publizitätsbereitschaft des Unternehmens – mehr oder weniger umfangreiches Material herangezogen werden. Der Jahresabschluss, bestehend aus Bilanz, GuV und Anhang, und der Lagebericht sind die einzigen gesetzlich erzwungenen und nach objektivierten Regeln erstellten Informationsquellen, die – und das auch nur bei Kapitalgesellschaften und Großunternehmen – allgemein zugänglich sind.

(3) Sie stellen also das Minimum an verfügbarer Information dar und müssen zur Beantwortung der spezifischen Fragestellungen der Interessenten ausgewertet und interpretiert werden. Diese Auswertung wird von Verbänden, der Wirtschaftspresse, den Banken und sonstigen Institutionen vorgenommen und der Öffentlichkeit zugänglich gemacht.

(4) Den Möglichkeiten der extern betriebenen Bilanzanalyse sind Grenzen gesetzt. Sie resultieren aus der Schwierigkeit, qualitative Einflussfaktoren quantitativ zu erfassen, aus Bilanzierungs- und Bewertungswahlrechten, aus der Vergangenheitsorientierung und der Unvollständigkeit des Jahresabschlusses.

LITERATURHINWEISE

Baetge, J./Kirsch, H.-J./Thiele, S.: Bilanzanalyse, a. a. O.

Küting, K./Weber, C. P.: Die Bilanzanalyse, a. a. O.

Speziell zu den Grenzen der bilanzanalytischen Möglichkeiten:

Baetge, J./Kirsch, H.-J./Thiele, S.: Bilanzanalyse.

Coenenberg, A. G.: Jahresabschluss und Jahresabschlussanalyse, a. a. O.

Schult, E./Brösel, G.: Bilanzanalyse, a. a. O.

Wagenhofer, A.: Bilanzierung und Bilanzanalyse, Wien 2008.

2. Methoden, Instrumente und Techniken der Analyse

2.1 Aufdeckung der Rahmenbedingungen und formale Analyse

2.1.1 Kurzübersicht

Bevor der Bilanzanalytiker detaillierte Untersuchungen anhand des Jahresabschlusses vornimmt, muss er sich einen **allgemeinen Überblick** über das betreffende Unternehmen verschaffen. Dabei greift man zunächst auf die **schnell** zu gewinnenden Daten aus dem Jahresabschluss zurück.

ABB. 2: Kurzübersicht, Formblatt

XY-AG	Kurzübersicht			
Kennzahl	**2. Vorjahr**	**1. Vorjahr**	**Geschäftsjahr**	**Aussage/Norm**
Ergebnis der gewöhnlichen Geschäftstätigkeit				Jahreserfolg frei von Steuern und außerordentlichen Einflüssen
± a. o. Erträge/a. o. Aufwendungen				Beträge außerhalb der gewöhnlichen Geschäftstätigkeit, nach Art und Höhe selten und ungewöhnlich, kaum wiederholbar
Jahresüberschuss vor Steuern				Maßgebliche Bezugsgröße für Kennzahlenbildung, frei von steuerlichen Einflüssen durch Art der Gewinnverwendung, Nachzahlungen etc.
– sonstige Steuern				Steuern, unabhängig von Einkommen und Ertrag
± EE-Steuern (Erstattung plus, z. B. infolge KSt-Minderung bei Rücklagenauflösung)				Abhängig vom steuerpflichtigen Einkommen, der Gewinnverwendungspolitik (Ausschüttung oder Thesaurierung), möglicherweise auch von Nachzahlungen infolge von Betriebsprüfungen.
JAHRESÜBERSCHUSS (Konzern: einschl. Ergebnisanteil fremder Gesellschafter)				Zeigt das im Rahmen der Wahlrechte zweckmäßigerweise für „ausweisbar" gehaltene Ergebnis. Bilanzpolitisch und juristisch geprägt, entspricht nur annähernd dem betriebswirtschaftlichen Ergebnis.
Umsatzerlöse				Das am Markt erzielte Ergebnis, möglicherweise von Bestandsveränderungen geprägt (Gewinnrealisierung bei Lagerabbau!)
Mitarbeiter Umsatz je Mitarbeiter				Auf- oder Abbau in Relation zum Umsatz zu sehen; Rationalisierungseffekte?
Bilanzsumme				Gibt Hinweise auf Wachstum in der Abrechnungsperiode; bei Steigen der Forderungen od. Vorräte jedoch kein „Wachstum".
Investitionen (Nettoinvestition aus KFR oder Zugänge lt. Anlagespiegel)				Wachstum, Zukunftsvorsorge
Ausschüttungen				Gewinnverwendungspolitik; Liquidität, die an Gesellschafter abfließt
Neu gebildete Rücklagen				Zukunftsvorsorge, Selbstfinanzierung

2.1.2 Die Rahmenbedingungen der Unternehmung

(1) Die Eigentums- und Kapitalverhältnisse

Die Betrachtung der Eigentums- und Kapitalverhältnisse schon in diesem Stadium ist nützlich, weil die Zusammensetzung des Gesellschafterkreises i. d. R. die sich teilweise im Jahresabschluss niederschlagende Politik der Gesellschaft bestimmt. Daraus ergeben sich u. U. wichtige Hinweise zur Interpretation der später zu errechnenden Kennzahlen. Informationen dazu, die nicht aus dem Anhang erkennbar sind, müssen aus Branchenverzeichnissen, Pressemitteilungen, jährlichen Unternehmenszusammenstellungen und dergleichen gewonnen werden.

Die Kapitalverhältnisse, also die Höhe des gezeichneten Kapitals, die Zusammensetzung der Anteile (Stamm- und Vorzugsaktien), die Höhe der Rücklagen, die Höhe der in der Berichtsperiode neu gebildeten Rücklagen und der Anteil des Eigenkapitals am Gesamtkapital vermitteln erste Eindrücke von der Solidität und der Größenordnung des Unternehmens.

(2) Beziehungen zu verbundenen Unternehmen

Die meisten größeren Gesellschaften sind heute mit anderen Unternehmen verbunden oder verflochten, d. h., sie halten Beteiligungen an anderen Unternehmen oder stehen ihrerseits im Besitz anderer Gesellschaften. Von solchen Unternehmensverflechtungen gehen i. d. R. Einflüsse auf die Geschäftspolitik aus, was bei der Beurteilung des Jahresabschlusses beachtet werden muss.

Das Bilanzrecht schreibt zahlreiche Angaben und Informationen über Beziehungen zu verbundenen Unternehmen und solchen, mit denen ein Beteiligungsverhältnis besteht, vor. Insbesondere müssen die finanzwirtschaftlichen Verflechtungen in den Bilanzpositionen Finanzanlagevermögen, Forderungen und Verbindlichkeiten herausgestellt und der Anteilsbesitz im Anhang genannt werden.

(3) Die Unternehmung in ihrem Markt

aa) Konkurrenz- und Branchenverhältnisse

Für die Beurteilung einer Gesellschaft ist es von großer Bedeutung, auch über die Konkurrenzunternehmen und über die Verhältnisse in der Branche informiert zu sein. Diese Rahmenbedingungen wirken sich auf die am Markt zu erzielenden Erlöse und auf notwendige Werbe-, Innovations- und Investitionsmaßnahmen aus und bestimmen somit ebenfalls das Bild des Jahresabschlusses.

Der gründliche Bilanzanalytiker wird sich also auch Jahresabschlüsse von Konkurrenzunternehmen und Kenntnisse über Entwicklungen und Veränderungen in der jeweiligen Branche oder im jeweiligen Geschäftszweig besorgen. In der praktischen Durchführung der Analyse wird er das betrachtete Unternehmen immer wieder mit seinen Konkurrenten vergleichen müssen, um überhaupt Beurteilungsmaßstäbe zu haben.

bb) Die Geschäftsentwicklung

Eine der ersten Fragen des Analytikers ist, ob die Unternehmung im Berichtszeitraum Gewinne erwirtschaftet hat. Einen ersten Hinweis darauf gibt ihm die letzte Position der Gewinn- und Verlustrechnung (vgl. § 275 HGB). Dort wird der **Jahresüberschuss oder Jahresfehlbetrag**, also die Differenz zwischen Erträgen und Aufwendungen, ausgewiesen. Ein weiterer kurzer Blick auf die Position „Bilanzgewinn/Bilanzverlust" in der GuV oder Bilanz zeigt, ob die Unternehmung der Gesellschafter- oder Hauptversammlung Gewinne zur Disposition stellt und entsprechende Ausschüttungen möglich sind.

Weitere Informationen über die Entwicklung der Geschäfte findet der Analytiker im **Lagebericht.**

In ihm sind der Geschäftsverlauf und die Lage der Gesellschaft so darzustellen, dass ein den tatsächlichen Verhältnissen entsprechendes Bild vermittelt wird (§ 289 HGB). Er soll insbesondere Angaben über Vorgänge von besonderer Bedeutung, die nach dem Schluss des Geschäftsjahres eingetreten sind, Ausführungen über die voraussichtliche Entwicklung der Gesellschaft enthalten und auf die Risiken der künftigen Entwicklung eingehen.

Ein Studium des **Anhangs** zeigt, wie sich die Umsätze nach Tätigkeitsbereichen und regionalen Märkten aufgliedern.

Ergänzt um und verglichen mit allgemeinen Informationen über die gesamtwirtschaftliche Entwicklung und die Branche, in der das Unternehmen tätig ist, gewinnt der Leser einen ersten wichtigen Eindruck von der wirtschaftlichen Situation der Gesellschaft.

2.1.3 Formale Bilanzbetrachtungen: Einhaltung der Rechnungslegungsvorschriften

Bezüglich der Prüfung der formalen Einhaltung der Rechnungslegungsvorschriften richtet sich der erste Blick auf das Testat des Abschlussprüfers.

Gemäß §§ 316–317 HGB sind die Jahresabschlüsse und die Buchführung von mittleren und großen Kapitalgesellschaften sowie anderen publizitätspflichtigen Unternehmen durch sachverständige Abschlussprüfer (Wirtschaftsprüfer und vereidigte Buchprüfer) bezüglich ihrer Übereinstimmung mit Gesetz und Satzung zu überprüfen. Fällt eine derartige Prüfung positiv aus, findet sich am Ende des Jahresabschlusses das Testat des Abschlussprüfers. Liegt der uneingeschränkte Bestätigungsvermerk vor, kann der Analyst davon ausgehen, dass der zu untersuchende Abschluss formal in Ordnung ist.

Dabei ist jedoch zu beachten, dass sich das Testat des Abschlussprüfers eben nur auf die Einhaltung der Rechnungslegungsvorschriften nach Gesetz und Satzung bezieht und der Prüfer keinesfalls ein Urteil über die wirtschaftliche Situation des Unternehmens abgibt. Die praktische Konsequenz daraus ist z. B., dass der Prüfer nur die Richtigkeit der Bilanz, der Gewinn- und Verlustrechnung sowie des Anhangs bescheinigen kann und keine Wertung der Darstellungen der Unternehmensleitung im Lagebericht vornimmt.

Der Bestätigungsvermerk ersetzt also keinesfalls die Analyse und Interpretation des Jahresabschlusses bezüglich der wirtschaftlichen Verhältnisse des Unternehmens.

2.1.4 Auswertung des Anhangs

Der Anhang ist wesentlicher Teil des Jahresabschlusses. Die Bedeutung der Betrachtung des Anhangs (§§ 284, 285 HGB) im Zusammenhang mit der formalen Bilanzanalyse liegt darin, dass der Bilanzleser **Informationen über die Bewertungs- und Abschreibungsmethoden**, über die Änderung solcher Methoden und über außerplanmäßige Abschreibungen oder Wertberichtigungen erlangt. Diese Informationen runden einmal den allgemeinen Überblick über das betrachtete Unternehmen ab, denn gerade die Wahl der Abschreibungsmethoden lässt oft schon erkennen, ob es dem Unternehmen „gut" oder „schlecht" geht. Außerdem deuten derartige Angaben unter Umständen auf die Bildung oder Auflösung stiller Reserven hin, was später bei der materiellen Bilanzanalyse zu berücksichtigen ist. Findet sich z. B. im Anhang der Hinweis „von steuerlichen Sonderabschreibungsmöglichkeiten wurde im höchstmöglichen Umfang Gebrauch gemacht" oder eine ähnliche Bemerkung, so ist das ein deutlicher Hinweis auf die Bildung stiller Reserven, denn i. d. R. erlauben solche steuerlichen Abschreibungsmöglichkeiten weit niedrigere Wertansätze für die Vermögensgegenstände, als dies nach handelsrechtlichen Vorschriften möglich wäre.

Zusammenfassung

(1) Am Beginn der Bilanzanalyse steht die Verschaffung eines allgemeinen Überblicks über

- *Art, Größe und Rechtsform der Unternehmung, Eigentums- und Kapitalverhältnisse, Zusammensetzung von Geschäftsführung und Aufsichtsgremien, die Beziehungen zu verbundenen Unternehmen,*
- *die Stellung der Unternehmung in ihrem Markt, Konkurrenz- und Branchenverhältnisse, Geschäftsentwicklung,*

weil hiervon Einflüsse auf das Gesamtbild des Jahresabschlusses ausgehen, die später bei der Interpretation der Kennzahlen beachtet werden müssen.

(2) Die formale Bilanzanalyse konzentriert sich auf die Prüfung der Einhaltung der Rechnungslegungsvorschriften und der Grundsätze ordnungsmäßiger Buchführung.

(3) Bei mittleren und großen Kapitalgesellschaften sowie anderen publizitätspflichtigen Unternehmen wird dies durch das Testat des Abschlussprüfers bestätigt, sodass sich in diesem Fall die formale Analyse auf die Feststellung des Vorhandenseins des Bestätigungsvermerkes, auf den Bericht des Aufsichtsrates und auf den Anhang beschränken kann. Insoweit ergänzt die formale Betrachtung die Verschaffung eines allgemeinen Überblicks.

2.2 Analyse und Auswertung der Bilanzpolitik

Die zahlreichen bilanzpolitischen Wahlrechte und Spielräume sind als Probleme und Schwierigkeiten des Analysebemühens bereits herausgestellt worden. Doch ist es keineswegs so, dass sich diese Gestaltungen völlig der Einsicht des Analysten entziehen. Die gesetzlich **vorgeschriebenen Anhanginformationen** bewirken vielmehr, dass der größte Teil der Nutzung von Wahlrechten erkennbar, zum Teil sogar quantifizierbar ist. Folglich ist es naheliegend, diese Informationen zu nutzen und in das Urteil einfließen zu lassen. Soweit es sich um quantifizierbare Vorgänge handelt, können die Posten der Bilanz und der GuV im Rahmen der Aufbereitung entsprechend umbewertet werden. Die übrigen Angaben können zur Aufdeckung der Tendenz der Beeinflussung der Jahresabschlussaussage ausgewertet und entsprechend gewürdigt werden. Das folgende **Profil der Bilanzpolitik** soll dabei helfen, die Bilanzpolitik aufzudecken.

ABB. 3: Profil der Bilanzpolitik, Formblatt

„konservativ"; reservebildend			**„progressiv" IFRS; „Schöner"- Rechnen; ergebnisverbessernd**
degressive Abschreibungen	○	○	Neubewertung des Anlagevermögens
GWG-Abschreibungen	○	○	aktivierte Geschäftswerte
		○	Wertpapiere zum „fair value"
Außerplanm. Abschreibungen auf			
► Wertpap. b. vorüberg. Wertmind.	○	○	aktivische latente Steuern angesetzt
► Umlaufverm. gem. § 253 Abs. 3 Satz 3 HGB	○	○	Änderung Bewertungsmethoden
		○	Verlängerung Nutzungsdauern
		○	Verw.- u. Sozialkosten in Herstellungskosten
		○	Zinsen in Herstellungskosten
Anwendung von LiFo-Verbrauchsfolge	○	○	Anwendung von FiFo-Verbrauchsfolge
		○	Unterlassung von Pensionsrückstellungen
		○	Auflösung von Pensionsrückstellungen
		○	Sale-lease-back-Verfahren angewendet
		○	Auflösung von Rückstellungen bei Einstell.
Erhöhung Rückstellungen	○		in sonst. betriebl. Erträge
Erhöhung Rücklagen	○	○	Auflösung von Rücklagen
Konzern			
Konsolidierungskreis weit	○	○	Konsolidierungskreis eng
gleiche Bewertungsmethode	○	○	andere Bewertungsmethode

Das Aufdecken von Hinweisen auf **„ergebnisverbessernde Maßnahmen"** dürfte den Analytiker alarmieren und vermuten lassen, dass das Ergebnis noch schlechter als dargestellt sein könnte. Umgekehrt gibt ein von **„reservebildenden Gestaltungen"** gekennzeichneter Jahresabschluss begründeten Anlass zu der Annahme, dass der Gewinn tatsächlich noch höher gewesen ist, aber im Hinblick auf Ausschüttungsfolgen und im Interesse einer soliden Finanz- und Unternehmenspolitik nicht gezeigt werden soll.

Die reservebildende Bilanzpolitik wird als **„konservativ"** bezeichnet, die ergebnisverbessernde Variante heißt **„progressiv"**. Neuerdings wird auch von **„kreativer Bilanzpolitik"** gesprochen – dann sollte man besonders aufmerksam sein.

In Deutschland wird tendenziell eher konservativ bilanziert. Unternehmen, die davon abweichen, Bewertungsmethoden ändern, Rückstellungen auflösen, abgeschriebene Forderungen reaktivieren (ohne dass sich die Verhältnisse wesentlich geändert haben) etc., signalisieren Probleme und Fehlentwicklungen. Ihren Jahresabschlüssen wird man besondere Aufmerksamkeit schenken müssen.

Bei Anwendung der IFRS sind kaum noch Möglichkeiten „reservebildender", konservativer Bilanzpolitik gegeben, denn Wesen dieser Standards ist es ja gerade, die Bildung und Auflösung stiller Reserven zu vermeiden. Bei Unternehmen, die ihre Jahresabschlüsse nach diesen Standards erstellen, wird also regelmäßig eine „progressive" Darstellung zu beobachten sein, ohne dass dies dann allerdings als ein gezieltes „Sich-schöner-Rechnen" gedeutet werden dürfte.

Die Analyse der Bilanzpolitik als Instrument der Jahresabschlussanalyse bedarf der Weiterentwicklung. Nach dem derzeitigen Stand der Diskussion ist sie eher zu **Tendenzfeststellungen** geeignet. Einige Erkenntnisse der quantitativen Auswertung werden bei der erfolgswirtschaftlichen Analyse genutzt. Dort ist der Wert der Bilanzpolitikanalyse insofern größer, als die entsprechenden Maßnahmen vorzugsweise das Jahresergebnis beeinflussen, während die Vermögens- und Finanzlage, wie sie in der Bilanz abgebildet sind, durch bilanzpolitische Maßnahmen vieler Vorjahre geprägt wurden, die der einzelne Jahresabschluss nicht erkennen lässt.

2.3 Bilanzanalyse als Kennzahlenrechnung

2.3.1 Bedeutung der Bildung von Kennzahlen

Ein Instrument zur Auswertung der gesammelten Informationen und der Fülle der im Jahresabschluss zusammengestellten Daten ist die Bildung von Kennzahlen. Kennzahlen sind hier zu verstehen als **betriebswirtschaftlich relevante absolute Zahlen und Verhältniszahlen**, die messbare betriebliche Tatbestände zusammengefasst wiedergeben. „Kennzahlen sind hoch verdichtete Maßgrößen, die in einer konzentrierten Form komplizierte Strukturen und Prozesse abbilden, um einen möglichst schnellen und umfassenden Überblick über die wirtschaftliche Lage des Unternehmens zu erlauben." (*Reichmann, T.*: Controlling mit Kennzahlen, München 1990, S. 15). Ihr Wert liegt darin, dass sie

- Sachverhalte sichtbar machen, die anders nicht zu erkennen sind (z. B. die Rentabilität des betrachteten Unternehmens);
- Sachverhalte durch Verdichtung auf eine einzige Zahl komprimiert beschreiben;
- die Transparenz erhöhen und helfen, die Situation eines Unternehmens, auch im Vergleich zu anderen Unternehmen der Branche, zu beurteilen.

Kennzahlen, die aus Jahresabschlüssen gewonnen werden, erlauben Feststellungen über die wirtschaftliche Lage und Entwicklung eines Unternehmens als Ganzes und liefern in komprimierter Form prägnante Einsichten in Teilbereiche des Unternehmens. Sie vermitteln ein Bild der Situation, lassen Interdependenzen erkennen und decken Schwächen und Stärken des Unternehmens im Betriebs- und Zeitvergleich auf.

Allerdings: Kennzahlen stellen eine **Momentaufnahme** dar, deren Aussagewert zeitgebunden ist. Soweit sie aus der Bilanz gewonnen werden, beziehen sie sich lediglich auf die Situation am Bilanzstichtag. Werden Zahlen der Gewinn- und Verlustrechnung zugrunde gelegt, betreffen sie den Zeitraum der Abrechnungsperiode. In der Zeit zwischen Bilanzstichtag und Bilanzauswertung können sie sich bereits verändert haben. Eine weitere Einschränkung ihres Wertes als Instrument der Bilanzanalyse liegt darin, dass mithilfe von Kennzahlen nur solche Sachverhalte beurteilt werden können, die sich quantifizieren lassen.

Kennzahlen leisten dort nichts mehr, wo nicht quantifizierbare Informationen in Zahlen gepresst werden, wo blinde Zahlengläubigkeit herrscht, wo Denkarbeit durch Kennzahlen ersetzt werden soll und so die Mängel der Zahlengrößen nicht beachtet werden. Im Ergebnis kann dies zu Fehldeutungen, zu sehr vereinfachten Darstellungen und zu falschen Interpretationen durch Auswahl falscher Elemente führen.

Trotz dieser Einschränkungen sind Kennzahlen ein durchaus geeignetes Mittel der Untersuchung von Unternehmen und der Bildung von Urteilen. Die Auswahl, die Errechnung und der Vergleich von Kennzahlen stellen den **Kern der Bilanzanalyse** dar. Es fällt nicht schwer, **Bilanzanalyse überhaupt als Kennzahlenrechnung** zu bezeichnen, wenn auch die mithilfe von Kennzahlen gewonnenen Erkenntnisse durch andere zusätzliche Einsichten und Informationen ergänzt und abgerundet werden.

So verschiedenartig die betrieblichen Tatbestände sind, über die diese Kennzahlen informieren sollen, so vielfältig sind auch die Kennzahlen selbst.

Im weiteren Verlauf der Darstellung werden wir zu jeder Fragestellung einige Kennzahlen vorführen und ihren Aussagegehalt erläutern.

Bei praktischen Untersuchungen besteht die Kunst der Bilanzanalyse dann darin, die jeweils zweckmäßigen Kennzahlen auszuwählen und richtig zu interpretieren.

Zunächst soll jedoch eine Systematisierung der Kennzahlen, deren wir uns später bedienen, vorgenommen werden.

2.3.2 Kennzahlenarten

a) Grundzahlen

Grundzahlen oder absolute Zahlen sind direkt aus der Bilanz oder der Gewinn- und Verlustrechnung zu entnehmen. Sie können auftreten als Einzelzahlen, Summen, Differenzen oder Mittelwerte und geben die tatsächliche Höhe von Bilanzsumme, Anlagevermögen, Forderungen, Grundkapital, Gewinn usw. an.

Einzelne absolute Zahlen vermitteln aber noch keine wesentlichen Informationen. Die Bedeutung einer Größe wird erst sichtbar, wenn sie mit anderen Zahlen verglichen wird. Aus diesem Grund erfreuen sich bei der Bilanzanalyse Verhältniszahlen besonderer Beliebtheit.

b) Verhältnis-/Relativzahlen

Relativzahlen werden gewonnen, indem absolute Zahlen, der Fragestellung entsprechend, umgebildet und zueinander in Beziehung gesetzt werden. Es werden also zwei absolute Kenngrößen zueinander in Relation gesetzt, eine Größe wird an der anderen gemessen. Die Masse, an der gemessen wird, ist die Bezugsgröße. Durch die Verhältnisbildung wird festgestellt, wie oft das Maß in der zu messenden Größe enthalten ist.

Verhältniszahlen treten in unterschiedlicher Ausprägung auf:

(1) Gliederungszahlen

Bei Gliederungszahlen wird eine Teilmasse zur zugehörigen Gesamtmasse in Beziehung gesetzt. Sie ermitteln, welche Relation zwischen einer Teilgröße und der korrespondierenden Gesamtgröße besteht. Zum Beispiel werden die einzelnen Aktiv- und Passivposten in Prozentwerten der Bilanzsumme ausgedrückt. Sämtliche Gliederungszahlen haben gegenüber absoluten Werten den Vorteil, dass sie Größenordnungen und strukturelle Beziehungen plastisch darstellen.

BEISPIEL ▸ Der Anteil des Eigenkapitals wird am Gesamtkapital gemessen.

(2) Beziehungszahlen

In diesem Fall werden wesensverschiedene absolute Zahlen, die aber in einem inneren Zusammenhang stehen, zueinander in Beziehung gesetzt.

BEISPIEL ▸ Das Eigenkapital wird zum Anlagevermögen, der Aufwand zum Ertrag, der Gewinn zum Umsatz in eine Beziehung gesetzt.

Wichtig bei der Bildung von Beziehungszahlen ist, dass tatsächlich ein sinnvoller ökonomischer Zusammenhang zwischen den Größen des Quotienten besteht. In gewisser Weise vereinfachen die Beziehungszahlen die Wirklichkeit. Sie erleichtern damit den Einblick in Zusammenhänge, isolieren aber möglicherweise gleichzeitig einzelne Einflussgrößen. Es darf nicht übersehen und muss bei der Interpretation beachtet werden, dass die in einen solchen Zusammenhang gebrachten Tatbestände sehr komplex sind und Interdependenzen mit anderen Bereichen bestehen. So ist bei der Bildung der Kennzahl Gewinn zu Umsatz zu beachten, dass der Gewinn nicht allein vom Umsatz, sondern auch von den Kosten, der Konjunkturlage usw. abhängig ist.

(3) Index-Zahlen (Messzahlen)

Hier werden gleichartige, aber zeitlich verschiedene statistische Massen zu einer bestimmten, als Basis bezeichneten Masse in Beziehung gesetzt. Eine solche Indexzahl gibt an, um wie viel Prozent sich ein bestimmter Vergleichswert im Berichtsjahr gegenüber dem Wert des Ausgangsjahres, der gleich 100 gesetzt ist, verändert hat.

BEISPIEL ▸ Verhältnis des Eigenkapitals verschiedener Jahre zum Eigenkapital eines bestimmten Basisjahres. Es muss darauf geachtet werden, dass der Ausgangswert des Basisjahres nicht durch zufällige saisonale, konjunkturelle oder strukturelle Störungseinflüsse verzerrt wird.

(4) Richtzahlen

Werden die Zahlen des betrachteten Unternehmens zu branchentypischen Durchschnittszahlen, die einen repräsentativen Querschnitt von Unternehmen des Industriezweiges erfassen, in Beziehung gesetzt, spricht man davon, dass sie anhand von Richtzahlen beurteilt werden. Eine solche Richtzahl kann z. B. auch der Zins des Kapitalmarktes sein, wenn er als Maßstab zur Beurteilung der Eigenkapitalrentabilität dient.

2.4 Interpretation der Erkenntnisse der Teilanalysen mithilfe von Vergleichsmaßstäben

2.4.1 Wesen der Teilanalyse

Als **Partial- oder Teilanalyse** wollen wir die Untersuchung eines Jahresabschlusses nach den beschriebenen unterschiedlichen Fragestellungen bezeichnen. Wir werden also versuchen, uns nacheinander Erkenntnisse über die Ertragslage zur Einschätzung der Ertragskraft, sodann über die Liquidität und Solidität der Finanzierung usw. zu verschaffen. Diese Vorgehensweise, nach der die einzelnen Teilbereiche zunächst isoliert beurteilt werden, erlaubt es, intensiv in die einzelnen Probleme einzudringen, ohne von der Vielfalt der Zusammenhänge und Interdependenzen gestört zu werden. Sie ist notwendig, weil das Instrumentarium, das zur Urteilserlangung eingesetzt wird, von der jeweiligen Fragestellung abhängig und mithin je nach Analyseziel unterschiedlich ist.

Wir werden alle zu einem solchen Problemkreis erlangbaren Informationen und Zahlen heranzuziehen und aufzubereiten haben, jeweils einschlägige und sinnvolle Kennzahlen bilden und auf diese Weise zu Teilurteilen über die Unternehmenssituation gelangen.

Zur Durchführung solcher Partialanalysen stehen verschiedene Methoden zur Verfügung, die nachfolgend dargestellt werden.

2.4.2 Die statische Bilanzanalyse als Ausgangspunkt und das Problem des Vergleichsmaßstabes

Ausgangspunkt einer jeden Bilanzuntersuchung ist die Betrachtung des Jahresabschlusses einer einzelnen Unternehmung und eines speziellen Jahres. Wir sprechen von statischer Analyse deswegen, weil in sie nur Größen einbezogen werden, die sich auf den gleichen Zeitpunkt oder auf die gleiche Zeitperiode beziehen. Diese Arbeit bildet die Vorstufe für alle weiteren Maßnahmen im Rahmen der Bilanzanalyse.

Durch die **Betrachtung nur eines einzelnen Abschlusses** gelangt man noch nicht zu einem Urteil. Allenfalls kann man gewisse Auffälligkeiten herausstellen. Typische Auffälligkeiten sind etwa eine ungewöhnliche Höhe eines einzelnen Postens oder eine unübliche Zusammensetzung der Aktiva und Passiva. Besonderheiten lassen sich möglicherweise finden im Verhältnis des ordentlichen Betriebsergebnisses zum außerordentlichen Ergebnis, der Anlagezugänge zu den Abschreibungen, von langfristigem Kapital zum Gesamtkapital, des Bestandes an fertigen Erzeugnissen zum Umsatz usw.

Eine solche statische Analyse bleibt jedoch unbefriedigend und reicht zur Urteilsfindung nicht aus. Beschränkt man sich auf nur einen einzelnen Abschluss, so können **Veränderungen nicht erfasst** werden. Damit fehlt eine wichtige Erkenntnisquelle. **Es fehlt das Maß, an dem die Höhe der einzelnen Bilanzposten und die einzelnen Kennzahlenwerte gemessen werden können**. Zur Erlangung eines Urteils im Sinne von gut oder schlecht bzw. besser oder schlechter bedarf es eines Bezugspunktes, eines Vergleichs bzw. eines Beurteilungsmaßstabes. Die Bilanzanalyse beinhaltet aber auch immer explizit oder implizit einen Vergleichsvorgang. Schon die Worte „auffällig" oder „Besonderheiten" deuten bereits auf grobe Normvorstellungen des Analytikers über die Zusammensetzung von Bilanzpositionen hin.

Auf der Suche nach geeigneten Beurteilungsmaßstäben stößt man schnell auf die Möglichkeit des Vergleichs der aktuellen Werte mit denen der Vorjahre. In diesem Fall sprechen wir vom **Zeit- oder Entwicklungsvergleich**.

Eine andere Möglichkeit der Bildung eines Urteils besteht darin, die Werte des Jahresabschlusses des betrachteten Unternehmens mit denen anderer ähnlicher Unternehmen oder mit Branchendurchschnitten zu vergleichen. Wir sprechen vom **Betriebs- oder Branchenvergleich**.

2.4.3 Der Zeit- und Entwicklungsvergleich

Der die statische Analyse ergänzende Zeitvergleich wird durchgeführt, indem man Größen miteinander vergleicht, die sich auf unterschiedliche Zeitpunkte bzw. Zeitperioden beziehen, d. h., die Werte des neuesten Jahresabschlusses werden mit denen der Vorjahresabschlüsse verglichen. Man geht also so vor, dass man mithilfe der statischen Analyse gewisse Kennzahlen ermittelt und diese mit Zahlengrößen früherer Perioden vergleicht. Aufgrund dieses Vergleiches werden Vorgänge im Zeitablauf sichtbar und Entwicklungstendenzen deutlich, die es zu analysieren und interpretieren gilt.

Mithilfe eines solchen Zeitvergleichs wird also versucht, die **Entwicklung einer Unternehmung** im abgelaufenen Geschäftsjahr oder über längere Zeiträume zu erkennen. Damit wird ein Teil der Mängel der Betrachtung eines einzelnen Jahresabschlusses überwunden. Insbesondere können sich mögliche Fehler, die aufgrund der notwendigen Periodenrechnung entweder unumgänglich sind oder aufgrund von Ermessensspielräumen des Bilanzierenden entstehen können, im Laufe der Zeit wieder aufheben oder doch wenigstens auf ein Minimum reduzieren. Außerdem ermöglicht der Zeit- oder Entwicklungsvergleich ganz allgemein einen Einblick in die strukturelle Entwicklung der Unternehmung.

Dennoch besteht die Gefahr, dass der Analytiker bilanzpolitische Manipulationen nicht erkennt oder nicht erkennen kann, sodass er anstelle der tatsächlichen eine vorgetäuschte Entwicklung der Unternehmung für richtig hält. Solche Fehler oder Schwierigkeiten müssen jedoch in Kauf genommen werden, wenn man überhaupt zu Urteilen über die Unternehmung kommen will.

Voraussetzung für den Periodenvergleich ist die **Vergleichbarkeit der Abschlüsse**. Daraus folgt:

(1) Das Datenmaterial der verschiedenen Zeiträume muss **nach den gleichen Grundsätzen aufbereitet werden**, bevor durch die Kombination von Einzeldaten Kennzahlen gebildet werden. Nur dann ist eine Analyse der Veränderungen möglich und sinnvoll, weil nur dann die Kennzahlen wirklich vergleichbar sind.

(2) Die aus den Jahresabschlüssen gewonnenen Grunddaten für die verschiedenen Zeitpunkte müssen auch **inhaltlich vergleichbar** sein. Ist das nicht der Fall, können sich von Abschluss zu Abschluss Änderungen ergeben, die einen Kennzahlenvergleich mit früheren Perioden erschweren oder unmöglich machen.

    Diese Änderungen können ihre Ursache darin haben, dass die bilanzierende Unternehmung ihren Ermessensspielraum, über den Umfang der gesetzlichen Mindestanforderungen hinaus zu publizieren, im Zeitablauf unterschiedlich ausnutzt. So kann es vorkommen, dass die einzelnen Positionen der Gewinn- und Verlustrechnung oder der Bilanz in verschiedenen Jahresabschlüssen unterschiedlich stark untergliedert sind. Auch die in Presseveröffentlichungen oder Hauptversammlungen gegebenen Zusatzinformationen können nach Qualität und Quantität unterschiedlich groß sein, was ebenfalls Einfluss auf die Interpretation der Kennzahlen haben kann.

(3) Weitere Änderungen des Grundmaterials können aus der **Änderung gesetzlicher Vorschriften** sowie aus der Umstellung auf internationale Rechnungslegungsstandards resultieren.

2.4.4 Der Betriebs- und Branchenvergleich

Im Falle des Betriebsvergleichs, auch **Objektvergleich** genannt, werden die aus den Daten der Jahresabschlüsse des betrachteten Unternehmens gewonnenen Kennziffern mit solchen eines anderen Unternehmens verglichen. Das eine Unternehmen wird also am anderen gemessen, damit auf diese Weise eine Beurteilungsgrundlage gewonnen wird.

Der Objektvergleich kann sowohl als Zustandsvergleich als auch als Vergleich der Entwicklungen verschiedener Unternehmungen betrieben werden.

Wenn es gelingt, **vergleichbare Unternehmungen** zu finden, kann ein solcher Betriebs- oder Unternehmungsvergleich zu wichtigen Erkenntnissen führen. Insbesondere kann er dazu beitragen, bestimmte auffällige Entwicklungen im betrachteten Unternehmen zu erklären und im Zusammenhang mit der Ursachenforschung betriebsspezifische Gründe von konjunkturellen, saisonalen oder allgemeinwirtschaftlichen Schwankungen zu unterscheiden. Die **Problematik des Objektvergleiches** liegt jedoch darin, dass es oftmals nicht einfach ist, dem zu analysierenden Unternehmen ein tatsächlich vergleichbares gegenüberzustellen. Unterschiedliche Produktionsprogramme, Betriebsgrößen, Rechtsformen, Standorte und die unterschiedliche Bereitwilligkeit der Unternehmensleitungen, über die gesetzlichen Mindestanforderungen hinaus Informationen zu veröffentlichen, können den Betriebsvergleich erheblich stören. Die **Vergleichbarkeit der Erfolgsrechnung** ist vielfach nicht möglich:

- zum einen, weil eine Überleitung vom Umsatzkostenverfahren zum Gesamtkostenverfahren (und umgekehrt) selbst unter Berücksichtigung von Anhangangaben nicht möglich ist,
- zum anderen – bei einheitlicher Anwendung des Umsatzkostenverfahrens – wegen der infolge unterschiedlicher Schlüsselungen der Kostenumlagen differierenden Posteninhalte.

Zum Teil können diese Störfaktoren jedoch eliminiert werden, indem der Kreis der Vergleichsobjekte, also der in die Überlegungen einbezogenen Unternehmungen, entsprechend abgegrenzt wird. Man bezieht z. B. nur Großunternehmungen einer bestimmten Branche in den Vergleich ein. Eine andere Möglichkeit, störende Einflüsse zu reduzieren, besteht darin, dass man den Vergleich auf solche Kennzahlen beschränkt, auf deren Bildung sich diese Störgrößen gar nicht oder nur geringfügig auswirken.

2.4.5 Der Normenvergleich: Soll-Ist-Vergleich

Bei dieser Methode bilden gewisse Soll- oder Normgrößen den Maßstab zur Beurteilung einer Unternehmung.

Das Problem eines solchen Beurteilungsmaßstabes besteht darin, sinnvolle Richtwerte zu erlangen. Verwendung als Normgröße und Beurteilungsmaßstab finden oftmals **Branchendurchschnittswerte**. In einzelnen Branchen, etwa im Lebensmitteleinzelhandel, ist es üblich, die Ergebnisse von Unternehmensvergleichen zu Durchschnittswerten zusammenzufassen und sie als Richtzahlen vorzugeben. Allerdings enthält ein solcher Branchendurchschnitt die Daten aller vergleichbaren Betriebe, also auch der unwirtschaftlich arbeitenden. Das reduziert die Brauchbarkeit solcher Maßstäbe als Normgröße. Dennoch gibt ein derartiger Vergleich grobe Orientierungspunkte dafür ab, wie die einzelne Unternehmung im Verhältnis zu ihren Konkurrenten in der Branche liegt.

Im **Bereich der finanzwirtschaftlichen Bilanzanalyse** können die sogenannten **„Finanzierungsregeln“** zu Normgrößen werden, an denen das Unternehmen gemessen wird.

Im Falle der **Beurteilung der Rentabilität** kann etwa **der langfristige Kapitalmarktzins** die Funktion einer Soll- oder Richtziffer übernehmen.

So gibt es eine Fülle möglicher Norm- und Vergleichsgrößen, an denen der Analytiker die Kennzahlen des betrachteten Unternehmens messen und beurteilen kann.

2.4.6 Kombination der Beurteilungsmaßstäbe

Selbstverständlich stellen die vorgeführten Beurteilungsmaßstäbe, mit deren Hilfe die Ergebnisse der statischen Analyse des betrachteten Unternehmens interpretiert werden, keine Alternativen dar. Vielmehr wird der Analytiker versuchen, möglichst viele unterschiedliche Maßstäbe heranzuziehen und in seine Beurteilung und Würdigung der Kennzahlen einfließen zu lassen. Je nach Art der zu beleuchtenden Frage wird die statische Analyse durch einen Entwicklungsvergleich und, soweit möglich, auch durch einen Branchenvergleich oder durch den Vergleich mit den Ergebnissen der Jahresabschlüsse der Konkurrenten ergänzt. Mindestens der Entwicklungsvergleich über zwei Jahre hinaus ist stets möglich, denn in den veröffentlichten Jahresabschlüssen müssen die Unternehmen jeweils die entsprechenden Daten des Vorjahres mit anführen.

Natürlich ist die Analyse umso aufschlussreicher, und selbstverständlich sind die Erkenntnisse umso fundierter, je länger der Beobachtungszeitraum ist. Eine Bilanzanalyse, die Anspruch auf Gründlichkeit stellt und wichtige Entscheidungen untermauern soll, müsste etwa fünf aufeinanderfolgende Jahresabschlüsse einbeziehen.

2.5 Methodisch-systematischer Ablauf der Unternehmensbeurteilung

Für die Durchführung einer Unternehmensbeurteilung anhand der Außenstehenden zugänglichen Informationen empfiehlt sich die in der Abbildung „Ablauf der Unternehmensanalyse" vorgeschlagene Vorgehensweise.

ABB. 4:	Ablauf der Unternehmensanalyse

1. Sammlung und Sichtung des verfügbaren Materials
   - Jahresabschluss des Berichtsjahres
   - Jahresabschlüsse möglichst vieler Vorjahre
   - Jahresabschlüsse von Konkurrenten des interessierenden Unternehmens
   - Hauptversammlungsansprachen
   - Veröffentlichungen in der Wirtschaftspresse
   - Brancheninformationen
   - Mitteilungen und Veröffentlichungen von Verbänden etc.
2. Formale Bilanzanalyse (soweit nicht durch Abschlussprüfung sichergestellt) und Verschaffung eines allgemeinen Überblicks über das interessierende Unternehmen und dessen Branche.
3. Aufbereitung des Zahlenmaterials
4. Durchführung der Partialanalysen
   - Analyse des Erfolgs und Prognose der Ertragskraft
   - Beurteilung der Liquidität und Solidität der Finanzierung
   - Beurteilung der „Zukunftsvorsorge“: Investitionspolitik, Risikostreuung, Wachstum und Anpassungsflexibilität,

   und zwar in folgenden Arbeitsschritten:

   (1) Auswahl geeigneter problemspezifischer Kennzahlen

   (2) Errechnung der Kennzahlen (häufig DV-gestützt)

   (3) Interpretation der ermittelten Werte mithilfe von Vergleichsmaßstäben (Zeit- und Entwicklungsvergleich, Unternehmens- und Branchenvergleich, Normenvergleich)

   (4) Ursachenforschung zur Erklärung und Auswertung der Ergebnisse der Kennzahlenrechnung

   (5) Prognose der künftigen Entwicklung auf Basis der Vergangenheitswerte und unter Berücksichtigung nicht quantifizierbarer Erkenntnisse und Informationen
5. Zusammenfassung der Ergebnisse der Partialanalysen zu einem Gesamtbild der Unternehmung
6. Gutachterliche Stellungnahme und Darstellung der erlangten Erkenntnisse

Zusammenfassung

(1) Wir unterscheiden zwischen formaler und materieller Bilanzanalyse. Bei der formalen Betrachtung wird die Einhaltung der handels- und aktienrechtlichen Bilanzierungs- und Bewertungsvorschriften sowie der Grundsätze ordnungsmäßiger Buchführung bzw. der IAS/IFRS geprüft. Gegenstand der materiellen Analyse ist die Untersuchung des Zustandes, der Entwicklung und der Zukunftsaussichten des Unternehmens.

(2) Wichtigstes Instrument der Bilanzanalyse ist die Kennzahlenrechnung. Kennzahlen sind betriebswirtschaftlich relevante absolute Zahlen und Verhältniszahlen, die messbare betriebliche Tatbestände zusammengefasst wiedergeben. Die Kunst der Bilanzanalyse besteht in der Auswahl und Interpretation themenspezifischer und frageadäquater Kennzahlen.

(3) Zur Interpretation von Kennzahlen sind Maßstäbe erforderlich. Wir erlangen solche Maßstäbe und Bezugsgrößen, aufgrund derer die im konkreten Fall errechneten Werte beurteilt werden, durch den Zeit- und Entwicklungsvergleich, durch den Branchen- oder Betriebsvergleich und durch den Normenvergleich.

(4) Der Entwicklungsvergleich setzt die Kontinuität in der Bilanzierung und Bewertung voraus. Der Betriebsvergleich erfordert das Vorhandensein von Jahresabschlüssen solcher Unternehmen, die nach Produktionsprogramm, Größe, Rechtsform, Standort usw. tatsächlich vergleichbar sind.

LITERATURHINWEISE

Zu den Kennzahlenarten, ihrem Wesen und ihrer Bedeutung:

Baetge, J./Kirsch, H.-J./Thiele, S.: Bilanzanalyse, a. a. O.

Küting, K./Weber, C. P.: Die Bilanzanalyse, a. a. O.

Arbeitskreis „Externe Unternehmensrechnung" der Schmalenbach-Gesellschaft: Empfehlungen zur Vereinheitlichung von Kennzahlen in Geschäftsberichten, in: DB 1996.

Preißler, P. R.: Betriebswirtschaftliche Kennzahlen, München 2008.

Zu den Techniken und Methoden der Analyse:

Coenenberg, A. G.: Jahresabschluss und Jahresabschlussanalyse, a. a. O.

Riebell, C.: Die Praxis der Bilanzauswertung, 8. Aufl., Stuttgart 2006.

Zur Bilanzpolitik:

Küting, K./Weber, C. P.: Die Bilanzanalyse, a. a. O.

Peemöller, V. H.: Bilanzanalyse und Bilanzpolitik, a. a. O.

Kirsch, H.: Finanz- und erfolgswirtschaftliche Jahresabschlussanalyse, a. a. O.

Wagenhofer, A./Ewert, R.: Externe Unternehmensrechnung, 2. Aufl., Berlin 2007.

Wagenhofer, A.: Bilanzierung und Bilanzanalyse, a. a. O.

2. Teil: Traditionelle Kennzahlenanalyse des Einzeljahresabschlusses

1. Erfolgswirtschaftliche Jahresabschlussanalyse

1.1 Problemstellung und Analyseziel

Ein wichtiges Ziel der Jahresabschlussanalyse ist die Beurteilung der Ertragskraft der Unternehmung. Unter **Ertragskraft** wird die Fähigkeit verstanden, in der Zukunft nachhaltig – also auf Dauer – Gewinne zu erzielen und damit Entnahmen bzw. Gewinnausschüttungen sicherzustellen bzw. die Leistungsfähigkeit der Unternehmung durch Rücklagenbildung (Selbstfinanzierung!) zu erhalten und zu stärken.

Von der Ertragskraft lassen sich Aktionäre, Investoren, Geber langfristigen Fremdkapitals, Konkurrenten, vielleicht auch Gewerkschaften bei ihren Entscheidungen leiten. Die Anteilseigner und Investoren interessiert die Entwicklung der Ertragskraft im Hinblick auf Gewinnausschüttungen und Kursentwicklung der Anteile und damit für ihr Einkommen und ihre persönlichen Zielrealisierungsmöglichkeiten. Fremdkapitalgeber beurteilen anhand der Ertragskraft die Sicherheit ihres Engagements und die Wahrscheinlichkeit, die verabredeten Zins- und Tilgungszahlungen pünktlich zu erhalten. Konkurrenten mögen sich an ihr orientieren, um die eigene Unternehmung in ihren Stärken und Schwächen einzuschätzen usw.

Ein Instrument zur Einschätzung der Ertragskraft bzw. der Erfolgsentwicklung in der Abrechnungsperiode ist die Gewinn- und Verlustrechnung. In ihr werden die Erträge und Aufwendungen der Periode gegenübergestellt und als Ausdruck für Gewinn oder Verlust der **Jahresüberschuss oder Jahresfehlbetrag** ermittelt. Werden diese Größen um Gewinn- bzw. Verlustvorträge aus der Vorperiode und um die Einstellung oder Auflösung von offenen Rücklagen ergänzt, gelangt man zum **Bilanzgewinn oder Bilanzverlust**.

	Umsatzerlöse
+	**übrige Erträge**
–	**Aufwendungen (z. B. für Material, Personal, Abschreibungen etc.)**
=	**Jahresüberschuss/-fehlbetrag**
±	**Gewinn-/Verlustvortrag**
–	**Einstellung in Rücklagen**
+	**Auflösung von Rücklagen**
=	**Bilanzgewinn**

Jahresüberschuss oder Bilanzgewinn sind folglich die im Jahresabschluss vorgesehenen Erfolgskennziffern. Sie beide aber entsprechen nicht dem tatsächlichen Gewinn der Periode im betriebswirtschaftlichen Sinn.

Der **Bilanzgewinn** ist der Teil des Gewinns, der zur Disposition der Hauptversammlung steht und von ihr zur Ausschüttung oder zur Thesaurierung vorgesehen werden kann. Er ist also nur eine Teilgröße und somit für die Beurteilung des Erfolges ungeeignet. Der **Jahresüberschuss** ist eher als von der Gesellschaft für **ausweisbar gehaltener Gewinn** zu interpretieren, der im Rahmen der durch Gesetz und Grundsätze ordnungsmäßiger Buchführung vorgegebenen bilanzpolitischen Wahlrechte und Spielräume „gestaltbar“ ist. Tatsächlicher und ausgewiesener Erfolg fallen auseinander. Der Grund dafür liegt in der Legung und Auflösung **stiller Reserven**. Sie sind das Ergebnis des Einsatzes des bilanzpolitischen Instrumentariums und sind definiert als Differenz zwischen dem Buchwert und einem höheren Vergleichswert (z. B. dem Zeit- oder Wiederbeschaffungswert) von Vermögensgegenständen und Schulden. Werden stille Reserven gelegt, so wird der Jahreserfolg zu niedrig und bei ihrer Auflösung zu hoch ausgewiesen.

Die Erfolgsanalyse setzt an dieser **Diskrepanz zwischen tatsächlichem und ausgewiesenem Erfolg** an. Ziel ist es, einen Erfolg zu ermitteln, der dem tatsächlichen Ergebnis der unternehmerischen Tätigkeit möglichst nahekommt. Instrumente dafür sind die „Bereinigungsrechnung“ und die „Erfolgsspaltung“.

MERKE

In der **Bereinigungsrechnung** werden die Positionen der Gewinn- und Verlustrechnung unter Nutzung der Anhangangaben und sonstige dem Analysten verfügbaren Informationen korrigiert. In der **Erfolgsspaltung** wird das Gesamtergebnis (Jahresüberschuss bzw. bereinigter Unternehmenserfolg) in seine Teilsegmente aufgespalten, um insbesondere das ordentliche **Betriebsergebnis** bzw. **das operative Ergebnis** als besonders aussagefähige Kennzahl zu ermitteln.

In diesem Buch werden Bereinigungsrechnung und Erfolgsspaltung in der **Ergebnisquellenanalyse** miteinander verbunden.

ABB. 5: Erfolgsspaltung

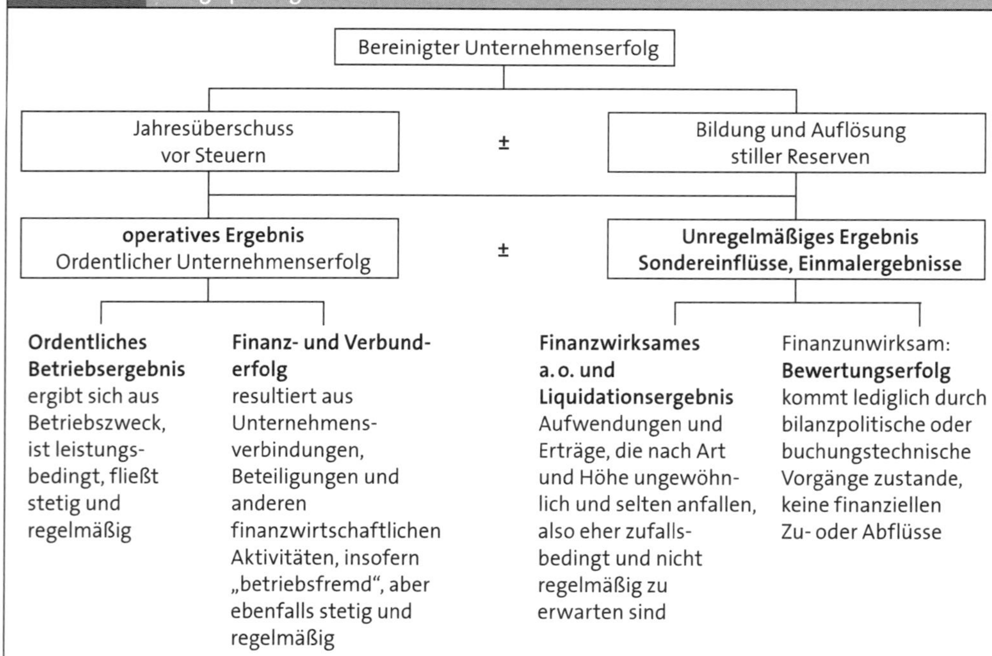

Das **operative Ergebnis** (ordentliches Unternehmensergebnis) setzt sich aus dem ordentlichen Betriebsergebnis und dem regelmäßigen Finanzergebnis zusammen. Es ist frei von „Sondereinflüssen" von außerordentlichen Vorgängen und „Einmaleffekten". Deswegen wird mit der Wiederholbarkeit in den Folgejahren gerechnet.

Das **ordentliche Betriebsergebnis**, häufig auch Betriebserfolg genannt, ergibt sich aus dem unmittelbaren Betriebszweck (aus der „gewöhnlichen Geschäftstätigkeit"). Es handelt sich um eine eher regelmäßige und nachhaltige Ergebnisquelle. Sinkt das ordentliche Betriebsergebnis, während der Jahresüberschuss konstant bleibt oder gar steigt, ist das ein Alarmsignal: Es müssen Kompensationen in den anderen Ergebnissen erfolgt sein.

Das **Finanzergebnis** (Finanz- und Verbunderfolg) resultiert aus Unternehmensverbindungen, aus Beteiligungen und anderen finanzwirtschaftlichen Aktivitäten (entstammt indes nicht dem eigentlichen Betriebszweck; wird allerdings – abgesehen von außerplanmäßigen Abschreibungen – als stetig und somit nachhaltig angesehen).

Das **unregelmäßige Ergebnis** umfasst alle aperiodischen sowie alle außergewöhnlichen, d. h. untypischen, betriebsfremden, zufälligen oder einmaligen (und somit nicht nachhaltigen) Komponenten, wie z. B. Liquidationserfolge sowie Erfolgsbeiträge aus Katastrophen, Enteignungen, Betriebs- oder Teilbetriebsstilllegungen und Ähnliches. Es kann aus liquiditätswirksamen Teilen bestehen (z. B. Erlöse aus Anlageabgängen) oder aus rein bewertungstechnischen Vorgängen (z. B. Zuschreibungen).

Der **Bewertungserfolg** ist dem handelsrechtlichen Erfolgsspaltungskonzept nicht direkt zu entnehmen. Darunter werden Erfolgsbestandteile zusammengefasst, die vor allem aus bewusst steuerbaren bilanzpolitischen Maßnahmen resultieren, d. h. nicht Folge wirtschaftlicher Aktivitäten sind. Der Bewertungserfolg ist noch geringer einzuschätzen als das Liquidationsergebnis, da die Bestandteile weder **regelmäßig** noch **finanzwirksam** sind. Positive Bewertungserfolge stellen die Auflösung stiller Reserven, negative deren Bildung dar.

Ausgangspunkt für die Erfolgsspaltung ist die Gewinn- und Verlustrechnung, deren Positionen in der Weise aufbereitet werden, dass Bereinigungen, Umbewertungen, Aufspaltungen und Umgruppierungen vorzunehmen sind.

Im Folgenden werden wir zunächst die Gewinn- und Verlustrechnung als Informationsbasis vorstellen bzw. in Erinnerung rufen, sodann, unter Berücksichtigung der nötigen Bereinigungen, Ergebnisquellenanalyse betreiben, darauf aufbauend die einzelnen Teilerfolge im Detail untersuchen und schließlich die erfolgswirtschaftliche Bilanzanalyse durch Rentabilitäts- und Cashflow- Betrachtungen sowie durch Kennzahlen aus der Aktienanalyse abrunden.

Zusammenfassung

(1) Erfolgsanalysen werden erstellt, damit die gegenwärtige Gewinnsituation bezüglich der Höhe des Erfolges und seines Zustandekommens möglichst unabhängig von bilanzpolitischen, handels- und steuerrechtlichen Erwägungen und Einflüssen beurteilt werden kann.

(2) Die gegenwärtige Erfolgslage ist Ausgangspunkt für Prognosen über die zukünftige Ertragskraft als Maßstab für zukünftige Gewinnerwartungen und Ausschüttungen.

(3) Instrumente und Ansatzpunkte dafür sind die Ergebnisquellenanalyse, Rentabilitäts- und Wirtschaftlichkeitsrechnungen und Cashflow-Analysen (siehe Abb. 6).

ABB. 6: Analyse des Jahreserfolgs

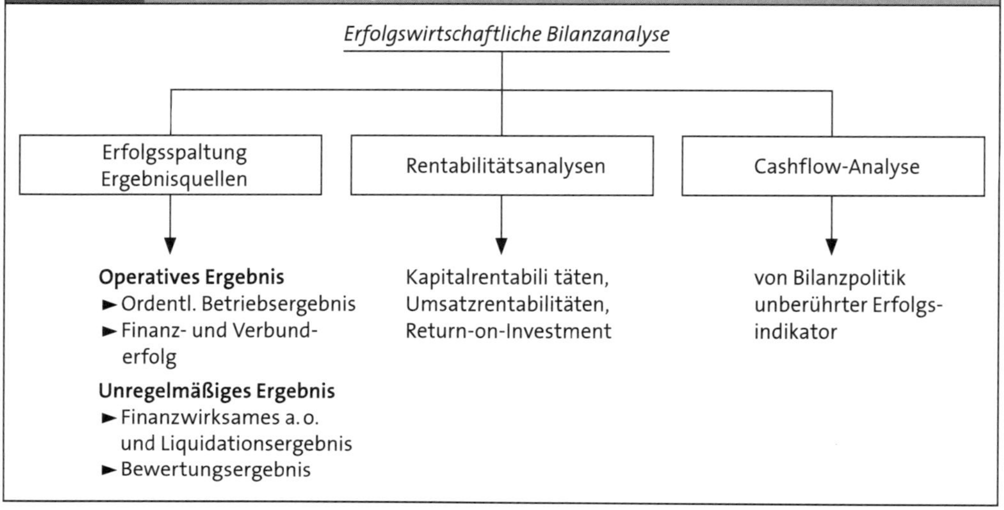

1.2 Die Gewinn- und Verlustrechnung als Informationsbasis

Das grundlegende Informationsmaterial für die Analyse der Ertragslage liefert die Gewinn- und Verlustrechnung, in der, beginnend mit den Umsatzerlösen, die verschiedenen Aufwendungen der Periode den betrieblichen und neutralen Erträgen in Staffelform gegenübergestellt werden, sodass sich schließlich der Jahresüberschuss oder -fehlbetrag ergibt.

Die Gewinn- und Verlustrechnung kann sowohl nach dem **Gesamtkostenverfahren** (GKV) als auch nach dem **Umsatzkostenverfahren** (UKV) erstellt werden.

Folgende Posten sind vorgesehen (vgl. § 275 HGB); siehe Abbildungen 7 und 8.

ABB. 7: Gewinn- und Verlustrechnung nach dem Gesamtkostenverfahren

1. Umsatzerlöse

2. Erhöhung oder Verminderung des Bestands an fertigen und unfertigen Erzeugnissen

3. andere aktivierte Eigenleistungen

4. sonstige betriebliche Erträge

5. Materialaufwand
   a) Aufwendungen für Roh-, Hilfs- und Betriebsstoffe und für bezogene Waren
   b) Aufwendungen für bezogene Leistungen

6. Personalaufwand
   a) Löhne und Gehälter
   b) soziale Abgaben und Aufwendungen für Altersversorgung und für Unterstützung, davon für Altersversorgung

7. Abschreibungen
   a) auf immaterielle Vermögensgegenstände des Anlagevermögens und Sachanlagen
   b) auf Vermögensgegenstände des Umlaufvermögens, soweit diese die in der Kapitalgesellschaft üblichen Abschreibungen überschreiten

8. sonstige betriebliche Aufwendungen

9. Erträge und Beteiligungen, davon aus verbundenen Unternehmen

10. Erträge aus anderen Wertpapieren und Ausleihungen des Finanzanlagevermögens, davon aus verbundenen Unternehmen

11. sonstige Zinsen und ähnliche Erträge, davon aus verbundenen Unternehmen

12. Abschreibungen auf Finanzanlagen und auf Wertpapiere des Umlaufvermögens

13. Zinsen und ähnliche Aufwendungen, davon an verbundene Unternehmen

14. Ergebnis der gewöhnlichen Geschäftstätigkeit

15. außerordentliche Erträge

16. außerordentliche Aufwendungen

17. außerordentliches Ergebnis

18. Steuern vom Einkommen und vom Ertrag

19. sonstige Steuern

20. Jahresüberschuss/-fehlbetrag

(Posten 6–19: kleine und mittelgroße Kapitalgesellschaften (GuV beginnt mit „Rohergebnis“))

(Posten 1–19: große Kapitalgesellschaften)

Kleine und mittelgroße Kapitalgesellschaften dürfen die Posten 1 bis 3 und 6 zu einem Posten **„Rohergebnis“** zusammenfassen.

ABB. 8:	Gewinn- und Verlustrechnung nach dem Umsatzkostenverfahren
1.	**Umsatzerlöse**
2.	Herstellungskosten der zur Erzielung der Umsatzerlöse erbrachten Leistungen
3.	Bruttoergebnis vom Umsatz
4.	Vertriebskosten
5.	allgemeine Verwaltungskosten
6.	sonstige betriebliche Erträge
7.	sonstige betriebliche Aufwendungen
8.	Erträge aus Beteiligungen, davon aus verbundenen Unternehmen
9.	Erträge aus anderen Wertpapieren und Ausleihungen des Finanzanlagevermögens, davon aus verbundenen Unternehmen
10.	sonstige Zinsen und ähnliche Erträge, davon aus verbundenen Unternehmen
11.	Abschreibungen auf Finanzanlagen und auf Wertpapiere des Umlaufvermögens
12.	Zinsen und ähnliche Aufwendungen, davon an verbundene Unternehmen
13.	**Ergebnis der gewöhnlichen Geschäftstätigkeit**
14.	außerordentliche Erträge
15.	außerordentliche Aufwendungen
16.	**außerordentliches Ergebnis**
17.	Steuern vom Einkommen und vom Ertrag
18.	sonstige Steuern
19.	**Jahresüberschuss/Jahresfehlbetrag**
Kleine und mittelgroße Kapitalgesellschaften dürfen die Posten 1 bis 3 und 6 zu einem Posten **„Rohergebnis“** zusammenfassen.	

Die Gewinn- und Verlustrechnung hat ganz allgemein die Aufgabe, die erfolgswirksamen Wertbewegungen der Unternehmung innerhalb einer Rechnungsperiode artmäßig offenzulegen und so das **Zustandekommen** des **Periodenerfolges** zu erklären.

Es wird deutlich, dass in dem gesetzlichen Schema der Jahreserfolgsrechnung die Gliederung nach **Aufwands- und Ertragsarten** (GKV) bzw. nach **Funktionsbereichen** (UKV) im Vordergrund steht. Dies ist für die Erfolgsanalyse jedoch unzureichend. Die Erfolgsanalyse verfolgt insbesondere zwei Zwecke:

- es sollen die verschiedenen Erfolgsquellen herausgestellt werden, um insbesondere **das operative Ergebnis**, aber auch die übrigen Erfolgsquellen in ihrer unterschiedlichen Bedeutung für die Prognose nutzbar machen zu können, und
- es soll der **bereinigte Unternehmenserfolg** festgestellt werden, der aussagefähiger ist als der von steuer-, ausschüttungs- und anderen bilanzpolitischen Erwägungen bestimmte Jahresüberschuss.

Die **Gewinn- und Verlustrechnung** ist in ihrer veröffentlichten Form nicht zur Beantwortung dieser Fragen geeignet. Wir müssen also **Aufbereitungen** vornehmen. Sie bestehen in Umgruppierungen der Positionen sowie in der Nutzung der Anhanginformationen zur Aufdeckung der Bildung und Auflösung stiller Reserven.

Diese Art der Aufbereitung der Gewinn- und Verlustrechnung erfolgt im Rahmen der Ergebnisquellenanalyse.

1.3 Ergebnisquellenanalyse und Erfolgsspaltung

Sinn der Ergebnisquellenanalyse ist es, zu erforschen, in welchen Bereichen der Unternehmensbetätigung der Erfolg, der letztlich seinen Ausdruck in der zusammenfassenden Kennziffer „Jahresüberschuss" findet, entstanden ist.

MERKE

Insbesondere ist zwischen ordentlichen (sich eher wiederholenden, regelmäßigen) und außerordentlichen (einmaligen) sowie lediglich buch- und bewertungstechnischen Erfolgskomponenten zu unterscheiden. Durch die Spaltung des Gesamtergebnisses in seine Segmente und Komponenten soll das **operative, nachhaltige betriebliche Ergebnis** ermittelt und von den anderen Ergebnis-Segmenten getrennt werden, denn in diesem Ergebnis schlagen sich Entwicklungen und „Fehlentwicklungen" besonders deutlich nieder.

Dabei geht es im Wesentlichen darum, **die Erfolgskomponenten, die unter vergleichsweise konstanten Bedingungen auch zukünftig erwartet werden können, von unregelmäßigen, weniger planbaren Komponenten zu trennen**. In der gesetzlich vorgeschriebenen GuV wird eine solche Trennung zwischen ordentlichen und außerordentlichen Komponenten nur unzureichend vorgenommen, weil das auszuweisende außerordentliche Ergebnis als „nach Art und Höhe selten und ungewöhnlich" zu eng abgegrenzt ist.

Methodisch steht dabei folgende Überlegung im Hintergrund: Von der in der „aufbereiteten" GuV zum Ausdruck kommenden gegenwärtigen Erfolgslage sollen Rückschlüsse auf die zukünftige Ertragskraft, also auf die künftigen Gewinnaussichten geschlossen werden. Es wird versucht, die verfügbaren Informationen über die bisherige Entwicklung und den derzeitigen Stand zu nutzen, um Prognosen für die kommenden Jahre aufstellen zu können. Der Schluss von der vergangenen auf die künftige Ertragskraft stützt sich im Wesentlichen auf die – allerdings nicht immer berechtigte – Annahme, dass die Ursachen der vergangenen Erfolgserzielung künftig in ähnlicher Stärke und Zusammensetzung weiterwirken. Dabei ist die Erfolgsspaltung insofern besonders hilfreich, als die Zerlegung in einzelne Teilerfolge die Aufdeckung der einzelnen, den Gesamterfolg beeinflussenden Determinanten (bereinigte Ertrags- und Aufwandspositionen) erleichtert. Außerdem sind die verschiedenen Teilerfolge von unterschiedlicher Dualität, sowohl für die Beurteilung der gegenwärtigen Ertragslage wie auch für die Prognose der künftigen Entwicklung der Ertragskraft.

Die Teilergebnisse und auch der bereinigte Unternehmenserfolg werden zunächst immer als **„Ergebnis vor EE-Steuern"** ermittelt. Auf diese Weise sollen die

- Einflüsse unterschiedlicher Gewinnverwendungspolitiken (Ausschüttungen/Rücklagenbildungen);
- unterschiedlichen Hebesätze für die Gewerbeertragsteuer;
- unterschiedlichen Kapitalstrukturen;
- Verzerrungen durch Steuernachzahlungen und Erstattungen;
- Unterschiede zwischen Personenhandels- und Kapitalgesellschaften

neutralisiert und die Abschlüsse vergleichbar gemacht werden.

1.3.1 Bedeutung und Ermittlung des ordentlichen Betriebsergebnisses

Der ordentliche Betriebserfolg als wesentlicher Teil des operativen Ergebnisses wird ermittelt, indem das Betriebsergebnis um unregelmäßige und außerordentliche Komponenten bereinigt wird. Er setzt sich folglich aus denjenigen Ertrags- und Aufwandskomponenten zusammen, die mit dem eigentlichen Betriebszweck in direktem Zusammenhang stehen und Bestandteil der „gewöhnlichen Geschäftstätigkeit" sind. Sie sind auch in Zukunft mit einiger Wahrscheinlichkeit zu erwarten, sofern sich ihre Determinanten nicht bedeutsam ändern. Sollten Änderungen über Einflussfaktoren bereits bekannt sein, ist dies bei der Analyse und Beurteilung im Hinblick auf die zu erwartenden Änderungen des Ergebnisses zu berücksichtigen. Hierin liegt gerade der Sinn der Analyse: Das Ergebnis wird in seine Komponenten und Einflussfaktoren zerlegt, damit ihre Bedeutung für die zukünftige Entwicklung erkannt und für die Prognose nutzbar gemacht wird!

Der so beschriebene **ordentliche Betriebserfolg** liefert genauere Aufschlüsse über die Entwicklung der Unternehmung als der durch betriebsfremde finanzwirtschaftliche Einflüsse, außerordentliche und zufällige sowie rein bewertungstechnische Maßnahmen gekennzeichnete Gesamterfolg, wie er im Jahresüberschuss zum Ausdruck kommt. Er hat die in Abbildung 9 dargestellte Struktur:

ABB. 9: Ordentlicher Betriebserfolg, Formblatt

ordentlicher Betriebserfolg GuV nach **Gesamtkostenverfahren**	2. Vorjahr	1. Vorjahr	Geschäftsjahr	**Ordentlicher Betriebserfolg GuV nach Umsatzkostenverfahren**
Umsatzerlöse ± Bestandsveränderungen + aktivierte Eigenleistungen				Umsatzerlöse – Herstellungskosten – Vertriebskosten
= Gesamtleistung				– Allgem. Verwaltungskosten
+ sonstige betriebliche Erträge – Materialaufwand – Personalaufwand – Abschreib. auf imm. VG u. SAV – sonstige betriebliche Aufwendungen – sonstige Steuern				+ sonstige betriebliche Erträge – sonstige betriebliche Aufwendungen – sonstige Steuern
= Betriebsergebnis (EBIT)				**= Betriebsergebnis (EBIT)**
+ außerplanm. u. steuerl. Abschreibungen + unregelmäßiger Teil der sonst. betrieblichen Aufwendungen* – unregelmäßiger Teil der sonst. betrieblichen Erträge + Zinsanteil in Pensionsrückstellungen + Geschäftswertabschreibungen + gelegte stille Reserven d. Periode – aufgelöste stille Reserven				+ außerplanm. u. steuerl. Abschreibungen + unregelmäßiger Teil der sonst. betrieblichen Aufwendungen* – unregelmäßiger Teil der sonst. betrieblichen Erträge* + Zinsanteil in Pensionsrückstellungen + Geschäftswertabschreibungen + gelegte stille Reserven d. Periode – aufgelöste stille Reserven
= Ordentlicher Betriebserfolg				**= Ordentlicher Betriebserfolg**

* Unregelmäßige Teile der sonstigen betrieblichen Aufwendungen sind beispielsweise solche für Restrukturierung, ungewöhnlich hohe Währungsverluste. Unregelmäßige sonstige betriebliche Erträge sind Erträge aus Anlageabgängen, aus der Auflösungen von Rückstellungen, Erstattungsleistungen von Versicherungen usw. In Geschäftsberichten wird in diesem Zusammenhang häufig auch von „Sondereinflüssen" gesprochen. Man könnte den so ermittelten ordentlichen Betriebserfolg auch als ein betriebliches „Normalergebnis" bezeichnen, das ein „typisches" Ergebnis frei von zufälligen Einflüssen im Geschäftsjahr ist.

MERKE

Der ordentliche Betriebserfolg stellt den wichtigsten Indikator der Ertragskraft der Unternehmung dar. Er errechnet sich aus den laufenden betrieblichen Erträgen und Aufwendungen und beschreibt das betriebsspezifische Erfolgspotenzial am deutlichsten.

Während der Jahresüberschuss durch zahlreiche betriebsfremde und außerordentliche Vorgänge sowie durch bilanzpolitische Maßnahmen beeinflussbar und gestaltbar ist, ist der Betriebserfolg weitgehend frei von derartigen im Hinblick auf das Analyseziel „störenden" und „verzerrenden" Einflüssen.

Die oben beschriebenen Bereinigungs- und Aufbereitungsmaßnahmen haben das Ziel, mit dem „Ordentlichen Betriebserfolg" eine Kennzahl zu schaffen, die Veränderungen der Ertragskraft und Fehlentwicklungen deutlich signalisiert und Kaschierungen offenlegt.

Anders als der Jahresüberschuss zeigt der ordentliche Betriebserfolg Fehlentwicklungen in der Unternehmung sofort an, was ihn bilanzanalytisch besonders bedeutsam macht. Das sei an einem Szenario erläutert:

Der Jahresüberschuss eines Unternehmens möge im Zeitvergleich etwa gleich sein, möglicherweise sogar leicht steigen. Das erweckt den Eindruck einer normalen Entwicklung. Wird nun jedoch im Rahmen der Erfolgsquellenanalyse aufgedeckt, dass der ordentliche Betriebserfolg gesunken ist, erkennt der Bilanzleser sofort, dass das „normale" Jahresergebnis nur durch Vorgänge im außerordentlichen Bereich (z. B. durch Grundstücks- oder Anteilsverkäufe) oder durch Bewertungsmaßnahmen (z. B. Zuschreibungen) ausgewiesen werden konnte, aber in der Abrechnungsperiode nicht „verdient" bzw. nicht erwirtschaftet worden ist. Der Analyst ist hochgradig alarmiert!

Die Abbildung 9 zeigt – differenziert nach Gesamtkostenverfahren (linke Spalte) und Umsatzkostenverfahren (rechte Spalte) – die Zusammensetzung dieses für die weitere Analyse so wichtigen Teilergebnisses der Erfolgsspaltung.

Dazu sind einige Erläuterungen erforderlich:

(1) Die erste wichtige Komponente des Betriebserfolges sind die **Umsatzerlöse**. Unter dieser Position der GuV sind grundsätzlich nur die Erlöse auszuweisen, die der eigentlichen Betriebsleistung der Unternehmung entspringen (§ 277). Andere Erlöse (z. B. aus Anlageverkäufen oder dem Betrieb einer Kantine, der Vermietung von Betriebswohnungen) sind als „Sonstige betriebliche Erträge" zu erfassen. Insofern sind die Umsatzerlöse eindeutig dem ordentlichen Betriebserfolg zuzuordnen.

(2) **Bestandsveränderungen** (nur im GKV) und aktivierte Eigenleistungen sind ebenfalls betriebsbedingt und im ordentlichen Betriebsergebnis zu berücksichtigen.

(3) Problematisch sind die **„sonstigen betrieblichen Erträge"**. Sie sind nicht eindeutig dem ordentlichen Betriebsergebnis zuzuordnen, weil es sich um eine Sammelposition handelt, in die alle Erträge eingehen, für die die GuV keine besondere Position bereithält. Bedauerlicherweise braucht über die einzelnen Komponenten nicht berichtet zu werden. Diese werden im weiteren Verlauf des Ermittlungsschemas als „unregelmäßiger Teil der sonstigen betrieblichen Erträge" eliminiert und dem „Bewertungsergebnis" zugeordnet. Sofern bekannt, verfahren wir mit den Erträgen aus der Auflösung von unverbrauchten Rückstellungen und Zuschreibungen ebenso, während Erträge aus Anlageabgängen und Kursgewinne dem „außerordentlichen und Liquidationsergebnis" zugerechnet werden. Diese Umgliederung kann allerdings nur erfolgen, wenn die Unternehmen freiwillig Angaben zur Zusammensetzung der sonstigen betrieblichen Erträge machen. Sofern das nicht der Fall ist, werten Kreditinstitute diesen Erfolgsbeitrag nicht als „betrieblich" mit der Folge, dass die Schlüssel-Kennzahl „ordentlicher Betriebserfolg" und alle darauf basierenden weiteren Kennzahlen schlechtere Werte bekommen: zum Nachteil des beurteilten Unternehmens!

(4) Unproblematisch sind **die Materialaufwendungen**. Sie sind betrieblich bedingt und gehören eindeutig als Negativkomponente in das ordentliche Betriebsergebnis.

(5) Das Gleiche gilt auch für den **Personalaufwand**. Allerdings ist hier neuerdings zu beobachten, dass manche Unternehmen den **Zinsaufwand in den Zuführungen zu den Pensionsrückstellungen** nicht mehr hier, sondern betriebswirtschaftlich korrekter im regelmäßigen Finanzergebnis erfassen. Sofern das nicht bereits geschehen ist, müsste man dies im Rahmen der Aufbereitung tun – zumindest bei Betriebsvergleichen. Der Zinsaufwand lässt sich leicht ermitteln, indem der Bestand an Pensionsrückstellungen des Vorjahres mit dem angewendeten Kalkulationszinsfuß (im Anhang angegeben, meistens wie steuerlich vorgeschrieben 6 %) multipliziert wird.

ABB. 10: Jährliche Zuführung zu Pensionsrückstellungen

(6) Als *Abschreibungen* dürfen hier nur die Normalabschreibungen erfasst werden. Außerplanmäßige Wertberichtigungen werden im außerordentlichen Ergebnis, steuerliche Sonderabschreibungen etc. im Bewertungsergebnis erfasst.

(7) Sofern sich in den **„sonstigen betrieblichen Aufwendungen"** solche für außerplanmäßige Einflüsse wie z. B. Kursverluste, Verluste aus Anlagenabgängen, Forderungsausfälle etc. befinden, muss diese Position bereinigt werden. Diese Positionen gehen in das außerordentliche Ergebnis ein.

(8) Die Behandlung der **„Steuern vom Einkommen und Ertrag"** bedarf noch einer besonderen Erläuterung: Es handelt sich um die Körperschaftsteuer und die Gewerbeertragsteuer. Aufgrund der Berechnungsarten dieser Steuern erscheint es bilanzanalytisch gerechtfertigt, sie

dem Betriebserfolg, dem betriebsfremden Ergebnis und dem außerordentlichen Ergebnis **proportional** zu ihrer jeweiligen Höhe anzulasten. Dazu wäre es jedoch erforderlich, zunächst die Teilergebnisse „vor Steuern" zu ermitteln und sodann die EE-Steuern aufzuteilen, und zwar proportional zur Höhe dieser drei vorläufigen Ergebnisse.

Errechnen sich bei der Ergebnisspaltung ein oder mehrere Teilergebnisse mit negativem Vorzeichen, obwohl ein Jahresüberschuss vorliegt, so wäre es inkonsequent, die Verlustkomponente durch die Steueraufschlüsselung und -verteilung zu entlasten. Wenn hier kein Gewinn entsteht, fallen auch keine Ertragsteuern an.

Da die Höhe der EE-Steuern insgesamt nicht nur vom Erfolg der wirtschaftlichen Betätigung abhängt, sondern sehr wesentlich auch von der Gewinnverwendungspolitik, von Nachzahlungen aufgrund von Außenprüfungen und bei Ausschüttungen auch von der Höhe des steuerlich verwendbaren Eigenkapitals (EK_{45}, EK_{30}, EK_0) beeinflusst wird, sollten sie bei den meisten der folgenden Betrachtungen außen vorgelassen werden.

Dies gilt insbesondere bei Zeit- und Betriebsvergleichen. Wir werden die EE-Steuern deshalb nicht auf die einzelnen Teilergebnisse umlegen, sondern gesondert betrachten.

Für die Gewinn- und Verlustrechnung nach dem Umsatzkostenverfahren gelten die oben gemachten Ausführungen analog.

Zusammenfassung

(1) Der ordentliche Betriebserfolg stellt den wichtigsten Indikator der Ertragskraft der Unternehmung dar. Er errechnet sich aus den laufenden betrieblichen Erträgen und Aufwendungen und beschreibt das betriebsspezifische Erfolgspotenzial am deutlichsten.

(2) Während der Jahresüberschuss durch zahlreiche betriebsfremde und außerordentliche Vorgänge sowie durch bilanzpolitische Maßnahmen beeinflussbar und gestaltbar ist, ist der Betriebserfolg weitgehend frei von derartigen im Hinblick auf das Analyseziel „störenden" und „verzerrenden" Einflüssen.

(3) Die oben beschriebenen Bereinigungs- und Aufbereitungsmaßnahmen haben das Ziel, mit dem „Betriebserfolg" eine Kennzahl zu schaffen, die Veränderungen der Ertragskraft und Fehlentwicklungen deutlich signalisiert und Kaschierungen offenlegt.

(4) Gelingt es beispielsweise einer Unternehmung, trotz rückläufiger Ergebnisse oder gar Verluste im operativen Bereich durch Mobilisierung stiller Reserven insgesamt einen Erfolg oder Stabilität vortäuschenden Jahresüberschuss auszuweisen, so wird dies durch die Ermittlung des Betriebserfolges aufgedeckt. Ein konstanter oder gar steigender Jahresüberschuss bei rückläufigem Betriebserfolg stellt immer ein Alarmsignal dar. Insofern ist es wichtig, die Entwicklung der Erfolgskennzahlen „Jahresüberschuss" und „Betriebserfolg" einander gegenüberzustellen und – wie später zu zeigen sein wird – durch Cashflow-Analysen zu ergänzen.

1.3.2 Der Finanz- und Verbunderfolg

MERKE

Der **Finanz- und Verbunderfolg** ist dadurch charakterisiert, dass er zwar durch Betätigung der Unternehmung erwirtschaftet wird und ziemlich regelmäßig fließt, jedoch nicht mit dem eigentlichen Unternehmungszweck in Zusammenhang steht. Es wird oft auch die Bezeichnung „betriebsfremdes Ergebnis" gewählt, was ebenfalls zum Ausdruck bringt, dass es sich hierbei um einen Erfolg handelt, der neben dem eigentlichen Betriebserfolg steht.

Positive **Komponenten** des Finanz- und Verbunderfolges sind

- die Erträge aus Gewinngemeinschaften und Gewinnabführungsverträgen
- Erträge aus Beteiligungen, einschließlich solcher aus verbundenen Unternehmen. Es werden hier nur die laufenden Erträge aus Beteiligungen (Dividenden von Kapitalgesellschaften und Genossenschaften, Gewinnanteile von Personengesellschaften, Erträge aus Beherrschungsverträgen) ausgewiesen.
- Erträge aus anderen Wertpapieren: Regelmäßig anfallende Erträge aus nicht als Beteiligungen aktivierten Wertpapieren des AV und aus langfristigen Ausleihungen.
- Sonstige Zinsen und ähnliche Erträge: Zinsen für Einlagen bei Kreditinstituten, aus Wechselforderungen, Zinsen und Dividenden aus Wertpapieren.

Um zum Finanzergebnis zu gelangen, sind von diesen Erträgen die **Aufwendungen** dieses Bereichs abzuziehen. In Betracht kommen hier insbesondere

- Zinsen und ähnliche Aufwendungen,
- Aufwendungen aus Verlustübernahmen.

Zu diskutieren ist, ob die **Zinsaufwendungen** im ordentlichen Betriebsergebnis oder im betriebsfremden Ergebnis zu berücksichtigen sind. Sicher hängen die Zinsaufwendungen – interpretiert als Kapitalbeschaffungskosten – sehr eng mit der Bereitstellung der Produktionsfaktoren und folglich mit der eigentlichen Betriebstätigkeit zusammen und wären somit im ordentlichen Betriebsergebnis zu berücksichtigen. Dem stehen aber zwei Überlegungen entgegen:

Zunächst einmal kann ein externer Analytiker kaum abschätzen, in welchem Maße es sich um Zinsen für Fremdkapital handelt, das im eigentlichen Kernbereich des Unternehmens eingesetzt ist, und welche Anteile auf Mittel entfallen, die zum Erwerb von Beteiligungen notwendig waren.

Zum anderen stört die Berücksichtigung der Aufwandszinsen im **ordentlichen Betriebserfolg** auch den Betriebs- oder Branchenvergleich. Für die Beurteilung der Unternehmung mithilfe des Betriebs oder Branchenvergleichs ist es zweckmäßig, die Einflüsse auf das Ergebnis, die lediglich von der Finanzierungsart oder Kapitalstruktur ausgehen, zu isolieren. Eine solche Isolierung erreichen wir aber gerade, indem wir die Zinsen bei der Bestimmung des **Finanz- und Verbunderfolges** berücksichtigen.

Eindeutig ist hingegen, dass **„Abschreibungen auf Finanzanlagen"** nicht in das Finanzergebnis gehören. Sie finden nicht planmäßig statt, sondern stellen immer außerordentliche Maßnahmen dar und beeinflussen folglich das Außerordentliche und Liquidationsergebnis.

ABB. 11: Finanz- und Verbunderfolg, Formblatt

Finanz- und Verbunderfolg				
Zusammensetzung	**2. Vorjahr**	**1. Vorjahr**	**Geschäftsjahr**	**Interpretation**
Finanz- und Verbunderfolg				Regelmäßige, finanzwirksame Aufwendungen und Erträge aus Finanzinvestitionen (Beteiligungen) und Konzernbeziehungen werden dem Finanz- und Verbunderfolg zugeordnet. Zinsen und Beteiligungserträge sind vom Geld- und Kapitalmarkt sowie von der Erfolgssituation der verbundenen Unternehmen abhängig.
Zinsen u. ähnliche Erträge				Veränderungen der *Beteiligungserträge* können auf Gewinnverlagerungen im Konzern hindeuten. Innerhalb des Finanz- u. Verbunderrgebnisses empfiehlt es sich, das *Zinsergebnis* besonders herauszustellen, um die Abhängigkeit des Unternehmens von der Zinsentwicklung auf den Kapitalmärkten deutlich zu machen.
– Zinsen u. ähnliche Aufwendungen				*Abschreibungen auf Finanzanlagen* und auf Wertpapiere des Umlaufvermögens gehören nicht zum Finanz- und Verbunderfolg, sondern zum außerordentlichen und Liquiditätserfolg, da sie nicht „planmäßig" erfolgen, sondern immer außerordentlichen Charakter haben.
+ Erträge aus Wertpapieren und Ausleihungen des Anlagevermögens				
– Zinsanteil in Zuführungen zu Pensionsrückstellungen				
= **Zinsergebnis**				
Erträge aus Beteiligungen				
+ Erträge aus Gewinngemeinschaften				
– Aufwend. aus Verlustübernahmen				
= **Beteiligungsergebnis***				
= **FINANZ- U. VERBUNDERGEBNIS**				
* Im Konzernabschluss spielen die Beteiligungserträge nur eine untergeordnete Rolle wegen der erfolgten Konsolidierung, bei der die Beteiligungsbuchwerte mit dem anteiligen Eigenkapital verrechnet werden.				

Die gemäß § 277 Abs. 3 Satz 2 HGB gesondert in der GuV auszuweisenden Erträge und Aufwendungen aus Verlustübernahmen und die aufgrund einer Gewinngemeinschaft, eines Gewinn- und eines Teilgewinnabführungsvertrages erhaltenen oder abgeführten Gewinne sind bilanzanalytisch unterschiedlich zu behandeln. Während die Erträge aus Gewinngemeinschaften etc. und die **Aufwendungen** aus Verlustübernahme in den Finanz- und Verbunderfolg einzubeziehen sind, gilt dies nicht für die **Aufwendungen aus Gewinngemeinschaften** etc. sowie für die Erträge aus Verlustübernahme. Abgeführte Gewinne stellen insofern keinen Aufwand dar, als eigentlich Gewinnverwendung vorliegt. Erträge aus Verlustübernahmen ergeben sich aus einem Verlustausgleich und sind, wenn die Ertragslage des empfangenden Unternehmens analysiert werden soll, nicht zu berücksichtigen.

Der Finanz- und Verbunderfolg ist eine der ordentlichen Ergebnisquellen. Zusammen mit dem ordentlichen Betriebsergebnis bildet er das „regelmäßige Unternehmensergebnis". Zweckmäßigerweise wird innerhalb des Finanz- und Verbunderfolges zwischen dem **Zinsergebnis und dem Beteiligungsergebnis** unterschieden.

Das **Zinsergebnis** zeigt in Relation zum Jahresüberschuss die Abhängigkeit des Unternehmens von der Zinsentwicklung auf den Kapitalmärkten. Außerdem können die im Zinsergebnis zum Ausdruck kommende Kapitalstruktur und das Halten von Wertpapieren über die damit verbundenen Aufwendungen und Erträge erheblichen Einfluss auf die Ertragslage haben.

Die Kennzahl

$$\textbf{Zinsbelastung} = \frac{\text{Zinsaufwand}}{\text{Geldverbindlichkeiten}} \cdot 100$$

verdeutlicht die Kosten der Fremdfinanzierung und sollte mit der Gesamtkapitalrentabilität verglichen werden, um die Effizienz des Mitteleinsatzes der Unternehmung zu zeigen. Dabei sind unter **Geldverbindlichkeiten** folgende Bilanzpositionen zusammenzufassen:

1. Anleihen,
2. Verbindlichkeiten gegenüber Kreditinstituten,
3. Verbindlichkeiten aus der Annahme gezogener Wechsel und der Ausstellung eigener Wechsel,
4. Verbindlichkeiten gegenüber verbundenen Unternehmen,
5. Verbindlichkeiten gegenüber Unternehmen, mit denen ein Beteiligungsverhältnis besteht.

Das Beteiligungsergebnis – es ist insbesondere im Einzelabschluss von Bedeutung – zeigt die Höhe der Erfolgsbeiträge der verbundenen Unternehmen und der Unternehmen, mit denen ein Beteiligungsverhältnis besteht, an.

Gegebenenfalls ist es um Verlustübernahmen aufgrund von Unternehmensverträgen vermindert.

Die Kennzahl

$$\textbf{Beteiligungsergebnisanteil} = \frac{\text{Beteiligungsergebnis}}{\text{Jahresüberschuss vor Steuern}} \cdot 100$$

gibt Hinweise auf die Bedeutung dieses Bereichs und auf das Ausmaß der Risikostreuung und Diversifikationserfolge.

Die Kennzahl

$$\textbf{Beteiligungsrendite} = \frac{\text{Beteiligungsergebnis}}{\text{Anteile an verb. Unternehmen u. Beteiligungen}} \cdot 100$$

misst die Verzinsung des in Beteiligungen investierten Kapitals (der Wert ergibt sich aus dem Anlagegitter, und zwar aus den Positionen Anteile an verbundenen Unternehmen und Beteiligungen zu historischen Anschaffungskosten) und zeigt damit den Erfolg oder Misserfolg der Beteiligungspolitik oder Gewinnverlagerungen im Konzern. Bei schlechten Beteiligungsrenditen liegen folgende Fragen auf der Hand:

(1) Welche Probleme bestehen im Bereich der verbundenen Unternehmen und Beteiligungen? An welchen Stellen, bei welchen Töchtern, lassen sie sich lokalisieren, und welche Konsequenzen werden daraus für die Unternehmenspolitik gezogen?

(2) Ist das schlechte Ergebnis möglicherweise auf Gewinnverlagerungen innerhalb des Konzerns zurückzuführen? Welche Gründe gibt es dafür, wer hat Vorteile, wer Nachteile davon?

(3) Kann das unbefriedigende Ergebnis mit hohen Anlaufaufwendungen und Startschwierigkeiten bei neuen Aktivitäten, z. B. im unternehmerischen Bereich, erklärt werden? Mit welcher künftigen Entwicklung ist zu rechnen?

1.3.3 Das finanzwirksame Außerordentliche und Liquidationsergebnis

MERKE

Unter dieser Erfolgsquelle erfassen wir zunächst die schon in der GuV als **„außerordentliche Erträge“** und **„außerordentliche Aufwendungen“** ausgewiesenen Positionen, sofern sie finanzwirksam waren. Hinzu kommen die von uns – z. B. durch Anhang-Erläuterungen – als außerordentlich bzw. „unregelmäßig“ erkannten Vorgänge und Beträge, die bei der Ermittlung des ordentlichen Betriebserfolges eliminiert wurden.

Beispielsweise sind die Kursgewinne und -verluste zu nennen, die wir aus den „Sonstigen betrieblichen Erträgen“ und „Sonstigen betrieblichen Aufwendungen“ des ordentlichen Betriebserfolges eliminiert haben. Während die Berücksichtigung der Kursgewinne an dieser Stelle eindeutig ist, weil sie nur dann ausgewiesen werden dürfen, wenn sie realisiert worden sind (Realisationsprinzip; § 252 Abs. 1 Nr. 4 HGB), müssen Kursverluste dem Bewertungsergebnis zugerechnet werden. Ihre gewinnmindernde Berücksichtigung in der GuV als „Sonstiger betrieblicher Aufwand“ stellt zunächst nur eine aus Vorsichtsgründen notwendige Bewertungsmaßnahme dar (Imparitätsprinzip). Ob es tatsächlich zu diesen Kursverlusten kommt, bleibt offen.

ABB. 12: Der außerordentliche und Liquidationserfolg, Formblatt

A. o. und Liquidationsergebnis				
Außerordentl. u. Liquidationserfolg	**2. Vorjahr**	**1. Vorjahr**	**Geschäftsjahr**	Unregelmäßige und periodenfremde Erfolgskomponenten werden im a. o. und Liquidationserfolg zusammengefasst. Sie führen, z. B. im Falle der Liquidation von Vermögensgegenständen, zu einem Zufluss liquider Mittel, der jedoch nicht nachhaltig ist. A. o. Erfolge erfreuen nicht besonders, weil sie nicht wiederholbar und somit nicht nachhaltig sind. Sie dienen meistens dazu, rückläufige Betriebsergebnisse zu kaschieren – z. B. durch Anlagenverkäufe. Andererseits schmerzen Verluste in diesem Bereich nicht so sehr, weil auch sie i. d. R. nicht nachhaltig sind.
außerordentliche Erträge lt. GuV				
– außerordentliche Aufwendungen lt. GuV				
+ untypische u. unregelmäßige Erträge in den „sonst. betrieblichen Erträgen“ (z. B. Kursgewinne, Erlöse aus Anlagenabgängen)				
– untypische u. unregelmäßige Aufwendungen in den „sonst. betrieblichen Aufwendungen“ (z. B. Kursverluste)				
± periodenfremde Erträge und Aufwendungen				
+ sonst. unregelmäßige Finanzerträge				
– sonst. unregelmäßige Finanzaufwendungen				
= A. o. u. LIQUIDATIONSERGEBNIS				

Abschreibungen auf Finanzanlagen und Wertpapiere des Anlagevermögens gehören in das Bewertungsergebnis.

Zwar kann das außerordentliche und Liquidationsergebnis den Unternehmenserfolg erheblich beeinflussen, doch ist es gerade wegen des außerordentlichen Charakters prognostisch und für die Bewertung der künftigen Ertragskraft weniger relevant. Praktisch heißt das: Ein positives A. o. Ergebnis erfreut sich in diesem Sinne keiner besonders hohen Wertschätzung, wie auch umgekehrt ein negatives A. o. Ergebnis nicht besonders alarmierend ist. Gleichwohl ist den Ursachen nachzugehen und insbesondere festzustellen, ob ein positives A. o. Ergebnis Folge dispositiver Maßnahmen (z. B. Verkäufe von Gegenständen des Anlagevermögens) zur Überbrückung von Liquiditätsengpässen oder der Mobilisierung stiller Reserven zur Verbesserung des Jahresüberschusses und des Ausschüttungspotenzials ist. Das wäre ein alarmierendes Signal. Häufig ist in diesem Zusammenhang die Rede vom Verkauf des „Tafelsilbers".

1.3.4 Der Bewertungserfolg

MERKE

Im Bewertungserfolg werden alle außerplanmäßigen und steuerlichen Abschreibungen und die steuerrechtlich bedingten Teile der „Sonstigen betrieblichen Aufwendungen" und „Sonstigen betrieblichen Erträge" erfasst, die wir aus dem **ordentlichen Betriebserfolg** eliminiert haben. Hier finden sich die Auflösungen solcher Rückstellungen, die nicht zweckentsprechend verwendet, sondern – weil nicht mehr „benötigt" – zugunsten der sonstigen betrieblichen Erträge aufgelöst wurden, und andere lediglich bewertungsbedingte Erträge und Aufwendungen, die nicht zahlungswirksam waren.

Außerdem rechnen wir zum Bewertungserfolg alle übrigen, aus den anderen Segmenten eliminierten Beträge, die als reine bewertungstechnische Maßnahmen erkannt wurden, wie Zuschreibungen, Abschreibungen auf das Finanzanlagevermögen bei nur vorübergehender Wertminderung usw. aus.

Charakteristisch ist, dass der Bewertungserfolg **keine finanziellen Zu- oder Abflüsse** dokumentiert. Er ist, das sei noch einmal betont, lediglich Folge einer buchtechnischen Korrektur des Jahresüberschusses aus steuerrechtlichen Gründen. Insofern hat er für die Prognose der Ertragskraft eine vergleichsweise geringere Bedeutung als die übrigen Erfolgsquellen.

ABB. 13: Bewertungserfolg, Formblatt

Bewertungserfolg				
Bewertungserfolg	**2. Vorjahr**	**1. Vorjahr**	**Geschäftsjahr**	Aufwend. und Erträge, die nicht Folge der wirtschaftlichen Betätigung sind, sondern sich aus bilanz- u. steuerpolitischen Maßnahmen ergeben. Solche sich durch die Nutzung von Bewertungswahlrechten ergebenden Aufwend. und Erträge treten weder stetig noch finanzwirksam auf. Ihnen wird die niedrigste Erfolgsqualität zugeordnet. Positive Bewertungserfolge werden als Auflösung „stiller Reserven" und damit negativ beurteilt. Bewertungsverluste stellen die Bildung stiller Reserven dar und werden positiv gewürdigt.
Zuschreibungen				
+ Erträge aus Rückstellungsauflösung				
– aktiv. abgesetzte steuerliche Sonderabschreibungen				
– Abschreibungen Fin AV und Wertpapiere des UV außerplanmäßige Abschreibungen SAV und immaterielle VG				
– Geschäftswertabschreibungen				
= **BEWERTUNGSERFOLG**				

Das Bewertungsergebnis wird als drittklassig interpretiert, da es nicht mit Liquiditätszu- oder -abflüssen verbunden ist. Ein positives Bewertungsergebnis ist erfolgsanalytisch kritisch zu beurteilen, da es die Auflösung stiller Rücklagen (z. B. durch Zuschreibungen) bedeutet. Hingegen weist ein negatives Bewertungsergebnis auf die Bildung solcher stillen Rücklagen hin und ist folglich entsprechend zu würdigen.

Anzumerken ist, dass ein **negativer** Bewertungserfolg eher positiv gedeutet wird: Er ist von „buchtechnischen" oder „steuerlichen" Aufwendungen hervorgerufen, ohne dass ihnen ein betrieblicher Werteverzehr, also ein echter Aufwand, zugrunde liegt. Es wurden „stille Reserven" gelegt. Umgekehrt ist ein positiver Bewertungserfolg insofern negativ zu werten, als er bspw. durch Zuschreibungen zustande gekommen ist, also ebenfalls keinen echten betriebswirtschaftlichen Erfolg der Abrechnungsperiode darstellt.

Der Bewertungserfolg ergibt zusammen mit den übrigen Erfolgskomponenten den Jahresüberschuss/-fehlbetrag vor Steuern.

Ziel der im Rahmen der Erfolgsanalyse durchgeführten Aufbereitungen des Datenmaterials ist neben der Herausstellung der Ergebnisquellen bzw. Erfolgskomponenten die Ermittlung des „bereinigten" Unternehmenserfolges, weil der als Jahresüberschuss ausgewiesene Betrag juristisch definiert und bilanzpolitisch bestimmt ist, jedoch nicht das tatsächliche Ergebnis zeigt und keinen Gewinn im betriebswirtschaftlichen Sinn darstellt.

Zur Erleichterung der Interpretation fassen wir die Ergebnisse in einer Schnellübersicht zusammen:

ABB. 14: Schnellübersicht

Schnellübersicht	**2. Vorjahr**	**1. Vorjahr**	**Geschäftsjahr**	
Ordentlicher Betriebserfolg + Finanz- und Beteiligungsergebnis				Die Schnellübersicht zeigt, wie das Ergebnis erwirtschaftet wurde: Ob es im operativen, laufenden Geschäft erzielt oder nur durch außerordentliche Vorgänge (Verkauf des „Tafelsilbers"?) oder durch bewertungstechnische Maßnahmen erreicht wurde. Stagnierender oder steigender Jahresüberschuss bei gesunkenem operativen Ergebnis ist ein Alarmsignal und deutet auf ergebnisverbessernde bilanzpolitische Maßnahmen und Sachverhaltsgestaltungen hin. Kompensation im Verbundergebnis, Gewinnverlagerungen im Konzern?
= **Operatives, regelmäßiges Ergebnis**				
A. o. und Liquidationsergebnis + Bewertungsergebnis = **unregelmäßiges Ergebnis**				
Σ Ergebnis vor EE-Steuern – EE-Steuern				
= **Jahresüberschuss/-fehlbetrag**				
+ in der Periode gebildete stille Reserven – aufgelöste stille Reserven				
= Bereinigter Unternehmenserfolg				

1.3.5 Analyse der Erfolgsverwendung

Hinsichtlich der Verwendungsmöglichkeiten des „bereinigten Unternehmenserfolges" ist zu differenzieren zwischen

- Bildung oder Auflösung offener Rücklagen (Veränderung des Eigenkapitals),
- Bildung oder Auflösung stiller Rücklagen,
- Zahlung von Ertragsteuern,
- Ausschüttungen.

Hier finden sich Hinweise auf die Solidität der Finanzierungspolitik:

- Die Bildung **offener oder auch stiller Rücklagen** wird aus Finanzierungs- und Stabilitätsüberlegungen immer zu begrüßen sein, es kann sich aber auch die Frage stellen, ob eine (zu) hohe Dotierung der Rücklagen nicht zu Lasten der Ausschüttungsinteressen der Anteilseigner geht.
- Die **Auflösung von Rücklagen** dürfte immer kritisch gesehen werden, unabhängig davon, ob sie zum Ausgleich eines Jahresfehlbetrages oder gar zum Zweck der Ausschüttung erfolgt.
- Veränderungen der **Ertragsteuerzahlungen** sind auf ihre Ursachen hin zu prüfen: veränderte Ertragslage, Steuernachzahlungen, Aufdeckung stiller Reserven bei Verkauf von Unternehmenssubstanz etc.
- Die **Ausschüttungen** geben ebenfalls Anlass zu allerlei erfolgswirtschaftlichen und finanzpolitischen Betrachtungen:

Wird eine „kontinuierliche" Ausschüttungspolitik betrieben, und ist sie durch die Ertragssituation gerechtfertigt?

Lässt eine Erhöhung der Ausschüttungen positive Zukunftseinschätzungen der Geschäftsleitung erkennen oder vice versa?

In welcher Relation stehen die Ausschüttungen zur Rücklagenbildung oder -auflösung?

Zusammenfassung

(1) Der Jahresüberschuss der GuV ist ein schlechter Indikator zur Abschätzung der künftigen Ertragskraft einer Unternehmung, weil er von betriebsfremden und außerordentlichen Erfolgskomponenten sowie von bilanzpolitischen Maßnahmen beeinflusst wird, die den Zeit- und Betriebsvergleich stören.

(2) Wir müssen folglich eine Erfolgsspaltung vornehmen und Ergebnisquellenanalyse betreiben. In deren Mittelpunkt steht die Errechnung des ordentlichen Betriebserfolges. Diese Größe ist für die Ertragskrafteinschätzung besser geeignet. Daneben ermitteln wir den Finanz- und Verbunderfolg, den Außerordentlichen und Liquidationserfolg und den Bewertungserfolg.

(3) Dazu sind alle Positionen der GuV daraufhin zu untersuchen, welchem dieser vier Bereiche sie zuzuordnen, bzw. wie sie aufzuteilen sind.

(4) Innerhalb des Finanzerfolges untersuchen wir die Zinsabhängigkeit des Erfolges und die Rendite der Beteiligungen.

(5) Der Bewertungserfolg gibt Aufschluss über die Bildung und Auflösung stiller Reserven. Ein positiver Saldo signalisiert eine Ergebnisverbesserung durch buchtechnische Reserveauflösungen und stellt im Hinblick auf unsere Fragestellung der „Erkenntnis von Fehlentwicklungen" ein Alarmzeichen dar, dem besondere Aufmerksamkeit geschenkt werden muss.

(6) Der finanzwirksame Außerordentliche und Liquidationserfolg erfasst periodenfremde und ungewöhnliche Erträge und Aufwendungen. Wegen der Unregelmäßigkeit ihres Anfalls hat der A. o. Erfolg prognostisch nur eine geringe Bedeutung, obwohl er im Jahr seines Anfalls den Jahresüberschuss erheblich beeinflussen und möglicherweise Verluste im Betriebserfolg kompensieren kann.

(7) Neben der Erfolgsspaltung ist eine „Bereinigungsrechnung" erforderlich, mit deren Hilfe die Bildung oder Auflösung stiller Reserven aufgedeckt werden soll, damit auf diese Weise der „bereinigte Unternehmenserfolg" ermittelt wird.

(8) Die Summe aus den Teilergebnissen Betriebserfolg, Finanz und Verbunderfolg, A. o. und Liquidationserfolg sowie Bewertungsergebnis ergibt den Jahresüberschuss vor Steuern. Rechnen wir den Saldo aus Bildung und Auflösung stiller Reserven hinzu, gelangen wir zu eben diesem bereinigten Unternehmenserfolg.

LITERATURHINWEISE

Baetge, J./Kirsch, H.-J./Thiele, S.: Bilanzanalyse, a. a. O.

Baetge, J./Bruns, C.: Erfolgsquellenanalyse, in: BBK 1996 S. 1003-1018 (F. 19 S. 387-402).

Coenenberg, A. G.: Jahresabschluß und Jahresabschlußanalyse, a. a. O.

Hauschildt, J.: Erfolgs- und Finanzanalyse, Köln 1996.

Kirsch, H.: Erfolgsstrukturanalyse auf Basis der Gliederungs- und Angabevorschriften zur IAS/IFRS Gewinn- und Verlustrechnung, in: DB 2003, S. 2449-2455.

Küting, K./Weber, C.P.: Die Bilanzanalyse, a. a. O.

Lachnit, L.: Bilanzanalyse, Wiesbaden 2004.

Preißler, P. R.: Betriebswirtschaftliche Kennzahlen, a. a. O.

Riebell, C.: Die Praxis der Bilanzauswertung, a. a. O.

Schult, E.: Bilanzanalyse, a. a. O.

1.4 Die detaillierte Analyse des Betriebsergebnisses

Nachdem es bei der Erfolgsspaltung darum ging, die einzelnen Positionen der Gewinn- und Verlustrechnung unter Nutzung der Anhanginformationen als Einflussfaktoren auf das Ergebnis zu systematisieren und den genannten Teilergebnissen mit unterschiedlicher Bedeutung und Prognosequalität zuzuordnen, muss das Betriebsergebnis nun im Einzelnen untersucht werden.

Zur detaillierteren Analyse der Betriebsergebnisse und zur Herausstellung seiner Determinanten werden die Umsatz-, Ertrags- und Aufwandsstrukturen ermittelt und einzeln beurteilt.

1.4.1 Umsatzanalyse

Gem. § 285 Nr. 4 HGB ist im Anhang anzugeben „... die Aufgliederung der Umsatzerlöse nach Tätigkeitsbereichen sowie nach geografisch bestimmten Märkten, soweit sich, unter Berücksichtigung der Organisation des Verkaufs von für die gewöhnliche Geschäftstätigkeit der Kapitalgesellschaft typischen Erzeugnissen und [...] der typischen Dienstleistungen, die Tätigkeitsbereiche und geografisch bestimmten Märkte untereinander erheblich unterscheiden".

Es liegt nahe, dass neben der Entwicklung der Umsatzerlöse auch die Nutzung der oben genannten Anhanginformationen wichtig ist, weil in ihr insbesondere Risikoaspekte zum Ausdruck kommen, die zumindest qualitativ berücksichtigt werden müssen. Zur besseren Übersicht und zur einfacheren Beurteilung bietet es sich an, die entsprechenden Daten und Angaben im Jahresabschluss in einem „Umsatzspiegel" darzustellen:

Umsatzspiegel	**Gesamtmarkt** in Mio. €		**Deutschland**		**EU-Länder**		**übrige Gebiete**	
	Vorjahr	Geschäftsjahr	Vorjahr	Geschäftsjahr	Vorjahr	Geschäftsjahr	Vorjahr	Geschäftsjahr
Schuhe								
Chemischer Bereich								
Techn. Dienstleistung								

Bessere Erkenntnisse als die Umsatzanalyse auf Basis der wenigen diesbezüglichen Anhangangaben im Einzelabschluss liefert der Segmentbericht, der im Rahmen der Konzernrechnungslegung von Muttergesellschaften börsennotierter Kapitalgesellschaften veröffentlicht werden muss.

1.4.2 Bestandsveränderungen

Die Analyse der Bestandsveränderungen gibt Hinweise darauf, in welchem Maße die durch die Umsatzerlöse repräsentierten Markterfolge durch den Abbau von Lagerhaltungen beeinflusst wurden. Bestandserhöhungen deuten u. U. auf eine rückläufige Nachfrage hin und lassen möglicherweise Absatzschwierigkeiten erkennen, können jedoch auch das Ergebnis einer positiven Einschätzung künftiger Absatzchancen durch die Geschäftsleitung sein. Bestandsminderungen lassen eine günstige Beschäftigung und Auslastung der Produktionskapazitäten erkennen.

Im Falle eines Abbaus der Bestände ist zu berücksichtigen, dass sich in den Umsatzerlösen der „Wertesprung" bemerkbar macht: Die bislang zu Herstellungskosten bilanzierten Erzeugnisse werden zu „Umsatz", der nunmehr dem Realisationsprinzip entsprechend auch die Gewinnanteile enthält.

Sowohl die Entwicklung der Umsatzerlöse wie auch die der Bestandsveränderungen sollte durch die Betrachtung der Bilanzposition „Forderungen aus Lieferungen und Leistungen" begleitet werden. So können steigende „Forderungen" bei Stagnieren der Umsatzerlöse und Erhöhung der Bestände Zeichen einer Krise sein.

1.4.3 Intensitäts- und Aufwandsstrukturkennzahlen

MERKE

Um Bedeutung und Einfluss der einzelnen Aufwandsarten für das Betriebsergebnis herauszustellen, berechnen wir Quoten oder sogenannte Intensitätskennzahlen, d. h., wir setzen die einzelnen Aufwandsarten in Relation zur Gesamtleistung (GKV) bzw. hilfsweise zum Umsatz (UKV).

► Materialaufwand/Materialintensität

Die Materialaufwandsquote charakterisiert ein Unternehmen als material- oder lohnintensiv. Zwischen Materialaufwand und Personalaufwand bestehen entsprechende Wechselwirkungen: Einem hohen Materialaufwand steht häufig ein niedrigerer Personalaufwand gegenüber, weil das betreffende Unternehmen z. B. in großem Umfang fertige Teile für seine Produkte bezieht. Ein Handelsunternehmen ist i. d. R. besonders lohnintensiv, während Produktionsunternehmungen eine höhere Materialintensität aufweisen. Im Falle einer hohen Materialintensität wird das Risiko schwankender Beschäftigungsgrade teilweise auf die Zulieferer verlagert. Ein Rückgang des Materialaufwandes kann damit zusammenhängen, dass bisher fremdbezogene Teile zur besseren Auslastung der eigenen Kapazitäten selbst hergestellt werden. Ein überdurchschnittlich hoher Materialaufwand ist möglicherweise auf Unwirtschaftlichkeiten im Betriebsablauf zurückzuführen.

Veränderungen der Materialintensität gegenüber dem Vorjahr können verschiedene Gründe haben:

- Verteuerung oder Verbilligung des Material- oder Wareneinkaufs (Preiserhöhungen oder -senkungen auf der Beschaffungsseite);
- Erhöhung oder Senkung der eigenen Verkaufspreise, ohne dass sich die Einkaufspreise entsprechend geändert haben;
- Bildung oder Auflösung von stillen Reserven im Vorratsvermögen;
- innerbetrieblicher Schlendrian.

Insofern erlaubt die Materialintensität bzw. die Veränderung des Materialaufwandes sowohl eine Beurteilung der Abhängigkeit des Unternehmenserfolges von Preisschwankungen auf den Beschaffungsmärkten als auch des Betriebsgebarens. In beiden Fällen ist jedoch ein Urteil nur im Vergleich mit anderen Betrieben möglich. Während gleiche Entwicklungen dieser Größe in den betrachteten Unternehmen auf veränderte Beschaffungspreise zurückzuführen sind, wird eine zu beobachtende Veränderung im Betrachtungsunternehmen eher auf betriebsinterne Maßnahmen zurückzuführen und entsprechend zu würdigen sein.

► Personalaufwand/Personalintensität

Die Personalintensität misst die Wirtschaftlichkeit des Einsatzes des Faktors Arbeit. Dabei setzt sich der Personalaufwand zusammen aus den Positionen

- Löhne und Gehälter,
- soziale Abgaben,
- Aufwendungen für Altersversorgung und Unterstützung.

In Anbetracht regelmäßig steigender Personalkosten und im Wettbewerb der Betriebe untereinander kommt dieser Größe immer größere Bedeutung zu. Eine schwache Ertragslage ist oft auf eine zu hohe Personalintensität zurückzuführen. In Verbindung mit der Kapitalintensität gibt die Personalintensität Hinweise auf den Rationalisierungsgrad des Betriebes. Überproportionale Steigerungen sind gelegentlich die Folge von nachgeholten Einstellungen in die Pensionsrückstellungen. Sie sind dann kein Zeichen von eingetretenen Unwirtschaftlichkeiten, sondern als Vorsorgemaßnahme zu werten.

► Abschreibungsaufwand/Kapitalintensität

Im Abschreibungsaufwand wird der Werteverzehr des Anlagevermögens erfasst. Erhöhte Abschreibungen können auf eine intensivere Nutzung der Produktionskapazitäten hindeuten. Es ist jedoch zu beachten, dass gerade diese Kennzahl in besonders hohem Maße von bilanzpolitischen Maßnahmen beeinflusst und verfälscht sein kann. Insofern ist diese Betrachtung für unsere Fragestellung nicht besonders ergiebig. Dennoch erlaubt sie einige Spekulationen: Eine Erhöhung des Abschreibungsaufwandes kann auf die Bildung stiller Reserven hinweisen und uns andeuten, dass das Betriebsergebnis tendenziell besser als ausgewiesen ist. Eine Verringerung der Abschreibung hingegen dürfte ein Alarmzeichen dafür sein, dass das Unternehmen den Jahresüberschuss/-fehlbetrag durch eine Änderung der Abschreibungspolitik verbessern will. In diesem Fall wären weitere Untersuchungen anzustellen.

► Sonstiger betrieblicher Aufwand

Da im sonstigen betrieblichen Aufwand die verschiedensten Aufwandsarten zusammengefasst wiedergegeben werden, die dem externen Bilanzleser im Einzelnen nicht bekannt sind, gibt es hier kaum Interpretationsmöglichkeiten. Wir können lediglich die Entwicklung dieser Aufwandspositionen insgesamt im Zeitvergleich verfolgen und in Relation zur Konkurrenz betrachten.

Ist die GuV nach dem Umsatzkostenverfahren gestaltet, werden die Material-, Personal- und Abschreibungsaufwendungen in der Erfolgsrechnung nicht als solche gezeigt. Vielmehr sind sie in die Kosten für die Funktionsbereiche

- Herstellung,
- Vertrieb,
- Allgemeine Verwaltung,
- Sonstige Funktionsbereiche, z. B. Forschung und Entwicklung

einbezogen oder werden unter den „Sonstigen betrieblichen Aufwendungen" erfasst.

Zwar ist die Höhe dieser Aufwendungen dem Anhang oder dem Anlagegitter zu entnehmen, doch sind Analyse und Beurteilung schwierig, weil nicht bekannt ist, in welchem Maße sie sich auf umgesetzte und auf auf Lager produzierte Erzeugnisse verteilen. Es ist auch nicht bekannt, inwieweit die Umsatzerlöse aus in der Periode produzierten Erzeugnissen oder aus Bestandsminderungen stammen. Wegen des Fehlens einer Bezugsgröße können folglich keine Intensitätskennzahlen errechnet und Strukturen deutlich gemacht werden. Die Analyse muss sich auf eine Betrachtung der absoluten und relativen Veränderung beschränken, ohne den Einfluss auf den Betriebserfolg herausstellen zu können.

Stattdessen setzen wir die Kosten der **einzelnen Funktionsbereiche** in Relation zum Umsatz und erlangen auf diese Weise einen Eindruck von der Bedeutung dieser Funktionen und im Zeitvergleich von der Verschiebung der Gewichte.

► Herstellungskosten

Sie sollen die Kosten der Leistungserstellung enthalten, die zur Erzielung des Periodenumsatzes notwendig waren. Nicht erfasst werden folglich die Herstellungskosten der auf Lager produzierten fertigen und unfertigen Erzeugnisse.

Infolge der großen Spielräume bei der Berechnung der hier anzusetzenden Herstellungskosten bereitet diese Position dem Analytiker erhebliche Schwierigkeiten. Sie werden dadurch vergrößert, dass die Schlüssel der Verteilung der Kostenarten auf die Herstellungskosten und die übrigen Funktionsbereiche (Vertrieb, Verwaltung) nicht bekannt und von Unternehmung zu Unternehmung unterschiedlich sind.

Da aber sowohl der Begriffsinhalt bzw. die Berechnungsmethode der Herstellungskosten wie auch die Schlüssel der Umlage der Kostenarten auf die Funktionsbereiche wegen des Stetigkeitsgebots im Zeitablauf beibehalten werden müssen, ist diese Position dennoch nützlich für die Analyse. In Relation zum Umsatz gibt sie an, welche Bedeutung die Herstellungskosten haben und wie stark eine Änderung dieser Einflussgröße das Ergebnis verändern kann.

► **Vertriebskosten**

Sie enthalten alle durch den Vertrieb verursachten Aufwendungen. So auch die in diesem Bereich angefallenen Löhne, Gehälter und Abschreibungen.

Bilanzanalytisch machen sie ähnliche Schwierigkeiten wie die Herstellungskosten. Gleichwohl lassen sie Rückschlüsse zu. Beispielsweise können überproportionale Steigerungen auf verstärkte Marketing- und Werbebemühungen hinweisen.

► **Allgemeine Verwaltungskosten**

Für sie gilt das oben Gesagte entsprechend. Sie enthalten u. a. die Kosten der Datenverarbeitung sowie der allgemeinen Verwaltung einschließlich der dort anfallenden Gehälter usw.

► **Sonstige betriebliche Aufwendungen**

Sie sind im UKV erheblich niedriger als im GKV, weil die meisten dieser im GKV erfassten Aufwendungen auf die oben beschriebenen Funktionsbereiche umgelegt worden sind.

1.4.4 Wirtschaftlichkeitsbetrachtungen

Überlegungen zur Wirtschaftlichkeit des Faktoreinsatzes können anhand der Vermögensstruktur und mithilfe von Umschlagskoeffizienten, die das Geschäftsvolumen berücksichtigen, angestellt werden.

Die Vermögensstruktur wird üblicherweise mit folgenden Kennzahlen analysiert:

$$\text{Anlageintensität} = \frac{\text{Anlagevermögen}}{\text{Gesamtvermögen}} \cdot 100$$

$$\text{Arbeitsintensität} = \frac{\text{Umlaufvermögen}}{\text{Gesamtvermögen}} \cdot 100$$

Im Hinblick auf die **Wirtschaftlichkeit** gilt, dass diese umso größer ist, je kleiner ceteris paribus das Anlagevermögen ist. Ansatzpunkt für diese Aussage sind die fixen Kosten. Je kleiner der Anteil des Sachanlagevermögens am Gesamtvermögen ist, umso besser ist die Kapazitätsausnutzung, umso günstiger die Verteilung der fixen Kosten und damit die Ertragslage. Die Begründung liegt darin, dass eine steigende **Kapazitätsausnutzung** zu steigendem Umsatz und dieser zu einem steigenden Vorrats- und Forderungsbestand führt.

Trifft man auf den Fall, dass die Relation SAV/UV steigt, so könnte man daraus auf eine verschlechterte Kapazitätsauslastung schließen, wenn man die Entwicklung des Umlaufvermögens als einen Indikator für die Beschäftigung annimmt.

Um die Aussagen zu präzisieren, ist es jedoch erforderlich, die Beschäftigung direkt in die Untersuchungen einzubeziehen. Das kann geschehen, indem man die Umsatzerlöse als Maßstab für die Beschäftigung wählt und die folgende Kennzahl bildet:

$$\text{Kapazitätsauslastung (= Beschäftigung)} = \frac{\text{Gesamtleistung bzw. Umsatzerlöse}}{\text{SAV (AHK am Periodenende)}}$$

Eine steigende Relation SAV/UV bei gleichzeitigem Steigen der Kennzahl Beschäftigung lässt dann vermuten, dass es sich nicht um einen Beschäftigungsrückgang handelt. Vielmehr wurde entweder bei gleichem Anlageeinsatz der Umsatz ausgedehnt oder der gleiche Umsatz mit weniger Anlagen erwirtschaftet, also eine bessere Beschäftigung der vorhandenen Anlagen und damit eine größere Wirtschaftlichkeit erzielt.

Gilt außerdem, dass die Kennzahl Vorräte/Umsatzerlöse sinkt, lässt dies auf die Ursache für die relative Senkung des Umlaufvermögens schließen: Vermutlich wurde die Lagerhaltung rationalisiert, oder in vergangenen Perioden wurden Vorratskäufe wegen erwarteter Preissteigerungen getätigt.

Bei all diesen Aussagen ist jedoch zu berücksichtigen, dass sich die Veränderungen auch aufgrund anderer Ursachen oder Einflüsse, z. B. infolge von Preisschwankungen, unregelmäßiger Investitionstätigkeit oder infolge einer veränderten Bilanzpolitik ergeben können. Diese **Mehrdeutigkeit der Aussagen** ist insofern besonders problematisch, als, je nach der tatsächlichen Ursache, eine unterschiedliche Einschätzung der künftigen Unternehmensentwicklung geboten ist. Die Vermögensstrukturanalyse muss folglich durch weitere Kennzahlen ergänzt werden.

Umschlagskoeffizienten geben an, wievielmal ein Vermögensposten in der Periode umgeschlagen wurde **(Umschlagshäufigkeit)** oder als reziproker Wert, in welcher Zeit der Bestand einmal umgeschlagen wird **(Umschlagsdauer)**:

$$\text{Umschlagshäufigkeit des Anlagevermögens} = \frac{\text{Abschreibungen auf SAV}}{\text{Ø Bestand SAV}}$$

$$\text{Umschlagshäufigkeit des Umlaufvermögens} = \frac{\text{Umsatzerlöse}}{\text{Ø Bestand UV}}$$

$$\text{Umschlagshäufigkeit des Gesamtvermögens} = \frac{\text{Umsatzerlöse}}{\text{Ø Bestand Gesamtvermögen}}$$

Die Wirtschaftlichkeit des Vermögenseinsatzes ist umso größer, je höher die Umschlagshäufigkeit ist.

Eine relativ geringe Umschlagshäufigkeit des Sachanlagevermögens und des Gesamtvermögens ist kennzeichnend für Unternehmen der Grundstoffindustrie. Sie korrespondiert mit dem Grad der Anlageintensität. Die zunehmende Mechanisierung und Automatisierung der Fertigungsprozesse senkt die Umschlagshäufigkeit. Vielfach führen die hiermit im Zusammenhang stehenden Investitionen dazu, dass die Bilanzsumme überproportional zum Umsatzvolumen ansteigt. Die Fixkosten weisen dann eine steigende Tendenz auf. Unternehmen mit einem hohen Vermögensumschlag haben ceteris paribus einen geringeren Fixkostenanteil als Gesellschaften mit niedrigeren Umschlagswerten. Die Umschlagshäufigkeiten ermöglichen insofern einen gewissen Einblick in die Kostenstruktur.

Eine Kennzahl, die im Vergleich mit anderen Unternehmungen derselben Branche die Beurteilung der Vorratspolitik der Unternehmung ermöglicht, ist die

$$\text{Vorratsintensität} = \frac{\text{Vorräte}}{\text{Umsatzerlöse}} \cdot 100$$

Sie kann Hinweise über die Wirtschaftlichkeit der Lagerhaltung, aber auch – zusammen mit anderen Überlegungen – über die Einschätzung der Umsatzentwicklung durch das Unternehmen in der nächsten Zeit geben. So kann ein hohes Vorratsvermögen andeuten, dass die Unternehmensleitung mit einer Belebung der Geschäftstätigkeit rechnet.

Die Untersuchungen zur Wirtschaftlichkeit können durch einige **Produktivitätsbetrachtungen** abgerundet werden. **Produktivitätskennzahlen** zeichnen sich dadurch aus, dass in sie auch solche Einflussgrößen einbezogen werden können, die nicht in der Dimension Euro gemessen werden. I. d. R. handelt es sich um technische Größen, die zueinander in Beziehung gesetzt werden. So wird z. B. die Arbeitsproduktivität durch das Verhältnis von Ausbringung und geleisteten Arbeitsstunden bzw. Beschäftigten gemessen.

Dem externen Analytiker stehen Informationen zur Beurteilung der Produktivität kaum zur Verfügung. Dennoch können dann und wann mindestens einige Einblicke gewonnen werden.

So ist es möglich, die Produktivität des Faktors Arbeit hilfsweise zu messen durch

$$\text{Produktivität des Faktors Arbeit} = \frac{\text{Ausbringung, Umsatz}}{\text{Zahl der Beschäftigten}}$$

Im Einzelhandel und bei Untersuchungen von Kaufhäusern ist es sinnvoll, die Produktivität der eingesetzten Verkaufsflächen zu messen, indem diese in Relation zum Umsatz gesehen wird. In der Stahlindustrie könnten die Erstellungsaufwendungen je t Rohstahl ermittelt werden. **Produktivitätskennzahlen** sind offensichtlich **branchenabhängig** und müssen folglich jeweils neu überdacht werden.

Soweit die Ermittlung solcher Produktivitätskennziffern möglich ist, kann daraus geschlossen werden, dass eine gestiegene Produktivität auch zu einer gestiegenen Wirtschaftlichkeit führt.

1.4.5 Ursachenforschung

Die Analyse des Betriebsergebnisses sollte durch die Ursachenforschung von Aufwandsveränderungen ergänzt werden. Dazu werden die prozentualen Veränderungen der Gesamtleistung, ggf. auch des Umsatzes, mit denen der verschiedenen Aufwandskomponenten verglichen. Der Umsatz sollte dann als Bezugsgröße gewählt werden, wenn die „Sonstigen betrieblichen Erträge" eher im betriebsfremden Bereich entstanden sind.

Eine gleichgerichtete Entwicklung einer einzelnen Aufwandsart und der Bezugsgröße lässt darauf schließen, dass die betrieblichen Verhältnisse, insbesondere die Wirtschaftlichkeit des Faktoreinsatzes, im Wesentlichen gleich geblieben sind.

Häufig kommt es jedoch vor, dass einzelne Aufwandsarten im Verhältnis zur Bezugsgröße überproportional steigen. In diesen Fällen ist zu fragen, ob sich die Wirtschaftlichkeit und das Betriebsgebaren in der Abrechnungsperiode verschlechtert haben oder ob die Aufwandssteigerungen aus – vom Unternehmen kaum zu beeinflussenden – Preissteigerungen resultieren.

Im letzten Fall wäre dann weiter zu untersuchen, ob derartige Steigerungen durch Senkungen in anderen Bereichen kompensiert werden konnten, ob folglich das Management flexibel genug war, um unvermeidbare Kostensteigerungen durch Einsparungen an anderer Stelle aufzufangen.

Derartige Untersuchungen werden durch das Kennzahlensystem zur „Analyse des Betriebserfolges" erleichtert. Dies ermöglicht es, die Analyse systematisch zu betreiben und die Wirkung von Veränderungen der einzelnen Aufwandsarten abzuschätzen.

Das beschriebene Kennzahlensystem ermöglicht sehr schnell das Aufspüren von Auffälligkeiten, deren Ursachen dann nachgegangen werden kann. Auf diese Weise gelingt es, die Einflüsse, die von den einzelnen Erfolgs- und Aufwandsarten auf das Betriebsergebnis ausgehen, herauszustellen. Verbunden mit entsprechenden Annahmen über die weitere Entwicklung der jeweiligen Position dürfen dann Prognosen über das künftige Betriebsergebnis leichter möglich sein.

Insbesondere durch die Errechnung der prozentualen Veränderungen im Zeitablauf wird deutlich, wie wirksam einzelne Einflüsse gewesen sind und welche Positionen der besonderen Aufmerksamkeit bedürfen.

Dabei spielt natürlich auch das durch die Intensitätskennzahlen quantifizierte Gewicht, das die einzelne Aufwandsart insgesamt hat, eine Rolle. Je höher der Anteil einer Aufwandsart ist, umso stärker wirken sich Veränderungen auf das Ergebnis aus.

LITERATURHINWEISE

Baetge, J./Kirsch, H.-J./Thiele, S.: Bilanzanalyse, a. a. O.

Coenenberg, A. G.: Jahresabschluss und Jahresabschlussanalyse, a. a. O.

Gubelt, C.: Die Jahresabschlussanalyse von nach Internationalen Financial Reporting Standards erstellten Abschlüssen, Hamburg 2004.

Lachnit, L.: Bilanzanalyse, a. a. O.

Küting, C. P.: Die Bilanzanalyse, a. a. O.

ABB. 15: Kennzahlensystem zur Analyse des Betriebserfolgs (GKV)

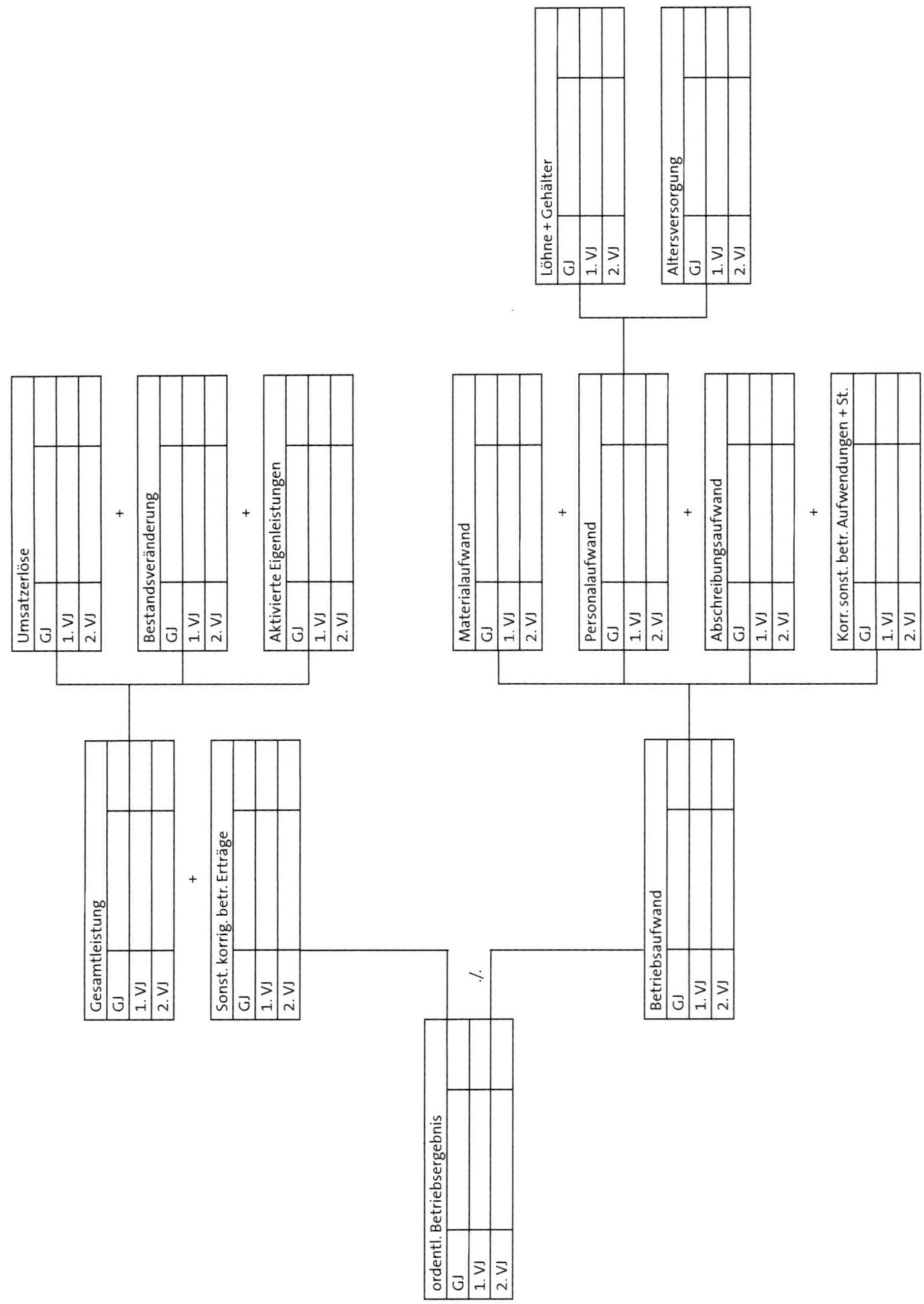

ABB. 16: Kennzahlensystem zur Analyse des Betriebserfolgs (GKV)

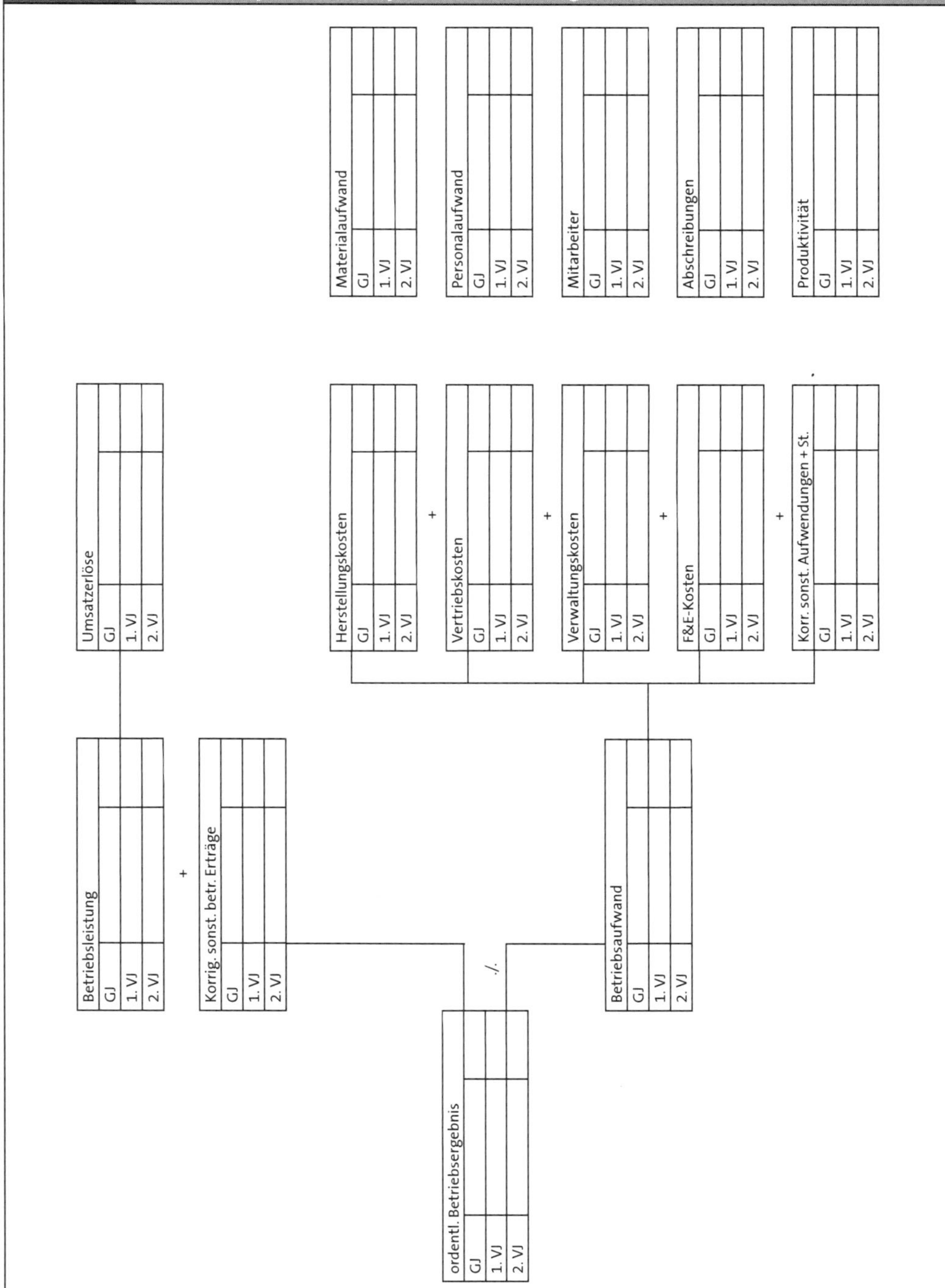

1.5 Pro-Forma-Kennzahlen: Die „Before ..."-Familie

Mit der zunehmenden Internationalisierung der Unternehmensaktivitäten und in dem Bemühen einer adäquaten Darstellung der Unternehmens- und Managementleistung auf den Kapitalmärkten ist auch in Deutschland und im EURO-Bereich die Verwendung von „Earnings-before" -Kennzahlen in der Veröffentlichungs- und Analysepraxis üblich geworden.

Gemeinsam ist all diesen „Before-Kennzahlen", dass der nach den Rechnungslegungsvorschriften (HGB) oder Internationalen Standards (IFRS) ermittelte Jahreserfolg (Jahresüberschuss/-fehlbetrag, Ergebnis) um jeweils bestimmte Aufwandspositionen korrigiert wird, um – wie argumentiert wird – eine bessere Vergleichbarkeit herzustellen. Grundlegendes Merkmal dieser Art von Kennzahlen ist also die Darstellung eines Unternehmensergebnisses vor Abzug einer oder mehrerer Aufwandspositionen. Es handelt sich also um absolute, nicht um Verhältniszahlen. Seitens der Rechnungslegungsstandards HGB und IFRS werden die Earnings-Before-Kennzahlen weder definiert noch vorgegeben. Aus diesem Grund werden sie als Pro-Forma-Ergebniszahlen bezeichnet.

Der Begriff „Earnings" umfasst neben dem Ergebnis der primären Geschäftstätigkeit auch das Ergebnis der sonstigen Unternehmensaktivitäten. Der Ausdruck „before" signalisiert die Modifizierung um die jeweiligen Aufwandspositionen: Steuern (T), Abschreibungen auf immaterielle Vermögenswerte, insbesondere auf Geschäftswerte (A), Abschreibungen auf Sachanlagen (D) und Zinsen (I).

Diese Kennzahlen sollen nun dargestellt und bezüglich ihres Aussagegehaltes gewürdigt werden.

1.5.1 Earnings before Taxes (EBT)

Die EBTs werden ermittelt, um den intertemporären und zwischenbetrieblichen Vergleich zu ermöglichen und Störfaktoren, die sich aus

- Einflüssen verschiedener Gewinnverwendungspolitiken (Ausschüttungen, Rücklagenbildungen),
- unterschiedlichen Hebesätzen für die Gewerbesteuer,
- unterschiedlichen Kapitalstrukturen,
- Steuernachzahlungen und -erstattungen,
- Unterschieden zwischen Personen- und Kapitalgesellschaften

ergeben können, zu eliminieren.

Problematisch ist, ob unter „Taxes" nur die ertragsabhängigen Steuern (EE-Steuern) oder auch die „Sonstigen Steuern" zu verstehen sind. Die zuletzt genannten Steuern sind Kosten und damit ergebnisunabhängig, deswegen gehören sie nicht in den oben beschriebenen Sinnzusammenhang.

	Jahresergebnis (Jahresüberschuss/-fehlbetrag)
+	Steuern vom Einkommen und Ertrag
=	**Earning before Taxes (Ergebnis vor Steuern)**

Aus den oben beschriebenen Gründen der Neutralisierung von Störeinflüssen auf die Vergleichbarkeit erweisen sich die EBTs als Kennzahl – wie schon für die Analyse des Einzelabschlusses –

als hilfreiche Ausgangsgrundlage für die Errechnung und Interpretation der vorne schon beschriebenen Rentabilitätskennzahlen.

1.5.2 Earnings before Interests and Taxes (EBIT)

Bei der Ermittlung des EBITs werden dem Jahresergebnis nicht nur die Steuern, sondern auch die „Zinsen" hinzugerechnet sowie die außerordentlichen Erträge und Aufwendungen eliminiert:

	Jahresergebnis (Jahresüberschuss/-fehlbetrag)
+	Steuern vom Einkommen und Ertrag
±	außerordentliche Aufwendungen/Erträge
±	Finanzergebnis
=	**Earning before Interests and Taxes (EBIT)**

Problematisch ist, dass diese Kennzahl in der Unternehmenspublizität und Literatur sowohl bezüglich der „Interests" wie auch hinsichtlich der Eliminierung der außerordentlichen Erträge und Aufwendungen unterschiedlich definiert, kommuniziert und interpretiert wird.

Ursprünglich sollten die EBITs einen Erfolg frei von Einflüssen unterschiedlicher Kapitalstrukturen beschreiben und damit für den Unternehmensvergleich ein von der Finanzierung unabhängiges Ergebnis zeigen. Insofern ist es zweckmäßig, nur den Zinsaufwand zu berücksichtigen. Inzwischen sind aber immer mehr Unternehmen dazu übergegangen, die Earnings im Sinne des Jahresergebnisses um das gesamte Finanzergebnis, also einschließlich der Zinserträge und des Beteiligungsergebnisses, zu korrigieren. Bei dieser Handhabung stellen die EBITs dann das uns vertraute Betriebsergebnis dar. Weil sich diese Variante zumindest in der Unternehmenspublizität durchzusetzen scheint, werden wir ihr hier auch folgen.

Die Eliminierung der außerordentlichen Erträge und Aufwendungen ist ebenfalls umstritten. Sie macht immer dann Sinn, wenn die EBITs der Ausdruck einer nachhaltigen, also auch in Zukunft zu erwartenden Ertragskraft sein sollen, was i. d. R. der Fall ist.

Bei Definition und Interpretation der EBITs als Betriebsergebnis stellen sie eine brauchbare Grundlage für die Errechnung weiterer Kennzahlen wie der EBIT-Marge (Umsatzrentabilität) und der Betriebsrentabilität bzw. des Return on Investments (RoI) dar.

1.5.3 Earnings before Interests, Taxes and Amortization (EBITA)

Eine eher modische Kennzahl scheint EBITA zu sein:

	EBIT
+	Abschreibungen auf immaterielle Vermögenswerte einschließlich der Geschäfts- und Firmenwerte
=	**Earning before Interests, Taxes and Amortization (EBITA)**

Diese Kennzahl ist in den Zeiten vieler Unternehmensakquisitionen unter Zahlung hoher Entgelte für Geschäfts- und Firmenwerte und des Erwerbs teurer Lizenzgebühren (z. B. für UMTS-Rechte) entstanden. Die hohen Abschreibungen auf diese immateriellen Vermögenswerte belasten die Erfolgsrechnungen und es ist naheliegend, ein Pro-Forma-Ergebnis zu präsentieren, das von diesen Belastungen frei ist.

Mit der Berücksichtigung der „Good-Will"-Abschreibungen werden Unterschiede zwischen intern gewachsenen Firmen und solchen, die ihr Wachstum extern durch Unternehmenserwerbe gekauft und teuer bezahlt haben, wieder ausgeglichen. Letztere erscheinen damit wieder erfolgreicher.

Wenn diese Phase und ihre erfolgsrechnerischen Folgen überwunden sind, dürften die EBITA wieder an Bedeutung verlieren.

Sinn macht die EBITA Ermittlung, weil wir es infolge der Neuregelungen zu den Geschäftswertabschreibungen, die keine planmäßige, sondern nur noch außerplanmäßige Abschreibungen auf Basis eines jährlich durchzuführenden Werthaltigkeitstests (impairment only) vorsehen, mit Jahresabschlüssen sehr unterschiedlicher Behandlungsweisen der „Good-Will"-Abschreibungen zu tun haben werden.

1.5.4 Earnings before Interests, Taxes, Depreciation and Amortization (EBITDA)

Die Kennzahl EBITDA stellt eine modifizierte Ergebnisgröße dar, die alle bisher vorgestellten Korrekturgrößen vereint und darüber hinaus auch die Abschreibungen auf Sachanlagen dem Jahresergebnis hinzurechnet.

EBIT	
+	Abschreibungen auf immaterielle Vermögenswerte einschließlich der Geschäfts- und Firmenwerte (Amortization)
+	Abschreibungen auf Sachanlagen (Depreciation)
=	**Earning before Interests, Taxes, Depreciation and Amortization (EBITDA)**

Mit EBITDA entfernt man sich nun sehr weit vom ursprünglichen Jahresergebnis und es fällt nicht schwer, festzustellen, dass es sich nun nicht mehr um eine Erfolgs-, sondern um eine Finanzkennzahl – ähnlich dem Cashflow – handelt. Deutet man EBITDA als Erfolgsgröße, wird übersehen, dass die Abschreibungen auf Sachanlagen und immaterielle Vermögensgegenstände wichtige, das Ergebnis mindernde Aufwendungen darstellen, die ihre Ursache in vorausgegangenen, aber auf Folgeperioden umgelegte Auszahlungen haben und deren Gegenwerte für Ersatzbeschaffungen notwendig sind.

Zunächst einmal werden zum Zwecke des Unternehmensvergleichs die Einflüsse, die von unterschiedlichen Abschreibungsmethoden, verschieden lang geschätzten Nutzungsdauern, unterschiedlicher Behandlung der Geschäftswerte, verschiedenen Kapitalstrukturen und steuerlichen Belastungen ausgehen, neutralisiert. Das kann gelegentlich zusätzlich zu den übrigen Analysen sinnvoll sein.

Es ist sicherlich nicht zufällig, dass gerade Unternehmen, die sich erfolgswirtschaftlich in kritischen Situationen befinden, mit EBITDA gern nachweisen, dass sie zumindest bezüglich ihrer Finanzkraft stark und damit (zunächst) überlebensfähig sind. Vom klassischen, zuvor beschriebenen Cashflow unterscheidet sich EBITDA, indem einerseits keine Zuschreibungen und Rückstellungsveränderungen, andererseits aber Geschäftswertabschreibungen erfasst werden. Außerdem wird durch Hinzurechnung von Steuern und Zinsen sowie Beteiligungserträgen die ursprüngliche Cashflow-Idee verlassen, weil nun auch zahlungswirksame Komponenten einbezogen werden.

Als vorteilhaft kann angesehen werden, dass die Kennzahl EBITDA den Vergleich bezüglich der Kapitalintensität und der Altersstruktur der Produktionsanlagen sehr unterschiedlicher Unternehmen ermöglicht. Die jeweils unterschiedlich hohen Abschreibungen und Zinsbelastungen finden in den EBITDA ihren Niederschlag.

1.5.5 Zusammenfassende Beurteilung

Bilanzanalytisch wirklich neue Erkenntnismöglichkeiten bieten die „Before-Kennzahlen" nicht. Ihr Nutzen mag darin liegen, dass sie international bekannt sind und Verwendung finden und sie insofern die Verständigung und den Vergleich von Unternehmen erleichtern. Darüber hinaus können sie für die innerkonzernliche Steuerung und zur internen Beurteilung von Managementqualitäten in den Tochtergesellschaften durchaus geeignet sein.

Problematisch aber sind bezüglich ihrer Publizität zwei Aspekte:

Es fehlt derzeit noch an einheitlichen Definitionen, Inhalten und Verwendungen, sodass die unkritische Nutzung der Unternehmensinformationen eher zur Verwirrung und zu Fehlurteilen führen kann. Dies mag sich im Zeitablauf aber ändern.

Außerdem werden die Pro-Forma-Kennzahlen gern herangezogen, um real existierende Situationen zu verschleiern und zu beschönigen.

„In den letzten Jahren häufen sich national wie international die Angaben sogenannter modifizierter Ergebnisse. Dabei werden die nach rechnungslegungstechnischen Vorschriften ermittelten Ergebnisse um Aufwandsgrößen verbessert, um dadurch die wahre Ergebnissituation zu verschleiern. Den Adressaten dieser neuen Ergebnisgrößen (Earnings before ...) soll suggeriert werden, dass diese Ergebniskorrekturen die zwischenbetriebliche Vergleichbarkeit aufgrund einer ‚Zurückdrehung' von Aufwandsgrößen erleichtert. Dabei wird aber verschwiegen, dass diesen neuen Kennzahlen keine allgemein akzeptierten Inhaltsdefinitionen zugrunde liegen, sondern einzig dem Ziel dienen, ein schlecht, verkaufbares' Ergebnis zu verbessern." (*Volk, G.*: Neue Jahresabschluss- bzw. Ertragskennzahlen, Arten, Aussagekraft und Verwendungsmotivation, in: StuB 11/2002 S. 521-525, hier S. 525).

ABB. 17: Pro-Forma-Kennzahlen

Pro-Forma-Kennzahlen „Before"-Kennzahlen	2. Vorjahr	1. Vorjahr	Geschäftsjahr
Jahresergebnis (Jahresüberschuss/-fehlbetrag) + Steuern vom Einkommen und Ertrag = **Earnings before Taxes (EBT)**			
+ Außerordentliche Aufwendungen und Erträge + Finanz- und Beteiligungsergebnis = **Earnings before Interests and Taxes (EBIT)**			
+ Abschreibungen auf immaterielle Vermögensgegenstände einschl. Geschäfts- und Firmenwerte = **Earnings before Interests, Taxes and Amortization (EBITA)**			
+ Abschreibungen auf Sachanlagen = **Earnings before Interests, Taxes, Depreciation and Amortization (EBITDA)**			

LITERATURHINWEISE

Coenenberg, A. G.: Jahresabschluss..., a. a. O.

Kriete, T./Padberg, T./Werner, T.: EBIT – eine „neue" Kennzahl in Jahresabschluss und Jahresabschlussanalyse, in: StuB 22/2002 S. 1090-1094.

Küting, K./Heiden, M.: Pro-Forma-Ergebnisse in deutschen Geschäftsberichten – Kritische Bestandsaufnahme aus Sicht der Erfolgsanalyse, in: StuB 22/2002 S. 1085-1089.

Küting, K./Weber, C. P.: Die Bilanzanalyse, a. a. O.

Preißler, P. R.: Betriebswirtschaftliche Kennzahlen, a. a. O.

Schindler, R.: EBITDA – Führungsgrösse mit Zukunft – Konzept zur Steuerung des Ressourcenmanagements, in: Der Schweizer Treuhänder, 9/2002, S. 771-778.

Volk, G.: „Neue" Jahresabschluss- bzw. Ertragskennzahlen: Arten, Aussagekraft und Verwendungsmotivation, in: StuB 11/2002 S. 512-525.

Derselbe: EBITDA: Das Gute, das Schlechte, das Hässliche, in: StuB 11/2003 S. 503-506.

1.6 Rentabilitätsbetrachtungen

Die Fähigkeit der Unternehmung, Gewinne zu erwirtschaften, spiegelt sich in den Kennzahlen zur Rentabilität wider. **Rentabilitätskennzahlen** geben **Aufschluss über den Erfolg oder Misserfolg der unternehmerischen Betätigung** und bilden damit eine Grundlage für die Entscheidungen der Unternehmensleitung, der Anteilseigner und auch der Gläubiger. Ohne ausreichenden Gewinn sind Einkommenszahlungen an die Beteiligten auf Dauer nicht möglich, ist die Existenz der Unternehmung gefährdet und die Wahrnehmung von Wachstumschancen ausgeschlossen.

Die Rentabilitätsanalyse ist aussagefähiger als die Betrachtung der absoluten Höhe der Erfolgsgrößen, denn einerseits ist das Anspruchsniveau, also der Maßstab für die Beurteilung der errechneten Analysewerte, meist prozentual ausgedrückt. So haben Investoren i. d. R. eine Vorstellung davon, wie hoch die Verzinsung einer Kapitalanlage, ausgedrückt in Prozent, sein muss. Die Relativierung des Erfolges, wie er in der Ermittlung der Rentabilität zum Ausdruck kommt, ermöglicht somit überhaupt erst einen Soll-Ist-Vergleich. Andererseits ist auch ein Branchenvergleich nur aufgrund relativierter Kennzahlen, also durch Inbeziehungsetzung des Erfolges zu sinnvollen Bezugsgrößen, durchführbar.

MERKE

Unter Rentabilität versteht man das **prozentuale Verhältnis des in einer Periode erzielten Gewinnes zum eingesetzten Kapital**. Der Gewinn wird gewissermaßen als Verzinsung des investierten Kapitals betrachtet.

$$\text{Rentabilität} = \frac{\text{Erfolgsgröße}}{\text{Verursachungsgröße}} \cdot 100$$

Die Rentabilität wird durch eine Beziehungszahl gemessen, die eine den Erfolg darstellende Größe zu einer anderen Größe in Relation setzt, von der vermutet wird, dass sie wesentlich zur Erzielung des Erfolges beigetragen hat.

Damit stellt sich das Problem, sinnvolle Erfolgsziffern und damit in Ursache/Wirkungs-Zusammenhang stehende Bezugsgrößen zu finden. Je nach Art der verwendeten Erfolgsziffern und ihrer Bezugsgrößen unterscheiden wir:

- die Eigenkapitalrentabilität,
- die Gesamtkapitalrentabilität,
- die Umsatzrentabilität,
- die Betriebsrentabilität.

Umsatz und Betriebsrentabilität werden schließlich im Return-On-Investment-Konzept zusammengefasst. Dabei handelt es sich um ein Kennzahlensystem, das die Ursachen von Rentabilitätsveränderungen transparent machen soll.

1.6.1 Die Eigenkapitalrentabilität

Die Eigenkapitalrentabilität setzt den Gewinn und die darauf gezahlten Ertragsteuern in Beziehung zum Eigenkapital. Für die externe Bilanzanalyse wird – als die den Gewinn ausdrückende Größe – üblicherweise der Jahresüberschuss gewählt. Das Eigenkapital setzt sich zusammen aus dem gezeichneten Kapital, den Rücklagen und den stillen Reserven.

$$\text{Eigenkapitalrentabilität} = \frac{\text{Jahresüberschuss + EE-Steuern}}{\text{bilanziertes Eigenkapital + stille Reserven}} \cdot 100$$

Die Eigenkapitalrentabilität ist ein Maßstab für den Grad der **Erreichung des Unternehmensziels Einkommens- bzw. Gewinnerzielung für die Anteilseigner**. Sie wird deshalb auch als Unternehmerrendite bezeichnet, während die später zu beschreibende Gesamtkapitalrentabilität als Unternehmensrendite zu charakterisieren ist.

Insbesondere im Zusammenhang mit der derzeit geführten Diskussion um die wertorientierte Unternehmensführung mit dem Ziel der Steigerung des **Shareholder-Value** erlangt sie – häufig allerdings in einer anderen, nämlich Cashflow-orientierten Variante – besondere Bedeutung. Im Sinne des Shareholder-Value-Konzepts wird die Maximierung der Eigenkapitalrentabilität, eben die Verzinsung des Kapitaleinsatzes der Anteilseigner, angestrebt. Dies wird u. a. dadurch erreicht, dass der Anteil des Eigenkapitals an der Unternehmensfinanzierung möglichst klein gehalten wird, um durch Nutzung des sogenannten **Leverage-Effektes** die Steigerung dieser Rendite zu erzielen. Der Leverage-Effekt besagt, dass eine Substitution von Eigen- durch Fremdkapital dann sinnvoll ist, wenn die Gesamtkapitalrentabilität höher ist als der Zinssatz des Fremdkapitals. Eine Politik der Minimierung des Eigenkapitaleinsatzes mit dem Ziel der Rentabilitätssteigerung kann aber auch gefährlich sein, wenn die Bemessung des Eigenkapitals nur unter diesem Aspekt erfolgt, während die übrigen wichtigen Funktionen des Eigenkapitals (Verlustabsorption, Sicherheit, Erhaltung der Dispositionsfreiheit, Haftungsfunktion, Grundlage für die Erlangung zusätzlichen Fremdkapitals etc.) vernachlässigt werden.

Die Bildung der Kennzahl Eigenkapitalrentabilität ist nicht unproblematisch: Das Ergebnis kann dadurch in seiner Aussagekraft beeinträchtigt werden, dass der **Jahresüberschuss** durch die Bildung oder Auflösung stiller Reserven manipuliert oder verfälscht ist. Auch bei der Bezugsgröße **Eigenkapital** müssen wir Ungenauigkeiten in Kauf nehmen. Durch Wahrnehmung der Bewertungswahlrechte bei der Darstellung des Vermögens und der dabei auftretenden Schätzungsprobleme gibt diese Größe i. d. R. nicht die tatsächliche Höhe des im Unternehmen eingesetzten gesamten Eigenkapitals wieder, weil die stillen Reserven oft nicht eingeschätzt werden können. Als externe Bilanzanalytiker sind wir jedoch darauf angewiesen, mit den der Handelsbilanz zu entnehmenden Buchwerten zu arbeiten.

Wir errechnen die Eigenkapitalrentabilität **„vor Steuern"**. Auf diese Weise eliminieren wir Einflüsse, die von der Kapitalstruktur (Eigen- und Fremdkapital) und daraus resultierender unterschiedlicher Steuerbelastungen ausgehen, und gelangen damit zu brauchbaren Werten für den Zeit- und Branchenvergleich. Außerdem hat das Eigenkapital nicht nur den den Eigentümern zustehenden Jahresüberschuss, sondern auch die Ertragsteuern „verdient".

Bei starken Veränderungen des Eigenkapitals ist nicht der Wert am Bilanzstichtag als Bezugsgröße, sondern das **durchschnittlich in der Periode arbeitende Eigenkapital** anzusetzen.

Für die Interpretation des ermittelten Kennzahlenwertes gilt es, sich klarzumachen, dass es sich bei der Eigenkapitalrentabilität um ein Maß für die Zielerreichung der unternehmerischen Betätigung handelt. Um das Maß an Zielerreichung zu **beurteilen,** ist es erforderlich, Vergleichsmaßstäbe zu haben.

In Deutschland beträgt die **Eigenkapitalrentabilität** zzt. ca. 10 % im Durchschnitt, streut aber erheblich über die Branchen. Generell ist zu beobachten, dass anlageintensive Unternehmen (Stahlindustrie, Maschinenbau, verarbeitendes Gewerbe, Schiffsbau etc.) eine geringere Eigenkapitalrendite erwirtschaften als arbeitsintensive Gesellschaften wie z. B. der Lebensmitteleinzelhandel, Discounter etc. (vergleichsweise geringes Anlagevermögen). Dies erklärt sich aus dem oben beschriebenen Zusammenhang zwischen dem Leverage-Effekt und den Finanzierungsregeln. Diese fordern z. B., dass das Anlagevermögen durch Eigenkapital finanziert sein sollte.

Grundsätzliche Überlegung ist, dass mindestens eine der Anlage auf dem langfristigen Kapitalmarkt entsprechende Verzinsung des Kapitals erreicht werden und unter Berücksichtigung der speziellen Risiken, denen das Eigenkapital als Haftungskapital ausgesetzt ist, die ‚Kapitalkosten' verdient werden sollten. Insoweit handelt es sich um einen Soll-Ist-Vergleich, wobei der Analytiker sich Vorstellungen über das „Soll" zu bilden hat. Diese Aspekte werden im Zusammenhang mit der, wertorientierten Unternehmensführung' detailliert dargestellt.

Darüber hinaus ist zu beachten, dass auf lange Sicht die Gewinne ausreichen sollten, Wachstum und neue Investitionen zu finanzieren. Denn wenn diese nur durch Aufnahme neuen Fremdkapitals möglich sind, verringert sich der Eigentümereinfluss auf das Unternehmensgeschehen.

Weitere Überlegungen bei der Interpretation der für die Eigenkapitalrentabilität gewonnenen Kennzahlenwerte sind im Zusammenhang mit dem Zeit- bzw. Entwicklungsvergleich und dem Betriebs- und Branchenvergleich anzustellen.

1.6.2 Die Gesamtkapitalrentabilität

Zur Eliminierung des Einflusses unterschiedlicher Kapitalstrukturen (EK/FK-Relationen) infolge verschiedener Finanzierungsvarianten der zu vergleichenden Unternehmen auf den Erfolg und damit zur Verbesserung der Aussagefähigkeit eines Betriebs- oder Branchenvergleichs empfiehlt es sich, die Gesamtkapitalrentabilität zu ermitteln:

$$\text{Gesamtkapitalrentabilität} = \frac{\text{Jahresüberschuss + Zinsaufwand + EE-Steuern}}{\text{bilanziertes Gesamtkapital + stille Reserven}} \cdot 100$$

Auf diese Weise erhalten wir eine Kennzahl, die die Effizienz und Verzinsung des gesamten im Unternehmen eingesetzten Kapitals ausdrückt. Als Normgröße für diese „interne Rendite" gelten 10 %. Gerade den externen Analytiker interessiert oftmals weniger die Rentabilität des von den Eigentümern bereitgestellten Kapitals als vielmehr die Verzinsung des eingesetzten Gesamtkapitals. Es ist offensichtlich, dass diese Kennzahl – auch Unternehmensrendite genannt – zur Beurteilung der Leistungsfähigkeit des Unternehmens besser geeignet ist als die Eigenkapitalrendite.

An die ermittelte Gesamtkapitalrentabilität können sich weitere Überlegungen anschließen: So ist es z. B. nützlich, die Gesamtkapitalrentabilität des Unternehmens mit den **Zinssätzen für Fremdkapital** zu vergleichen. Eine über den Fremdkapitalzinssätzen liegende Gesamtkapitalrentabilität besagt, dass in und mit dem Unternehmen offenbar ein höherer Gewinn erzielt werden kann, als an Zinsen für Fremdkapital zu zahlen sind. Daraus aber kann man schließen, dass eine weitere Aufnahme von Fremdkapital zu Gewinnsteigerungen und damit zur Erhöhung der Eigenkapitalrentabilität führen kann **(Leverage-Effekt)**. Voraussetzung ist jedoch, dass das Unternehmen das neu zugeführte Kapital zur Finanzierung gleich günstiger Investments oder Aktivitäten verwenden kann oder dass das Eigenkapital durch Fremdkapital substituierbar ist.

Auch für die Ermittlung der Gesamtkapitalrentabilität gelten die gleichen Einschränkungen wie schon für die Eigenkapitalrentabilität. Wir müssen uns bei der Beurteilung all dieser Zahlen immer darüber im Klaren sein, dass Rentabilitätskennzahlen lediglich den Charakter von Überschlagswerten haben. Nichtsdestoweniger sind diese Überschlagswerte, wenn sie durch weitere Kennzahlen und Überlegungen ergänzt werden, für den Vergleich von Unternehmen untereinander sowie für die Analyse der vergangenen Entwicklung und für die Prognose der Zukunftsaussichten von Bedeutung. Das wird sich später noch zeigen.

1.6.3 Die Betriebsrentabilität

Um bei der Beurteilung zufällige Schwankungen auszuschließen und die nachhaltig durch Verfolgung des Betriebszwecks zu erzielende relative Ertragskraft des Unternehmens besser prognostizieren zu können, ist es sinnvoll, die Einflüsse des Finanz- und Verbunderfolges sowie des unregelmäßigen Ergebnisses zu eliminieren. Wir ermitteln dazu die

$$\text{Betriebsrentabilität} = \frac{\text{ordentl. Betriebsergebnis}}{\text{betriebsnotwendiges Vermögen}} \cdot 100$$

Schwierig ist dabei die Ermittlung des betriebsnotwendigen Vermögens, da dieser Teil des Gesamtvermögens aus der Bilanz nicht ohne Weiteres ersichtlich ist und nur näherungsweise bestimmt werden kann. Wir helfen uns, indem wir überschlagsweise nach folgendem Schema ermitteln:

	Immaterielles Anlagevermögen
+	Sachanlagevermögen
+	Vorräte
+	Forderungen aus Lieferungen und Leistungen
./.	Verbindlichkeiten aus Lieferungen und Leistungen
=	Betriebsnotwendiges Vermögen

Das ordentliche Betriebsergebnis haben wir in seiner Zusammensetzung bereits ermittelt.

1.6.4 Die Umsatzrentabilität, Umsatzrendite, EBIT-Marge

Ausgehend von der Entstehung des Erfolges, können wir als weitere Kennzahl die

$$\text{Umsatzrentabilität} = \frac{\text{ordentl. Betriebsergebnis}}{\text{Umsatzerlöse}} \cdot 100$$

ermitteln. Auch diese Kennzahl ist geeignet, im Zeit- oder Betriebsvergleich Aussagen über eine positive oder negative Entwicklung bzw. über die relative Erfolgssituation der Unternehmung zu machen. Wir verwenden in diesem Fall als Erfolgsgröße das Betriebsergebnis, weil die Umsatzerlöse aus der Leistung der Unternehmung in ihrem eigentlichen Geschäftszweig resultieren und nicht durch betriebsfremde, finanzwirtschaftliche Aktivitäten oder außerordentliche Vorgänge beeinflusst sind.

Häufig findet sich die Umsatzrentabilität auch definiert als

$$\text{Umsatzrentabilität} = \frac{\text{Jahresüberschuss}}{\text{Umsatzerlöse}} \cdot 100$$

Dies führt jedoch zu einem **ungenauen** Ergebnis, weil es keinen direkten kausalen Zusammenhang zwischen den Umsatzerlösen und dem Jahresüberschuss gibt. Vielmehr ist der Jahresüberschuss auch von Beteiligungserträgen, Zinsen, sonstigen betrieblichen Erträgen und Aufwendungen beeinflusst, die in keinem Zusammenhang mit dem Umsatz stehen. Es leuchtet sicher ein, dass der ordentliche Betriebserfolg als Bezugsgröße zweckmäßiger ist. Der Jahresüberschuss kann allenfalls als Vereinfachung hingenommen werden, wenn es zu aufwendig ist, das operative Ergebnis zu ermitteln.

Die Umsatzrentabilität ist deswegen so wichtig als Kennzahl, weil sich in ihr sowohl vom Markt bestimmte Größen wie Absatzmengen und Preise (Umsatz = Absatzmenge · Preis) als auch die intern beeinflussbaren Aufwendungen aller Art niederschlagen.

Positive wie negative Veränderungen der das Ergebnis bestimmenden Einflüsse schlagen sich sofort in der Umsatzrendite nieder. Insbesondere bei negativen Veränderungen kann den Ursachen dafür dann durch detaillierte Betrachtungen nachgegangen werden, um gegenzusteuern.

Änderungen der Umsatzrendite können auf veränderte Betriebsleistungen, auf ein neues Fertigungsprogramm oder auf eine Umstrukturierung des Kundenkreises zurückzuführen sein. Wenn ein Unternehmen niedrigere oder fallende Gewinnspannen aufweist, kann dies ein Symptom sowohl für eine allgemeine ungünstige wirtschaftliche Entwicklung als auch für eine schlechte Geschäftspolitik sein. Hier kann der Branchen- oder Betriebsvergleich Aufschluss geben.

Zurzeit beträgt die durchschnittliche Umsatzrendite in Deutschland 3 %. In der Chemischen Industrie sind es ca. 5 %.

Allerdings ist festzustellen, dass die **Umsatzrendite keine Maßgröße zur Beurteilung der Unternehmenszielerreichung** darstellt. Sie ist eben keine Kapitalrentabilität, die die Effizienz des Kapitaleinsatzes – und darum geht es ja letztlich – misst.

Erst wenn die Umsatzrendite mit der Umschlagshäufigkeit des Kapital- und Vermögensumschlages

$$\text{Umschlagshäufigkeit} = \frac{\text{Umsatz}}{\text{betriebsnotwendiges Vermögen}} \cdot 100$$

kombiniert wird, gelangen wir wieder zu einer Kapitalrentabilität. Sie wird in diesem Fall Return on Investment (RoI) genannt.

1.6.5 Das Return-on-Investment-Konzept

Die beiden zuvor beschriebenen Kennzahlen Betriebsrentabilität und Umsatzrendite stellen die Grundlage und den Ausgangspunkt für das Return-on-Investment-Konzept dar. Dabei handelt es sich um ein **Kennzahlensystem**, das diese beiden Kennzahlen verbindet und deren Interdependenzen mit anderen Erfolgs- und Bilanzpositionen erklärt:

Die Betriebsrentabilität – nunmehr Return-on-Investment genannt – misst die Verzinsung des im betrieblichen Bereich eingesetzten Kapitals bzw. seines entsprechenden Gegenwertes auf der Aktiv-Seite der Bilanz: des betriebsnotwendigen Vermögens.

$$\begin{array}{l}\textbf{Return on Investment}\\ \text{(= Betriebsrentabilität)}\end{array} = \frac{\text{ordentl. Betriebsergebnis}}{\text{betriebsnotwendiges Vermögen}} \cdot 100$$

Durch Erweiterung dieser Kennzahl mit dem Quotienten Umsatz/Umsatz und entsprechender Umformung

$$\textbf{RoI} = \frac{\text{ordentl. Betriebsergebnis}}{\text{betriebsnotw. Vermögen}} \cdot 100 \cdot \frac{\text{Umsatz}}{\text{Umsatz}}$$

$$\textbf{RoI} = \frac{\text{ordentl. Betriebserfolg}}{\text{Umsatz}} \cdot 100 \cdot \frac{\text{Umsatz}}{\text{betriebsnotw. Vermögen}}$$

$$\uparrow \qquad\qquad\qquad \uparrow$$

$$\textbf{RoI} = \textbf{Umsatzrendite} \cdot \textbf{Umschlagshäufigkeit}\text{ des Vermögens (bzw. Kapitals)}$$

bleibt der rechnerische Wert des Ergebnisses gleich, doch werden die **Umsatzrendite** und die **Umschlagshäufigkeit** des **Vermögens (bzw. Kapitals)** als Einflussgrößen erkannt und herausgestellt:

RoI = Umsatzrendite · Umschlagshäufigkeit

Es ist naheliegend, nunmehr auch jeweilige Einflussgrößen dieser zwei Spitzenkennzahlen herauszustellen und logisch miteinander zu verknüpfen. Dann ergibt sich folgendes Bild:

ABB. 18: Das Return-on-Investment-Konzept nach GKV

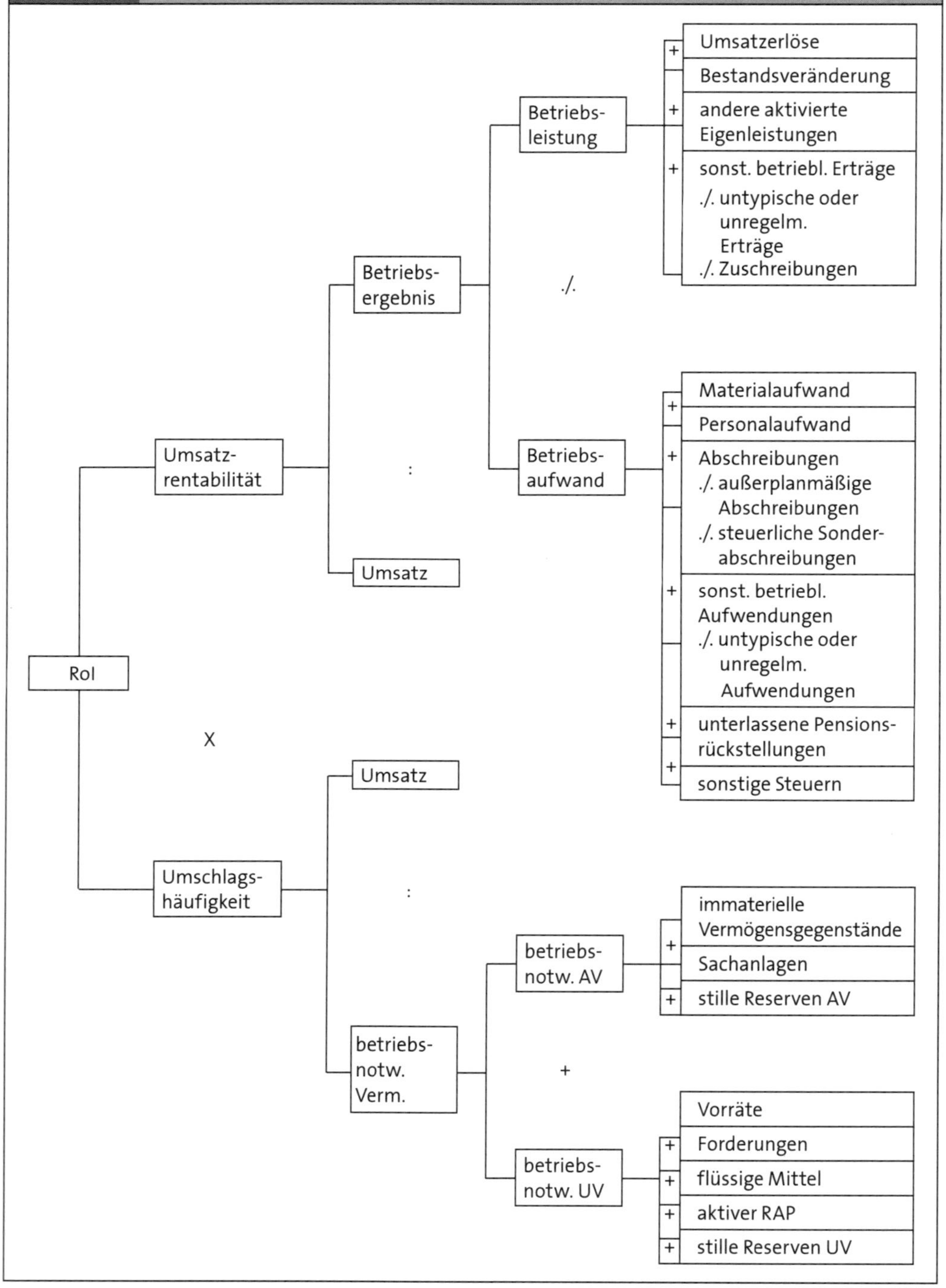

Das RoI-Konzept stellt insofern ein brauchbares Analyse-Instrument dar, als es das Zustandekommen der Betriebsrentabilität durch seine Einflussgrößen transparent macht und im Zeitvergleich die Ursachen für Veränderungen leicht erkennen lässt.

Es bieten sich zwei Betrachtungsweisen an:

- **Analytische Betrachtungsweise:**
  Sie ermöglicht eine differenzierte Ursachenerforschung der Veränderung der Ertragslage, indem man die Veränderungen der Spitzenkennzahl über die Kennzahlenhierarchie bis zum einzeln aufgegliederten Ertrags-, Aufwands- bzw. Vermögensposten hin zurückverfolgt. In dieser Betrachtungsweise liegt die Stärke des RoI-Konzepts, da dem Bilanzanalytiker eine systematische Ursachenanalyse des geänderten Return-on-Investment ermöglicht wird.
- **Synthetische Betrachtungsweise:**
  Die synthetische Betrachtungsweise beginnt auf der Ebene der Aufwendungen, der Erträge und des Vermögens. Veränderungen wirken sich auf die übergeordneten Ebenen bis hin zum Return-on-Investment aus. Sie eignet sich als betriebsinternes Planungs- und Kontrollinstrument, um die Auswirkungen einzelner Entscheidungen über Aufwands-, Ertrags- und Vermögensposten auf die Entwicklung der Gesamtrentabilität des Unternehmens beurteilen zu können.

Zusammenfassung

(1) Rentabilitätskennzahlen geben wichtige Hinweise über Erfolg oder Misserfolg des Unternehmens in einer Periode.

(2) Sie sind insofern aussagefähiger als absolute Größen, als sie bestimmte Erfolgszahlen in Relation zu solchen Größen setzen, die diesen Erfolg vermutlich bewirkt haben.

(3) Auf diese Weise erlauben sie es, den erzielten Erfolg am Anspruchsniveau (Soll-Ist-Vergleich) zu messen und Betriebs- und Branchenvergleiche durchzuführen.

(4) Bei Rentabilitätsanalysen handelt es sich allerdings nur um Überschlagsrechnungen, da die verwendeten Erfolgs- und Bezugsgrößen durch bilanzpolitische Maßnahmen verzerrt sein können.

(5) Auch Rentabilitätskennzahlen ermöglichen nur zusammen mit anderen Größen und Informationen eine Beurteilung des Unternehmens.

LITERATURHINWEISE

Baetge, J./Kirsch, H.-J./Thiele, S.: Bilanzanalyse, a. a. O.

Coenenberg, A. G.: Jahresabschluß und Jahresabschlußanalyse, a. a. O.

Gubelt, C.: Die Jahresabschlussanalyse ..., a. a. O.

Kirsch, H.: Rentabilitätsanalyse auf Basis eines IAS/IFRS-Abschlusses, in: BB 5/2004, S. 1101-1107.

Küting, K./Weber, C. P.: Die Bilanzanalyse, a. a. O.

Lachnit, L.: Bilanzanalyse, Wiesbaden 2004.

Preißler, P. R.: Betriebswirtschaftliche Kennzahlen, a. a. O.

Riebell, C.: Die Praxis der Bilanzauswertung, a. a. O.

Schult, E.: Bilanzanalyse, a. a. O.

ABB. 19: Kennzahlen zur Rentabilitätsanalyse, Formblatt

$$\textbf{Rentabilität} = \frac{\text{Erfolgsgröße}}{\text{Verursachungsgröße}} \cdot 100$$

Erkennungsziel: relativierte Ergebnisbeurteilung; Betriebsvergleich; Input-/Output-Analyse

Kennzahl	Erkenntnisziel und Definition	2. Vorjahr	1. Vorjahr	Geschäftsjahr
Eigenkapital-rentabilität	$\frac{\text{Jahresüberschuss + EE-Steuern}}{\text{bilanziertes Eigenkapital + stille Reserven}} \cdot 100$			
	Verzinsung des von den Eigentümern bereitgestellten Kapitals, deswegen auch „Unternehmerrendite“ genannt. Orientierung am lgfr. Kapitalmarkt + Risikozuschlag oder Verzinsung anderer Investitionsalternativen.			
Gesamt-kapital-rentabilität	$\frac{\text{Jahresüberschuss + EE-Steuern + FK-Zins}}{\text{bilanziertes Gesamtkapital*}} \cdot 100$ *vereinfacht: Bilanzsumme + stille Reserven			
	Effizienz des gesamten im Unternehmen investierten Kapitals: „Unternehmensrendite“, Sicht der einzelnen Kapitalgeber bleibt unberücksichtigt; Kapitalstruktureffekte eliminiert; Vergleich mit EK-Rendite zeigt Leverage-Effekt; sehr guter Frühwarnindikator. Aus diesem Ergebnis müssen das Kapital bedient und Investitionen finanziert werden. Angestrebt zzt. ca. 15 %.			

Umsatz-rendite **EBIT-Marge**	$\frac{\text{ordentlicher Betriebserfolg}}{\text{Umsatzerlöse}} \cdot 100$ $\frac{\text{EBIT}}{\text{Umsatzerlöse}} \cdot 100$			
	Wie hoch ist der Gewinnanteil am Umsatz? Wichtig für Betriebsvergleich und Entwicklung im Zeitablauf; beeinflusst von Marktgrößen (Absatzpreise; Absatzmengen!) und innerbetrieblichen Größen (Aufwand für Materialeinsatz, Löhne, Abschreibungen etc.)			
Umschlags-häufigkeit	$\frac{\text{Umsatz}}{\text{betriebsnotw. Vermögen*}} \cdot 100$ *betriebsnotwend. Vermögen			
	Misst formal, wie oft sich das eingesetzte Vermögen im Jahr umschlägt, und macht damit materiell eine Aussage über die Rationalität des Vermögens- bzw. Kapitaleinsatzes. Je höher die Umschlagshäufigkeit, umso besser. Wird gelegentlich auch zur Beurteilung der Fähigkeit der Liquiditätserhaltung und der Anpassungsflexibilität bzw. des Risikos verwendet.			
Return on Investment **Betriebs-rentabilität**	Spitzenkennzahl „Betriebsrentabilität“ wird in Vielzahl von Folgekennzahlen zerlegt, sodass ein Kennzahlensystem entsteht. Damit sollen Zusammenhänge aufgezeigt und der Gefahr einer einseitigen oder monokausalen Interpretation entgegengewirkt werden.	Return on Investment (RoI) = Umsatzrendite · Umschlagshäufigkeit		

2. Finanzwirtschaftliche Jahresabschlussanalyse

2.1 Das Analyseziel

Erkenntnisziel finanzwirtschaftlicher Untersuchungen des Jahresabschlusses ist die Gewinnung von Informationen über die **Kapitalverwendung** (Vermögens- und Investitionsanalyse) und über die **Kapitalaufbringung** (Liquiditäts- und Finanzierungsanalyse). Grundlage der Betrachtung ist zunächst die Bilanz, später werden jedoch auch einige Positionen aus der Gewinn- und Verlustrechnung herangezogen.

Für alle am Unternehmen interessierten Gruppen ist die Antwort auf die Frage nach der **Liquidität**, also nach der Fähigkeit der Unternehmung, zu jedem Zeitpunkt die fälligen Zahlungsverpflichtungen erfüllen zu können, ein besonders wichtiges Ziel der Bilanzanalyse.

Die aktuellen und potenziellen Gläubiger der Unternehmung, Lieferanten, Kunden und Arbeitnehmer wollen die Sicherheit ihrer Forderungen aus Kreditgeschäften, Lieferungen, Leistungen, Warenbestellungen und Arbeitsverhältnissen prüfen. Sie müssen das Risiko der Nichterfüllung, also mögliche Verluste aus Gründen der Illiquidität, kennen.

Darüber hinaus ist die Beantwortung dieser Frage insofern für alle Gruppen, einschließlich der Unternehmensleitung, der Anteilseigner und der „Öffentlichkeit", von herausragender Bedeutung, als die Illiquidität, also die Zahlungsunfähigkeit, zur Insolvenz und damit häufig zum Ende der Unternehmung führt.

Der Jahresabschluss wird folglich nach Informationen zu durchforschen sein, die Hinweise auf die Gewährleistung der ständigen Zahlungsfähigkeit und damit auf die Existenzsicherung der Unternehmung liefern.

Dabei sind **kurz- und langfristige sowie strukturelle Aspekte** zu beachten.

Kurzfristig ist zu untersuchen, ob die Unternehmung die bereits eingegangenen Verpflichtungen und die Zahlungen erfüllen kann. An einer derartigen Sicht sind insbesondere Lieferanten und die Geber kurzfristiger Darlehen interessiert.

In diesem Zusammenhang werden die kurzfristig fälligen Schulden mit den kurzfristigen Forderungen und den Kassen, Bankguthaben und Wertpapierbeständen zu vergleichen sein. Auch die **Liquidierbarkeit** des Vermögens, also die Möglichkeiten, Vermögensteile der Unternehmung im Rahmen des normalen Geschäftsverkehrs mehr oder weniger schnell verflüssigen zu können, um fälligen Zahlungsverpflichtungen nachzukommen, ist hier von Bedeutung. Insofern sind Fragen der Vermögensstruktur angesprochen.

Soweit möglich, sind auch **Überlegungen zur potenziellen Liquidität** anzustellen, d. h., es ist zu prüfen, ob möglicherweise noch Zahlungsmittel aus nicht ausgeschöpften Kreditlinien bei Kreditinstituten oder aus anderen Quellen z. B. von der Muttergesellschaft bei Konzernverbindungen beschafft werden können.

Im weiteren Verlauf werden wir sehen, dass der **Jahresabschluss in dieser Hinsicht nicht sonderlich aussagefähig** ist, weil er die Liquiditätslage lediglich zu einem Zeitpunkt, dem Bilanzstichtag, widerspiegelt und außerdem zwischen dem Bilanzstichtag und dem Analysezeitpunkt i. d. R. beträchtliche Zeiträume liegen, in denen sich die Situation grundlegend verändert hat. Immerhin sind einige Anhaltspunkte zu gewinnen und einige Aussagen durchaus möglich.

ABB. 20: Kennzahlen und Instrumente der Finanzanalyse

Finanzanalyse

Aktuelle, situative, kurzfristige Liquidität

Fähigkeit der Unternehmung, ihren fälligen Verpflichtungen zu jedem Zeitpunkt nachzukommen.

Liquiditätskennzahlen

Vermögensstruktur

Umschlagshäufigkeiten, -dauern

Strukturelle Liquidität

Fähigkeit zur Finanzierung künftigen Wachstums, Anpassung an neue Technologien etc.

statisch

Kapitalstrukturen

Rückstellungen Verbindlichkeiten

Vermögensstrukturen

Deckungsgrade, Fristenkongruenz

dynamisch

Cashflow

Kapitalflussrechnung

Während die Analyse der kurzfristigen Liquiditätssituation also darauf abstellt, die Verbindlichkeiten der Unternehmung mit ihrem kurzfristig realisierbaren „Schuldendeckungspotenzial" zu vergleichen, kommen für langfristige Betrachtungen andere Gesichtspunkte hinzu:

Die Liquiditätsüberlegungen leiten dabei über in Fragen der **Finanzierungspolitik als Teil der Unternehmenspolitik**. Damit ist zunächst die Kapitalstruktur, also der Anteil des Eigenkapitals bzw. des Fremdkapitals am Gesamtkapital, angesprochen. Es ist zu prüfen, ob die Ausstattung mit Eigenkapital auf lange Sicht den Grundsätzen der Risikoentsprechung, der Dispositionsfreiheit, der Anpassungsfähigkeit an Beschäftigungsänderungen und den Haftungsaspekten entspricht. Bezüglich des Fremdkapitals ist zu untersuchen, in welchem Maße die dem Unternehmen überlassenen Mittel langfristig zur Verfügung stehen bzw. mit kurzfristigen Rückzahlungen und mit Abhängigkeiten vom Kapitalmarkt zu rechnen ist.

Zusammenfassung

Zusammenfassend lässt sich das Analyseziel „Beurteilung der Liquiditätssituation und der Solidität der Finanzierung" charakterisieren als

(1) Feststellung der ständigen Zahlungsfähigkeit zur Sicherung der Existenz der Unternehmung.

(2) Analyse der Kapitalstruktur zur Erhaltung der unternehmerischen Dispositionsfreiheit, Gewährleistungen eines regelmäßigen und kontinuierlichen Geschäftsablaufs unter Erhaltung der Haftungssubstanz im Interesse des Gläubigerschutzes.

(3) Beurteilung der zukünftigen Gestaltungsmöglichkeiten des finanziellen Rahmens sowohl hinsichtlich des Eigenkapitals wie auch der davon abhängigen Verschuldungsmöglichkeiten zur Wahrnehmung von Expansions- und damit neuer Gewinnchancen.

2.2 Die Beurteilung der kurzfristigen, situativen Liquidität

2.2.1 Liquiditätskennzahlen

Im Falle der kurzfristigen Liquiditätsanalyse werden **Liquiditätsgrade** ermittelt, die sich durch die unterschiedliche Fristigkeit der in die Untersuchung einbezogenen Aktiv- und Passivposten der Bilanz unterscheiden. Diesem Vorgehen liegt die Überlegung zugrunde, dass das finanzielle Gleichgewicht dann erhalten ist bzw. durch kurzfristig wirksame Maßnahmen sichergestellt werden kann, wenn den nach Fälligkeitsfristen geordneten Verbindlichkeiten jeweils Vermögenswerte mit gleichen Liquidierbarkeitszeiten gegenüberstehen, die Zahlungsverpflichtungen also durch entsprechend flüssige oder flüssig zu machende Vermögensteile gedeckt sind.

In der Praxis werden für diese Betrachtung häufig folgende Kennzahlen verwendet; wobei jedoch auch unterschiedliche Darstellungen und Inhalte zu finden sind:

(1) Barliquidität, Liquidität 1. Grades

$$\text{Liquidität 1. Grades} = \frac{\text{Liquide Mittel}}{\text{kurzfristiges Fremdkapital}} \cdot 100$$

Zu den **liquiden Mitteln** zählen dabei insbesondere Barmittel, Bankguthaben und Schecks sowie die jederzeit veräußerbaren Wertpapiere des Umlaufvermögens.

Das **kurzfristige Fremdkapital** setzt sich aus all den Positionen zusammen, die möglicherweise schnell zum Abfluss von Zahlungsmitteln aus der Unternehmung führen. Genannt seien beispielsweise die kurzfristigen Verbindlichkeiten, die Verbindlichkeiten aus Lieferungen und Leistungen, die sonstigen und Steuerrückstellungen.

Die **Barliquidität** ist also eine Maßzahl, die das Verhältnis von Barmitteln („flüssigen Mitteln") zu den kurzfristig fälligen Zahlungsverpflichtungen feststellt. Obgleich diese Kennzahl immer noch und immer wieder in der Literatur genannt und von Praktikern auch berechnet wird – siehe Aufbereitungsschemata der Kreditinstitute –, ist ihre Aussage nichtssagend, weil es keine Normvorstellungen gibt und nicht geben kann.

Aufgrund dieser begrenzten Aussagefähigkeit wird üblicherweise der Zähler auf das kurzfristig gebundene Umlaufvermögen ausgedehnt und die Liquidität 2. Grades errechnet.

(2) Liquidität 2. Grades

$$\text{Liquidität 2. Grades} = \frac{\text{Kurzfr. gebund. Umlaufvermögen}}{\text{kurzfristiges Fremdkapital}} \cdot 100$$

Der Zähler wird in diesem Fall durch die relativ leicht in Finanzierungsmittel umwandelbaren, geldwerten Vermögenswerte erweitert.

Zwar gelangt man dadurch rechnerisch zu „besseren" Werten, der „Deckung" der kurzfristigen Schulden durch kurzfristig monetisierbares Umlaufvermögen, doch hilft uns auch dies nicht weiter, wie unter dem weiter unten folgenden Gliederungspunkt „Beurteilung und zusammenfassende Thesen zu den Liquiditätskennzahlen" gezeigt wird.

Dies gilt auch für das Working Capital und die „banker's rule“, die hier – wie auch die oben genannten Liquiditätsgrade – nur angeführt werden, weil sie trotz ihrer geringen Aussage offenbar nicht auszurotten sind:

(3) Working Capital

$$\text{Working Capital (absolut)} = \text{Umlaufvermögen} - (\text{kurzfristiges} + \text{mittelfristiges Fremdkapital})$$

oder

$$\text{Working Capital (relativ)} = \frac{\text{Umlaufvermögen}}{\text{kurzfristiges} + \text{mittelfristiges Fremdkapital}} \cdot 100$$

Es wird gefolgert, dass die zukünftige Liquiditätslage umso besser ist, je höher das Working Capital ist.

Auch dieser Kennzahl liegt die Vorstellung zugrunde, dass die Liquidität mit der Langfristigkeit der Zahlungsverpflichtungen und der Kurzfristigkeit der Verflüssigungsmöglichkeiten der Vermögensgegenstände steigt.

(4) Beurteilung und zusammenfassende Thesen zu den Liquiditätskennzahlen

Die vorgeführten Liquiditätskennzahlen beruhen auf der Ermittlung des Deckungsgrades der in der Bilanz ausgewiesenen kurzfristig fälligen Schulden durch liquide oder leicht liquidierbare Vermögensteile.

Sie gewähren damit einen **groben Einblick in die Liquiditätsverhältnisse** am Bilanzstichtag, erlauben aber nur geringe und vorsichtige Aussagen über die tatsächliche Liquiditätssituation und die weitere Entwicklung. Das hat folgende Gründe:

(1) Die Kennzahlen beziehen sich auf die Situation am Bilanzstichtag. Bis zum Analysezeitpunkt kann sich die Situation grundlegend geändert haben. So wird ein großer Teil der einbezogenen Forderungen und Verbindlichkeiten bereits ausgeglichen sein. Neue Forderungen und Verbindlichkeiten sind in der Zwischenzeit entstanden.

(2) In die Rechnung ist nur der Teil der Zahlungsverpflichtungen eingegangen, der bilanziert wird. Andere laufende Zahlungsverpflichtungen – etwa für kurz nach dem Abschlussstichtag fällige Löhne, Gehälter und Mieten – sind nicht berücksichtigt. Ähnliches gilt für einen Teil der zu erwartenden Einzahlungen.

(3) Die unterstellten Fristigkeiten der einzelnen Bilanzpositionen sind zu pauschal und zu grob. So stecken in den „kurzfristigen Verbindlichkeiten“ Beträge, die sehr schnell fällig werden, und andere, deren Ausgleich noch Monate Zeit hat.

(4) Es besteht kein kausaler Zusammenhang zwischen der Liquidität am Bilanzstichtag und der zukünftigen Liquidität.

Die **Unzulänglichkeit** der bestandsorientierten Methoden liegt darin, dass von **bilanziellen Bestandsgrößen** auf mögliche **Zahlungsströme** geschlossen wird, also Einzahlungen und Auszahlungen ermittelt werden sollen. Das aber wäre nur möglich, wenn sich aus der Bilanz erkennen ließe, zu welchem Termin Zahlungsverpflichtungen anfallen und zu welchem Termin sich entsprechende Vermögensteile verflüssigen lassen.

Mithin lassen sich auf Basis der bestandsorientierten Kennzahlen allenfalls einige erste Hinweise und „historische" Erkenntnisse über die Liquidität gewinnen. In keinem Fall aber lässt ein positives Bild dieser Zahlen einen Schluss auf die zukünftige Zahlungsfähigkeit zu.

2.2.2 Vermögensstrukturkennzahlen

Bessere Erkenntnisse verspricht die Untersuchung der Vermögensstruktur.

Die Vermögensstruktur wird untersucht, um **Vorstellungen von der Art und Zusammensetzung des Vermögens sowie über die Dauer der Vermögensbindung zu erlangen. Es gilt festzustellen, mit welcher Geschwindigkeit die Vermögensteile durch den Umsatzprozess wieder zu Geld werden**, denn dies ist für den Kapitalbedarf und damit bei gegebener Kapitalstruktur für die finanzielle Solidität von entscheidender Bedeutung. Aus zu langen Kapitalbindungen folgen Unflexibilitäten und drohen dem Unternehmen Gefahren. Insolvenzfälle haben oft ihre Ursache in überhöhten, nicht absetzbaren Warenlagern oder in zu groß ausgelegten Produktionskapazitäten. Das Vermögen der Unternehmung stellt ihr Schuldendeckungspotenzial dar, die Kurzfristigkeit seiner Monetisierbarkeit erhöht das Liquiditätspotenzial und verringert die Gefahr der Illiquidität.

(1) Vermögensintensitäten

Zunächst ist der Anteil des Anlagevermögens, also des langfristig festgelegten Vermögens, und des Umlaufvermögens, das sich kurzfristig umschlägt, am Gesamtvermögen zu ermitteln:

$$\text{Anlageintensität} = \frac{\text{Anlagevermögen}}{\text{Gesamtvermögen}} \cdot 100$$

$$\text{Anlageintensität} = \frac{\text{Umlaufvermögen}}{\text{Gesamtvermögen}} \cdot 100$$

Je kleiner der Anteil des Anlagevermögens bzw. je größer der Anteil des Umlaufvermögens ist, desto größer ist die finanzielle Liquidität des Unternehmens;

- ein hohes, sich schnell umschlagendes Umlaufvermögen setzt kontinuierlich Liquidität frei, über die kurzfristig wieder disponiert werden kann;
- mit der Kurzfristigkeit der Vermögensbindung sinkt der Fixkostenanteil, und damit – je nach Finanzierung – auch die Belastung mit fixen Zahlungsverpflichtungen;
- ein kleiner Anteil des Anlagevermögens deutet auf eine gute Kapazitätsnutzung hin, die wiederum über den Umsatzprozess zu Liquiditätszuflüssen führt.

(2) Umschlagskoeffizienten

Weitere Erkenntnisse können durch Umschlagskoeffizienten und Umsatzrelationen erlangt werden. **Umschlagskoeffizienten** sind Kennzahlen, die durch die Inbeziehungsetzung von Bestandsgrößen mit den damit zusammenhängenden Stromgrößen gebildet werden. Sie sollen zeigen, in welcher Zeit ein bestimmter Vermögensposten im normalen Geschäftsverlauf wieder in Geld verwandelt wird. Als Bestandsgrößen werden verschiedene Vermögenspositionen herangezogen und den entsprechenden Abgängen oder dem Umsatz in der Periode als Stromgröße gegenübergestellt.

Die Bildung von Umschlagskoeffizienten ist in zweifacher Weise möglich. Einmal kann die **Umschlagshäufigkeit**, die angibt, wie oft eine Vermögensposition durch eine entsprechende Umsatzbewegung in einer Periode umgeschlagen wird, gemessen werden als Abgang der Periode in Relation zum durchschnittlichen Bestand der Periode.

Außerdem kann die **Umschlagsdauer** einer Vermögensposition in Tagen ermittelt werden. Sie gibt dann an, wie lange eine Vermögensposition im Umsatzprozess gebunden ist. Die Umschlagsdauer (in Tagen) ist also der durchschnittliche Bestand der Periode · 365 Tage in Relation zum Abgang in der Periode.

Der Sinn der Berechnung von Umschlagskoeffizienten ergibt sich aus folgender Überlegung:

Je höher die Umschlagshäufigkeit bzw. je geringer die Umschlagsdauer von Vermögenspositionen ist, desto geringer ist der erforderliche Kapitalbedarf und desto höher ist das Liquiditätspotenzial der Unternehmung. Eine hohe Umschlagshäufigkeit und eine geringe Umschlagsdauer sollen auf eine hohe Liquidierbarkeit hinweisen. Schnell liquidierbare Vermögensteile können notfalls zur Deckung von Liquiditätslücken herangezogen werden.

Die Kennzahl

$$\text{Umschlagshäufigkeit des Gesamtvermögens} = \frac{\text{Umsatz}}{\text{Ø Gesamtvermögen}}$$

kann Gefahren und Liquiditätsbelastungen aus überhöhten Aktiva signalisieren. Sie gibt an, wie oft das eingesetzte Vermögen im Geschäftsjahr „verflüssigt" wurde.

Die Häufigkeit des Vermögensumschlags hängt davon ab, ob es sich um ein Produktionsunternehmen oder um einen Handelsbetrieb handelt. Im Produktionsunternehmen ist der Kapitalumschlag tendenziell geringer als im Groß- und Einzelhandel, weil in den Unternehmen der zuletzt genannten Art weniger Anlagevermögen benötigt wird. Um zu einer Aussage zu gelangen, ist es folglich notwendig, die betriebliche Kennzahl mit entsprechenden Branchenwerten zu vergleichen. Wird dabei festgestellt, dass der Kapitalumschlag des zu analysierenden Unternehmens aus der Normalzone der Branche herausfällt oder sich erheblich von den Vergleichsunternehmen unterscheidet, müssen die Ursachen erforscht werden. Allerdings sind dafür oft betriebsinterne Informationen notwendig. Zu prüfen ist, ob möglicherweise die Anlagekapazität, das Warenlager oder die Außenstände des Unternehmens zu hoch sind.

Die Umschlagsdauer des Vorratsvermögens

$$\text{Umschlagsdauer des Vorratsvermögens} = \frac{\text{Ø Bestand an Vorräten}}{\text{Umsatzerlöse}} \cdot 365$$

gibt an, wie lange die Vorräte und das zu ihrer Finanzierung erforderliche Kapital durchschnittlich im Unternehmen gebunden sind. Eine geringe Umschlagsdauer lässt den Schluss zu, dass das Unternehmen in der Lage ist, Anspannungen der Liquiditätslage durch den laufenden Umsatzprozess zu mildern.

Bei dieser Interpretation ist jedoch Vorsicht geboten. Es könnte nämlich auch daraus gefolgert werden, dass infolge der geringen Bindungsdauer die laufend erforderlichen Ersatzbeschaffungen eher einen Zahlungsmittelbedarf hervorrufen. Bei dieser Interpretation ist die Liquidität als umso besser anzusehen, je länger die Umschlagsdauer ist: Liquiditätsverschlechternde Ausgaben fallen dann weniger häufig an.

Daraus folgt, dass die Interpretation der Kennzahl „Umschlagsdauer des Vorratsvermögens" nur im Zusammenhang mit anderen Untersuchungen möglich ist.

Die Umschlagsdauer der „Forderungen aus Lieferungen und Leistungen" findet im Kundenziel ihren Ausdruck:

$$\text{Debitorenlaufzeit} = \frac{\text{Forderung aus LuL}}{\text{Umsatzerlöse}} \cdot 365$$

Hieraus lassen sich Rückschlüsse auf das Zahlungsverhalten der Kunden und darauf ziehen, wie lange es dauert, bis die Umsatzerlöse liquiditätswirksam werden.

Ein langes Kundenziel kann andeuten, dass die Unternehmung im Fall von Liquiditätsengpässen durch die Gewährung von Skonti und eine Intensivierung des Mahnwesens zu Zahlungsmitteln kommen kann. Eine Verkürzung der Debitorenlaufzeit deutet darauf hin, dass die Unternehmung einem wachsenden Kapitalbedarf oder einer nicht gedeckten Kapitalbedarfsspitze durch Verfrühung der Einzahlungszeitpunkte zu begegnen versuchte. Demgegenüber bedeutet eine Zunahme der Debitorenlaufzeit, dass sich das Reaktionspotenzial der Unternehmung für einen zukünftig steigenden Kapitalbedarf vergrößert hat.

Gleichzeitig gibt ein hohes „Kundenziel" Anlass zu der Vermutung, dass das betrachtete Unternehmen möglicherweise zum Zwecke der Umsatzausdehnung Kunden schlechterer Bonität und folglich größerer Risikoträchtigkeit beliefert hat. Lange Kundenziele sind häufig auch Ausdruck einer schlechten Zahlungsmoral, die ihrerseits wieder eine Ursache in konjunkturell bedingten Zahlungsschwierigkeiten der Kunden hat. In solchen Fällen sind die Möglichkeiten der Beeinflussung durch die Unternehmung relativ gering.

Umgekehrt kann man bezüglich des Lieferantenzieles, der Inanspruchnahme von Zahlungsfristen durch die betrachtete Unternehmung, argumentieren.

$$\text{Kreditorenlaufzeit} = \frac{\text{Verbindlichkeiten aus LuL}}{\text{Materialaufwand}} \cdot 365$$

2.3 Statische, strukturelle Finanzanalyse: Die Ausstattung mit Kapital

2.3.1 Finanzierungsgrundsätze als Ausgangspunkt

Wir haben die Finanz- und Vermögensstruktur der Unternehmung bisher vorzugsweise hinsichtlich der kurzfristigen Liquidität betrachtet. Nunmehr wollen wir die Fragestellung erweitern und auch mittel- und langfristige Aspekte in die Überlegungen einbeziehen. Zwar spielen dabei auch wieder Liquiditätserwägungen eine Rolle, es kommen jedoch die Fragen nach den Anpassungsmöglichkeiten an mittel- und langfristige Änderungen des Kapitalbedarfs hinzu. Außerdem wird zu prüfen sein, ob die Finanzierung der betrachteten Unternehmung unter Beachtung ganz verschiedener Einflussfaktoren (Liquidität, Rentabilität, Sicherheit, Erhaltung der Dispositionsfreiheit usw.) als angemessen gelten kann.

Ausgangspunkt und Beurteilungsmaßstab sind dafür die sogenannten Finanzierungsgrundsätze. Solche Finanzierungsgrundsätze sind:

- **Grundsatz der Liquiditätserhaltung**

  Die finanzielle Ausstattung muss gewährleisten, dass die Unternehmung jederzeit in der Lage ist, ihren fälligen Zahlungsverpflichtungen nachzukommen.

- **Grundsatz der Risikoentsprechung**

  Die Unternehmung muss, ihren speziellen Risiken entsprechend, mit Haftungskapital (Eigenkapital) ausgestattet sein. So erfordert z. B. die Betätigung in einer Branche, die durch schnelle Veränderungen, Produktinnovationen oder raschen technischen Fortschritt gekennzeichnet ist, ein weitaus höheres Haftungskapital als etwa ein Versorgungsunternehmen mit langfristig gesicherten stabilen Absatzverhältnissen.

- **Grundsatz der Wirtschaftlichkeit der Finanzierung**

  Auch die Finanzierung selbst muss unter Wirtschaftlichkeitserwägungen stehen. Verschiedene Finanzierungsarten führen zu unterschiedlich hohen Finanzierungskosten. Unter Beachtung der übrigen Einflussfaktoren ist diejenige Finanzierungsform auszuwählen, deren Kosten minimal sind.

- **Prinzip der Erhaltung der Dispositionsfreiheit und Unabhängigkeit**

  Von der Art der Finanzierung können Einflüsse auf die Unternehmensführung ausgehen. Zwar sind formal nur die Eigenkapitalgeber berechtigt, Einfluss auf die Unternehmensführung zu nehmen, doch kann eine hohe Verschuldung auch dazu führen, dass die Dispositionsfreiheit der Unternehmensleitung von Kreditgebern eingeschränkt wird, und sei es nur, weil diese die Prolongation von Krediten oder die Hergabe neuer Finanzierungsmittel von bestimmten Maßnahmen abhängig machen. Hinzu kommt, dass auch die Zuführung neuen Eigenkapitals, etwa durch die Aufnahme neuer Gesellschafter, Kapitalerhöhungen durch Ausgabe junger Aktien usw., zu einer Veränderung der Mitspracherechte und damit zu einer Beeinträchtigung der Unabhängigkeit der bisherigen Geschäftsleitung führen kann.

- **Prinzip der optimalen akquisitorischen Wirkung des Finanzierungsbildes**

  Von der Darstellung der Finanzierung in der Bilanz können Wirkungen auf die Absatz- und Beschaffungsmärkte des Unternehmens ausgehen. Offensichtlich ist das für die Beschaffung neuer Finanzierungsmittel. Aber auch Kunden und Lieferanten können sich bei ihren Entscheidungen von der in der Bilanz abgebildeten finanziellen Stabilität der Unternehmung leiten lassen. Insofern muss die Finanzstruktur eines Unternehmens auch unter dem Aspekt gestaltet und beurteilt werden, wie sie auf außenstehende Beobachter wirkt.

Änderungen des mittel- und langfristigen Kapitalbedarfs können durch konjunkturell oder strukturell bedingte Umsatzerlösrückgänge, durch Kreditrückforderungen, durch den Ausfall größerer Forderungen, durch Kostensteigerungen und durch Unternehmensexpansionen hervorgerufen werden.

Ein solcher veränderter Kapitalbedarf kann durch die Zuführung neuen Beteiligungskapitals, aus Selbstfinanzierungsmitteln und durch neue Kreditaufnahmen gedeckt werden. Bei der Beurteilung der Solidität der Finanzierung müssen wir sowohl die denkbaren Veränderungen des Kapitalbedarfs als auch die verschiedenen Deckungsmöglichkeiten im Auge behalten und untersuchen.

Ansatzpunkte für diese Untersuchungen sind die Kapitalstruktur, die Struktur des Eigenkapitalanteils, die Struktur des Fremdkapitals und die finanzielle Deckung des Unternehmensvermögens.

2.3.2 Eigenkapital und Eigenkapitalquote

(1) Die besondere Bedeutung des Eigenkapitals

Die besondere **Bedeutung des Eigenkapitals** liegt darin, dass es in Kapitalgesellschaften unkündbar ist und damit dem Unternehmen langfristig zur Verfügung steht. Ein hoher Eigenkapitalanteil garantiert der Unternehmensleitung die **Dispositionsfreiheit** und weitgehende **Unabhängigkeit** von Kreditgebern.

Aus der Sicht der Gläubiger stellt das Eigenkapital Haftungskapital dar. Die Funktion des Eigenkapitals als Haftungskapital liegt im Folgenden: Zwar ist das in der Bilanz ausgewiesene Eigenkapital i. d. R. nicht mehr in liquider Form vorhanden, sondern in auf der Aktivseite der Bilanz ausgewiesenen Vermögensgegenständen investiert, doch es repräsentiert das Reinvermögen der Unternehmung, also den Teil des Gesamtvermögens, der den Eigentümern nach Abzug aller Schulden verbleibt. Verluste eines Geschäftsjahres führen zu einer Verringerung der Vermögenssubstanz. Da das Fremdkapital mit seinem Rückzahlungsbetrag feststeht, führen Verluste bilanziell zu einer Verringerung des ausgewiesenen Eigenkapitals. Mit anderen Worten: Verluste werden zunächst vom Eigenkapital aufgefangen und schlagen erst dann auf das Fremdkapital durch, wenn das Eigenkapital aufgezehrt ist. Je größer also das Eigenkapital ist, umso besser sind Gläubiger vor Verlusten geschützt.

Bezüglich der **Liquidität** ist von Bedeutung, dass das Fremdkapital mit festen Zins- und Tilgungszahlungen belastet ist, die unabhängig vom Erfolg oder der Liquiditätslage gezahlt werden müssen. Die Eigenkapitalgeber hingegen haben **keinen juristisch durchsetzbaren Anspruch auf feste Gewinn- oder Dividendenzahlung**: Im Falle von Liquiditätsengpässen ist folglich ein mit hohem Eigenkapital ausgestattetes Unternehmen weniger durch feste Zahlungsverpflichtungen belastet. Es darf allerdings nicht verkannt werden, dass ein Unternehmen auch auf eine regelmäßige Bedienung seiner Gesellschafter und Eigentümer bedacht sein muss, wenn in Zukunft ein Bedarf an zusätzlichem Eigenkapital zu erwarten ist, das durch die Gesellschafter bereitgestellt werden soll.

ABB. 21: Bilanz-Aufbau

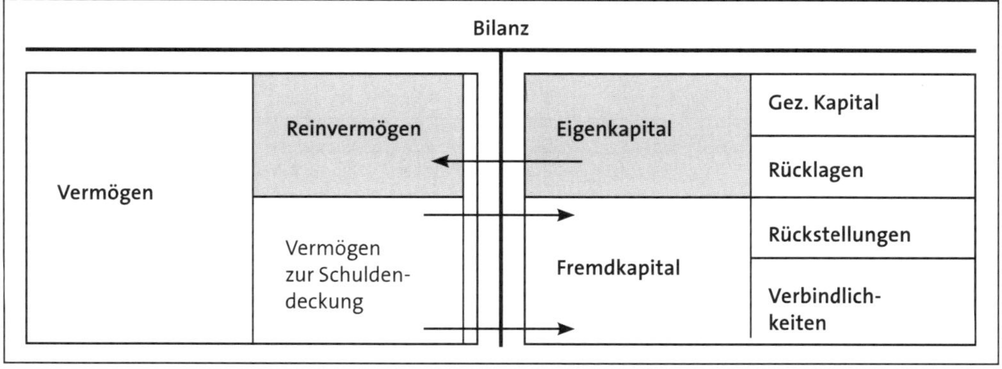

- Die Höhe des ausgewiesenen Eigenkapitals ist abhängig vom Ansatz und der Bewertung der Vermögensgegenstände, Verbindlichkeiten und Rückstellungen.
- Gewinne stellen einen Vermögenszuwachs und damit – sofern sie nicht ausgeschüttet werden – eine Erhöhung des EK dar.
- Verluste zehren Vermögen auf und führen zu einem verringerten EK-Ausweis.
- Sind die Verluste höher als das Reinvermögen bzw. das Eigenkapital, entsteht bilanziell ein „nicht durch Eigenkapital gedeckter Fehlbetrag". Sofern in den Vermögenspositionen keine stillen Reserven stecken, können die Schulden aus dem Vermögensverkauf nicht gedeckt werden. Die Existenz der Gesellschaft ist gefährdet.

(2) Die „vorsichtige" Ermittlung des „bilanzanalytischen" Eigenkapitals

Wegen der besonderen Bedeutung des Eigenkapitals, insbesondere im Hinblick auf seine „Verlustabsorptionsfähigkeit", seine Haftungsfunktion gegenüber den Gläubigern und die Existenzsicherung der Unternehmung, wird es sehr vorsichtig ermittelt. Ausgehend vom **„bilanzierten** Eigenkapital" werden Korrekturen in Form von Kürzungen, aber auch Hinzurechnungen vorgenommen, um das **bilanzanalytische oder wirtschaftliche Eigenkapital** (im Sinne des den Eigentümern verbleibenden **Reinvermögens**) zu bestimmen (siehe Abbildung 21).

Diese **„Bereinigungen"** seien kurz erläutert. Grundsätzlich gilt, dass alle nicht werthaltigen oder wertgefährdeten Aktivposten, nicht bilanzierte Belastungen und in Kürze abfließende Gewinne vom Eigenkapital abgezogen und erkannte stille Reserven hinzugerechnet werden.

- **Rücklagen für eigene Anteile** stellen eine Gegenposition für auf der Aktivseite bilanzierte Eigene Anteile dar, da sie im Krisenfall als besonders wertgefährdet gelten. Sie werden vorsichtshalber vom Eigenkapital abgezogen;
- **von aktivierten Geschäftswerten** (good will) wird vermutet, dass sie häufig überbezahlt sind und nicht im Sinne von Schuldendeckungspotenzial veräußert werden können. Sie werden als „bezahlte **Gewinnerwartungen"** interpretiert, wobei die Betonung auf Erwartungen, auf Hoffnungen, liegt. Auch sie werden nicht als echtes Eigenkapital, als werthaltiger Vermögenswert, betrachtet.

- Sofern **Pensionszusagen** nicht durch Rückstellungsbildungen berücksichtigt sind, stellen sie künftige Belastungen zu Lasten des Eigenkapitals dar.
- **Gewinnausschüttungen** an Aktionäre vermindern bald das Reinvermögen und damit auch das Eigenkapital.

ABB. 22: Bestimmung des bilanzanalytischen Eigenkapitals

Interpretation		Bilanzanalytisches Eigenkapital	2. Vorjahr	1. Vorjahr	Geschäftsjahr
Große Bedeutung des Eigenkapitals als Haftungsgrundlage. Das Eigenkapital entspricht dem **Reinvermögen** auf der Aktivseite, das nach Abzug aller Schulden (Verbindlichkeiten und Rückstellungen) den Eigentümern im Liquidationsfall verbleibt. Das bilanzanalytische Eigenkapital wird deshalb vorsichtig ermittelt. Es werden **Kürzungen** vorgenommen für alle Vermögenspositionen, die gefährdet und im Insolvenzfall nicht werthaltig sind. Auch nicht bilanzierte Belastungen (z. B. unterlassene Pensionsrückstellungen) werden abgezogen. Andererseits sind **Hinzurechnungen** vorzunehmen für Positionen, die nicht als Eigenkapital bilanziert sind, gleichwohl zum Reinvermögen gehören. So stellen auch die stillen Reserven Eigenkapital dar.		bilanziertes EK (gez. Eigenkapital, Rücklagen, JÜ bzw. Bilanzgewinn)			
	–	ausstehende Einlagen			
	–	aktivierte Geschäftswerte			
	–	aktiviertes Disagio			
	–	unterlassene Pensionsrückstellungen			
	–	zur Ausschüttung vorgesehene Beträge			
	+	Aufwandsrückstellungen § 249 Abs. 1 Satz 2 Nr. 1 HGB			
	+	stille Reserven ohne steuerliche Folgen			
	+	50 % stille Reserven mit steuerlichen Folgen			
	+	50 % Abschreib. FinAV bei vorüberg. Wertmind.			
	–	aktivische latente Steuern			
	+	passivische latente Steuern			
	=	**bilanzanalytisches Eigenkapital**			

- **Rückstellungen gem. § 249 Abs. 1 Satz 2 Nr. 1 HGB** für unterlassene Aufwendungen für Instandhaltung oder Abraumbeseitigung gelten als besondere Art der Gewinnreduktion von Unternehmen mit sehr guter Ertragslage. Sie werden eher als Reservebildung gedeutet. Da sie steuerlich unwirksam sind, werden sie in voller Höhe dem Eigenkapital hinzugerechnet.
- **Stille Reserven**, die mit steuerlicher Wirkung gebildet worden sind, werden wegen der noch zu erwartenden Besteuerung bei ihrer Auflösung nur hälftig dem Eigenkapital zugerechnet. Andere, steuerunwirksame Reserven erhöhen das Eigenkapital in voller Höhe (z. B. erhöhte, steuerlich nicht anerkannte Rückstellungen).
- **Latente Steuern** ergeben sich u. a. aus der Fiktion, dass der Konzern als Ganzes besteuert wird: Sofern sie aktivischer Art sind, resultieren aus ihnen zukünftig möglicherweise geringere Steuerbelastungen. Sie stellen aber keinen „Steueranspruch", also keine Vermögensposition dar und werden deswegen vom Eigenkapital abgezogen. Passivische latente Steuern haben bei ihrer Bildung das Eigenkapital verringert. Ob es aber tatsächlich zu echten steuerlichen Belastungen kommt, ist ungewiss. Sie werden dem Eigenkapital hinzugerechnet.

(3) Die Eigenkapitalquote und ihre Bedeutung

Die Eigenkapitalquote misst den Anteil des nach den zuvor beschriebenen Spezifikationen ermittelten bilanzanalytischen Eigenkapitals am Gesamtkapital

$$\text{Eigenkapitalquote} = \frac{\text{bilanzanalytisches Eigenkapital}}{\text{Gesamtkapital (bilananalyt. EK + Fremdkapital)}} \cdot 100$$

Ein hoher Eigenkapitalanteil sichert also die Dispositionsfreiheit, schützt vor Unternehmenszusammenbrüchen infolge von Überschuldung, vermindert das Risiko für die Gläubiger, stellt somit eine gute Grundlage für neue Kreditaufnahmen dar und reduziert die Gefahr kurzfristiger Liquiditätsengpässe. Die Eigenkapitalquote ist folglich ein Maßstab für die Sicherheit.

Andererseits kann das Streben nach einer Finanzierung mit Eigenkapital jedoch auch von Nachteil sein. Die Eigenfinanzierung ist infolge der **hohen steuerlichen Belastung** und der **Risikoprämie im Dividendenanspruch** der Aktionäre sehr teuer. Im Vergleich mit der Fremdfinanzierung, deren Zinszahlungen Betriebsausgaben darstellen und folglich steuermindernd wirken, kann ein hohes Eigenkapital gegen den Finanzierungsgrundsatz der Wirtschaftlichkeit verstoßen. Unternehmen, die eine Scheu vor Fremdfinanzierungen haben und ihren Verschuldungsspielraum nicht ausnutzen, verzichten oftmals auf die Wahrnehmung von Wachstumschancen und notwendige Anpassungen an den technischen Fortschritt, was auf längere Sicht zu ungünstigen Kostenstrukturen und zum Verlust der Wettbewerbsfähigkeit führen kann. Insofern bietet ein hoher Eigenkapitalanteil zwar Sicherheit, geht aber zu Lasten der Rentabilität, also der Zielerreichung der Unternehmung.

Damit stellt sich die Frage nach der **optimalen** oder besser **„angemessenen“** Kapitalstruktur, also nach dem günstigsten Verhältnis zwischen Eigen- und Fremdkapital. Diese Frage ist jeweils speziell unter Beachtung der besonderen Risiken des Unternehmens, den Gepflogenheiten in der Branche und der gesamten Unternehmenssituation zu beurteilen. Als **Faustregel gilt, dass das Eigenkapital etwa ein Drittel des Gesamtkapitals** ausmachen sollte, d. h., das Verhältnis von Fremdkapital zu Eigenkapital sollte 2:1 sein. Die oben angestellten Überlegungen machen jedoch deutlich, dass diese Relation entsprechend den Gegebenheiten des einzelnen Falles zu modifizieren ist. Insgesamt ist festzustellen, dass die Eigenkapitalausstattung in deutschen Unternehmen im internationalen Vergleich sehr niedrig ist. Nach neueren Untersuchungen beträgt sie etwa 20 % im Durchschnitt. **Das Bundesaufsichtsamt für das Versicherungswesen fordert eine Eigenkapitalquote von 30 %** für die Zuerkennung des „Gütesiegels“ der Deckungsstockfähigkeit von Schuldscheindarlehen. Darin könnte eine gewisse Normierung gesehen werden.

Wie später deutlich werden wird, kann eine Beurteilung der Kapitalstruktur nur zusammen mit der Struktur des Fremdkapitalanteils und dem Vermögensaufbau sowie den Zukunftserwartungen des Unternehmens vorgenommen werden.

ABB. 23:	Eigenkapitalquote			
Kennzahl	**Interpretation**	**Definition**		
Eigen-kapital-quote	Hoher EK-Anteil macht weitgehend unabhängig von Banken- und Kapitaleinfluss; gibt Verschuldungsspielräume, Wachstumschancen, Risikoindikator; Zins- und Tilgungsbelastungen bei kleinem EK-Anteil; angemessen i. d. R. 25-35 % je nach Risiko	$\frac{\textbf{bilanzanalyt. Eigenkapital}}{\textbf{Gesamtkapital = bilanzanalyt. EK + Fremdkapital}} \cdot 100$		
		2. VJ	**1. VJ**	**GJ**

(4) Die Struktur des Eigenkapitals

Das Eigenkapital setzt sich aus verschiedenen Komponenten zusammen. Insbesondere handelt es sich um das gezeichnete Kapital, um die Kapitalrücklage und die Gewinnrücklagen. Sowohl die Kapital- als auch die Gewinnrücklagen sollen die Stabilität des Unternehmens durch eine Vergrößerung des Haftungskapitals erhöhen.

In der **Kapitalrücklage** sind offene Einzahlungen von Gesellschaftern/Aktionären, die über den Betrag des gezeichneten Kapitals hinausgehen, auszuweisen (vgl. § 272 Abs. 2 HGB).

Als **Gewinnrücklagen** dürfen nur Beträge ausgewiesen werden, die im Geschäftsjahr oder einem früheren Geschäftsjahr aus dem Jahresergebnis thesauriert worden sind (§ 272 Abs. 3 HGB). Sie sind untergliedert in die gesetzliche Rücklage (§ 150 AktG), die Rücklage für Anteile an einem herrschenden oder mit Mehrheit beteiligten Unternehmen (§ 274 Abs. 4 HGB), auf Gesellschaftsvertrag oder Satzung beruhende Rücklagen und andere Gewinnrücklagen.

An dieser Stelle sei ausdrücklich auf ein Missverständnis hingewiesen: Ungeübten Bilanzbetrachtern stellen sich auf der Passiv-Seite der Bilanz gezeigte hohe Rücklagen als Merkmal von Solidität und Sicherheit dar. Es besteht die Vorstellung, dass im „Krisenfall" die Rücklagen aufgelöst und zur Überbrückung von Liquiditätsengpässen genutzt werden könnten. Das ist aber nicht der Fall. Zwar ist die **Bildung** von Rücklagen insofern eine finanzwirtschaftliche Zukunftsvorsorge, als finanzielle Mittel aus dem Gewinn oder infolge von Kapitalerhöhungen nicht ausgeschüttet werden, sondern im Unternehmen bleiben. Sie stehen aber nicht als „Liquidität" zur Verfügung, sondern „stecken" in den auf der Aktiv-Seite gezeigten Vermögensgegenständen. Der Ausweis von Rücklagen ist zwar ein Hinweis auf eine zuvor betriebene solide Finanzierungs- und Ausschüttungspolitik und auf die Möglichkeit, je nach Art der Rücklagen, in Zukunft juristisch auch dann Gewinnausschüttungen vornehmen zu dürfen, wenn die aktuelle Ertragssituation dies eigentlich nicht hergibt. Ein Sicherheitspolster im Sinne eines Liquiditätsreservoirs hingegen sind sie nicht.

Der Unterschied zwischen den **freien** (darunter fallen „satzungsmäßige" und „andere" Gewinnrücklagen) und **gesetzlichen** Rücklagen besteht darin, dass die gesetzliche Rücklage bei Aktiengesellschaften (für die GmbH sind gesetzliche Rücklagen nicht vorgesehen) zwangsweise gebildet wird, indem gem. § 150 Abs. 2 AktG jeweils 5 % des Jahresüberschusses der Rücklage zugeführt werden müssen, bis die gesetzliche Rücklage und die Kapitalrücklage (gem. § 272 Abs. 2 Nr. 1-3 HGB) zusammen 10 % des Grundkapitals erreichen, während die Bildung der freien Rücklagen dem Unternehmen selbst überlassen ist. Da es bei der Gewinnverwendung zu einem Konflikt zwischen der Unternehmensleitung und den Aktionären kommen kann, ist in § 58 Abs. 1 Satz 1 und 2 AktG geregelt, dass Vorstand und Aufsichtsrat aus eigener Kompetenz bis zu 50 %

des Jahresüberschusses in die freien Rücklagen einbringen und damit vor der Ausschüttung an die Aktionäre bewahren können.

Für die hier anstehende Untersuchung interessiert die Struktur des Eigenkapitals insofern, als die verschiedenen Komponenten der Unternehmensleitung in unterschiedlichem Maße zur Disposition stehen. Das gezeichnete Kapital entzieht sich der Verfügbarkeit. Aus Gründen der Erhaltung der Haftungssubstanz und des Gläubigerschutzes darf es grundsätzlich nicht an die Anteilseigner ausgeschüttet bzw. zurückgewährt werden. Gesetzliche Rücklage und Kapitalrücklage haben eine ähnliche Funktion. Sie dürfen nur zum Ausgleich eines Jahresfehlbetrages oder eines Verlustvortrages aus dem Vorjahr aufgelöst werden, und das auch nur – solange gesetzliche Rücklage und Kapitalrücklage noch nicht 10 % des Grundkapitals ausmachen –, falls keine freien Rücklagen zum Ausgleich solcher Fehlbeträge und Verluste zur Verfügung stehen. In keinem Fall darf eine gesetzliche Rücklage aufgelöst werden, um auf diese Weise zu einem positiven Bilanzgewinn und damit zu Gewinnausschüttungen zu kommen.

Frei disponieren kann die Unternehmensleitung nur mit den freien, nicht zweckgebundenen Rücklagen. Sie dürfen in schlechten Jahren aufgelöst werden, um auch in Zeiten eines Verlustes oder nur niedrigen Jahresüberschusses Gewinnzahlungen an die Anteilseigner zu ermöglichen. Freie Rücklagen sind somit oftmals ein Instrument zur Ermöglichung einer kontinuierlichen Ausschüttungspolitik.

Zur Beurteilung der Struktur des Eigenkapitals bilden wir folgende Kennzahlen:

$$\text{Rücklageanteil} = \frac{\text{gesamte Rücklagen}}{\text{bilananalytisches Eigenkapital}} \cdot 100$$

Die Höhe des Rücklageanteils ermöglicht Rückschlüsse auf die Stabilitätspolitik des Unternehmens, indem er anzeigt, in welchem Maße die Unternehmung das haftende Eigenkapital durch Gewinnthesaurierung bzw. Kapitalzuführungen gestärkt hat.

Die Ermittlung des Rücklageanteils ist deswegen von Bedeutung, weil man daraus bei sehr hohen offenen Rücklagen im Verhältnis zum Grundkapital auf eine möglicherweise bevorstehende **Kapitalerhöhung aus Gesellschaftsmitteln**, also auf eine Ausgabe von Gratis- oder Berichtigungsanteilen, schließen kann.

Derartige Vermutungen sind im Zusammenhang mit der Ausschüttungspolitik, die eine Unternehmung betreibt, zu sehen. Hat eine Unternehmung in der Vergangenheit sehr hohe offene Rücklagen angesammelt und will sie trotz stark gestiegener Gewinne die Höhe ihres Ausschüttungssatzes nicht ändern (Ausschüttungsstabilisierung), so besteht für sie die Möglichkeit, das gezeichnete Kapital aus Gesellschaftsmitteln zu erhöhen.

Irreführend ist die Ansicht, dass die Finanzierung umso solider sei, je höher die Rücklagen im Verhältnis zum gezeichneten Kapital sind. Für den Finanzierungsstatus einer Unternehmung ist es unerheblich, wie das Eigenkapital bezeichnet ist. Bei der Benutzung der Relation Rücklagen zu gezeichnetem Kapital wird für Finanzierungsbeurteilungen der Fehler gemacht, dass hier Eigenkapital mit Eigenkapital verglichen wird. Interessant ist diese Relation lediglich als Anhaltspunkt für die Ertragslage in der Vergangenheit sowie für die Ausschüttungspolitik der Unternehmung.

Gesetzliche Rücklagen und Kapitalrücklagen, die zusammen mehr als 10 % des gezeichneten Kapitals ausmachen, deuten an, dass das Unternehmen Kapitalerhöhungen durchgeführt und junge Aktien zu Ausgabekursen, die über dem Nennwert liegen, ausgegeben hat, weil das daraus resultierende Agio gem. § 272 Abs. 2 Nr. 1 HGB in die Kapitalrücklage einzustellen ist.

Nützlich im Zusammenhang mit der Analyse der Rücklagen ist auch die Feststellung des Selbstfinanzierungsgrades.

$$\text{Selbstfinanzierungsgrad} = \frac{\text{Gewinnrücklagen}}{\text{Gesamtkapital}} \cdot 100$$

Er gibt an, in welchem Maße die Unternehmung in den vergangenen Jahren in der Lage war, Eigenkapital durch Gewinnthesaurierung zu bilden. Allerdings ist auch hier wiederum der Teil der Selbstfinanzierung nicht erkennbar, der durch die Bildung stiller Rücklagen entstanden oder infolge einer Kapitalerhöhung aus Gesellschaftsmitteln bereits in das gezeichnete Kapital eingegangen ist.

2.3.3 Analyse der Rückstellungen

Rückstellungen bilden Verbindlichkeiten ab, deren **Höhe und/oder Fälligkeitszeitpunkt** der Zahlungen noch nicht bekannt sind, die aber bezüglich der Entstehung des entsprechenden Aufwandes ihre Ursache in der Abrechnungs- oder in der Vorperiode haben. Sie dienen insofern der **periodengerechten Erfolgsermittlung**. Gleichzeitig sind sie Ausdruck einer **finanzwirtschaftlichen Zukunftsvorsorge**, indem der ihnen zugrunde liegende verrechnete Aufwand den Jahresüberschuss und damit den ausschüttungsfähigen Gewinn mindert. Sie bleiben im Unternehmen, um später die entsprechenden Zahlungen leisten zu können. Sofern sie auch steuerlich anerkannt sind und als Betriebsausgabe abzugsfähig sind, ergibt sich aus der Vorziehung des Aufwandes vor die Zahlung ein weiterer Liquiditätseffekt.

Die Beurteilung der Angemessenheit ihrer Höhe ist für externe Analysten schwierig, wenn nicht unmöglich. Nötig wäre die Kenntnis von Vertragsverhältnissen (drohende Verluste aus schwebenden Geschäften), der Notwendigkeit der Nachholung von Instandhaltungen (Aufwandsrückstellungen) und des ganzen Katalogs von Geschäftsvorfällen, die zur Bildung von Rückstellungen für ungewisse Verbindlichkeiten führen können. Wer vermag als Außenstehender schon zu erkennen, ob sie in ausreichendem Maße gebildet oder überdotiert wurden.

Gleichwohl ist ihnen Aufmerksamkeit zu schenken. Beispielsweise kann geprüft werden, ob sie parallel zu gestiegenem Geschäftsvolumen und daraus resultierenden Risiken gewachsen sind.

Insbesondere der Rückgang bzw. die Auflösung der Rückstellungen kann wichtige Hinweise geben. Sind sie aufgelöst, weil sie für den vorgesehenen Zweck „verwendet" wurden, oder wurden sie zur Steigerung der **Sonstigen betrieblichen Erträge** gewinnerhöhend verrechnet, weil sie „nicht mehr benötigt werden", der Rückstellungsgrund entfallen ist? Letzteres ist im Anhang bei der Erläuterung der Sonstigen betrieblichen Erträge erkennbar und ein wichtiges **Alarmsignal**, weil sie möglicherweise nur aufgelöst wurden, um das ausschüttungsfähige Ergebnis zu erhöhen.

Ein wichtiges Finanzierungsinstrument sind Pensionsrückstellungen. Zwar sind sie juristisch eindeutig Fremdkapital, da aber ihre finanziellen Gegenwerte der Unternehmung i. d. R. langfristig zur Finanzierung zur Verfügung stehen, werden sie als eigenkapitalähnliche Mittel betrachtet und deswegen besonders herausgestellt und gewürdigt.

Es sei aber darauf hingewiesen, dass Pensionsrückstellungen echte Schulden und Verbindlichkeiten gegenüber Dritten darstellen und zu einer erheblichen finanziellen Belastung für Unternehmen werden können. Auch von den Ratingagenturen werden sie so eingestuft.

2.3.4 Die Höhe und Struktur der Verbindlichkeiten

Die Höhe des Fremdkapitalanteils haben wir bereits im Zusammenhang mit der allgemeinen Beurteilung der Kapitalstruktur festgestellt. Darüber hinaus ist es nützlich, zu untersuchen, wie sich das Fremdkapital seinerseits zusammensetzt. Dabei interessiert es zunächst, über welche **Zeiträume das Fremdkapital** verfügbar ist.

Da die Restlaufzeiten der Verbindlichkeiten angegeben werden müssen, können wir exakt zwischen **kurzfristig** (bis zu einem Jahr), mittelfristig (zwischen einem und fünf Jahren) und **langfristig** fälligen Verpflichtungen unterscheiden.

Generell gilt, dass die Finanzierung als umso **sicherer** anzusehen ist, je länger die Mittel zur Verfügung stehen, je höher also der Anteil des langfristigen Fremdkapitals ist. Allerdings sind kurzfristige Finanzierungen je nach Kapitalmarktverfassung oftmals kostengünstiger, sodass zwischen Sicherheitsaspekten und Wirtschaftlichkeit abgewogen werden muss.

Außerdem ist die **Zusammensetzung der Verbindlichkeiten** nach ihrer Herkunft, also nach Kapitalgebern, zu untersuchen. Denn je nachdem, ob die Finanzierungsmittel beispielsweise durch Anleiheemissionen über den organisierten Kapitalmarkt beschafft oder von Banken zur Verfügung gestellt wurden, lassen sich unterschiedliche Mutmaßungen über die Sicherung der Anschlussfinanzierung und die Anpassungsfähigkeit an veränderte Zinssituationen treffen.

Das Ausmaß der **Verbindlichkeiten aus Lieferungen und Leistungen** und seine Entwicklung im Zeitablauf sowie die Inanspruchnahme der Möglichkeiten der Wechselfinanzierung erlauben nicht nur Rückschlüsse auf die Liquiditätsverhältnisse am Bilanzstichtag, sondern informieren auch über die finanzielle Ausstattung der Unternehmung insgesamt. Überhöhte Werte dieser Positionen können auf Finanzierungsengpässe und Schwierigkeiten bei der Kapitalbeschaffung hinweisen.

In manchen Branchen (z. B. im Großanlagenbau, in Werften, im Maschinenbau) spielen die **Anzahlungen auf Bestellungen** eine wichtige Rolle als Finanzierungsquelle. Sie sind daraufhin zu untersuchen, ob sie zweckentsprechend zur Finanzierung der Materialbeschaffung und des laufenden Produktionsprozesses (Löhne etc.) eingesetzt oder ob sie zur Beschaffung von Anlagevermögen „zweckfremd“ verwendet worden sind.

Stellt sich dabei heraus, dass die übrigen langfristigen Eigen- und Fremdmittel das Anlagevermögen nicht decken, ist eine Verwendung der kurzfristigen Anzahlungen für die Beschaffung langlebigen Anlagevermögens mit entsprechender langfristiger Kapitalbindung zu befürchten. Dies kann im Fall des Ausbleibens von Anschlussbestellungen zu ernsten Finanzierungsschwierigkeiten führen.

Besondere Aufmerksamkeit gilt den **Verbundverbindlichkeiten**, also den Verpflichtungen gegenüber Konzern- und Beteiligungsunternehmen. Sie zeigen die Abhängigkeit des betrachteten Unternehmens vom Wohlergehen des Konzerns insgesamt. Zweckmäßigerweise werden den Verbundverbindlichkeiten die Verbundforderungen gegenübergestellt, um die Intensität der Verflechtung und damit der Abhängigkeit zu erkennen.

ABB. 24: Verbindlichkeitenspiegel

Art der Verbindlichkeiten	2. Vorjahr	1. Vorjahr	Geschäftsjahr	Restlaufzeiten		
				≤ 1 J.	1–5 J.	> 5 J.
Verbindlichkeiten gegenüber Kreditinstituten						
Anzahlungen auf Bestellungen						
Verbindlichkeiten aus LuL						
Wechselverbindlichkeiten						
Sonstige Verbindlichkeiten						
Gesamte Verbindlichkeiten						

Zur Erleichterung der Analyse fassen wir sowohl die Fristen wie auch die Arten der Verbindlichkeiten im sogenannten **Verbindlichkeitenspiegel** (siehe Abbildung 24) zusammen. Dabei ist darauf hinzuweisen, dass die Höhe der „Gesamten Verbindlichkeiten" deswegen nicht der Summe des „Gesamten Fremdkapitals" entspricht, weil auch die Pensionsrückstellungen, die übrigen Rückstellungen und der Bilanzgewinn (wegen der i. d. R. vorgesehenen Ausschüttung) ebenfalls als Fremdkapital zu interpretieren sind.

Zur Verbesserung des Einblicks in die Verschuldung des Unternehmens hat sich folgende Übersicht bewährt:

ABB. 25: Finanzschulden

Finanzschulden			2. Vorjahr	1. Vorjahr	Geschäftsjahr
Zeigt die Inanspruchnahme der Kapitalmärkte und der Kreditwirtschaft sowie die damit verbleibenden Fremdfinanzierungsspielräume.		Verbindlichkeiten ggü. Kreditinstituten			
	+	Anleihen			
	+	Wechselverbindlichkeiten			
	=	**Bank- und Kapitalmarktschulden (brutto)**			
	–	liquide Mittel + Wertpapiere des Umlaufvermögens			
	=	**Finanzschulden/-überschuss**			
	+	Verbindlichkeiten aus LuL			
	+	Verb. ggü. verbund. Untern.			
	+	Verb. ggü. Beteiligungsunt.			
	+	Sonstige Verbindlichkeiten			
	=	**Nettobelastung bzw. Überschuss**			
		(Forderungen aus LuL)	*( )*	*( )*	*( )*

Folgende Fragen mögen hilfreich sein:

- Wie hat sich die Verschuldung entwickelt?
- Gegenüber wem bestehen Verbindlichkeiten? Kapitalmarkt, Kreditinstitute, Lieferanten, verbundene Unternehmen? Jeweils andere Qualität!

- Wie sind die Fristigkeiten?
- Hat sich die Struktur verschlechtert?

2.3.5 Vermögensaufbau und finanzielle Deckung: Horizontale Bilanzanalyse

Bisher haben wir die Solidität der Finanzierung lediglich anhand der Kapitalstruktur, wie sie sich auf der Passivseite der Bilanz niederschlägt, zu beurteilen versucht. Wir haben vertikale Bilanzanalyse betrieben und dabei im Wesentlichen die **Kapitalherkunft** im Auge gehabt. Nun ist es aber naheliegend, auch die **Mittelverwendung** mit in die Überlegungen einzubeziehen und zu berücksichtigen, in welchen Vermögensgegenständen, die wir auf der Aktivseite der Bilanz finden, das Unternehmenskapital gebunden ist.

Wir versuchen folglich, Zusammenhänge zwischen Mittelherkunft und Mittelverwendung aufzuzeigen, und betreiben damit horizontale **Bilanzanalyse**.

Die Vermögenspositionen sind unter dem Aspekt der Kapitalbindungsdauer bzw. der Liquidierbarkeit zu ordnen. Grundsätzlich unterscheiden wir zwischen dem Anlagevermögen, das dazu bestimmt ist, langfristig oder dauernd dem Geschäftsbetrieb der Gesellschaft zu dienen, und dem Umlaufvermögen. Zur Bereitstellung und Unterhaltung des Anlagevermögens werden also finanzielle Mittel langfristig gebunden. Das Umlaufvermögen hingegen wird vergleichsweise schnell im betrieblichen Umsatzprozess der Leistungserstellung und Leistungsverwertung umgesetzt. So vergeht z. B. zwischen der Beschaffung der Roh-, Hilfs- und Betriebsstoffe, ihrem Einsatz für die Herstellung der Erzeugnisse und ihrer „Wiedergeldwerdung" beim Verkauf der Produkte relativ wenig Zeit. Für die Finanzierung des Umlaufvermögens ergibt sich daraus, dass hierbei Finanzierungsmittel nur über kurze Fristen festliegen und schnell monetisiert werden.

Wegen der unterschiedlich langen Bindungsfristen und wegen der mit zunehmender Bindungsdauer größer werdenden Ungewissheit über die zukünftige Datenentwicklung ergeben sich unterschiedlich hohe Risiken aus der Investition von Geldmitteln in diese verschiedenen Kategorien von Vermögensgegenständen. Das Investitionsrisiko ist beim Anlagevermögen im Allgemeinen größer als beim Umlaufvermögen, weil sich das Letztere wesentlich kurzfristiger wieder amortisiert.

Diese Überlegungen führen dazu, einen Zusammenhang zwischen der Finanzierung und dem Vermögensaufbau herzustellen. Ihren Niederschlag haben sie in dem Prinzip der **„Fristenkongruenz"** gefunden, das besagt, dass die einzelnen Vermögensgegenstände bzw. Vermögensgruppen jeweils mit solchen Mitteln finanziert werden sollen, die genauso lange zur Verfügung stehen, wie das Kapital in den Vermögensteilen gebunden ist.

Eine besondere Ausprägung findet das Prinzip der Fristenkongruenz, Fristenentsprechung oder auch Fristenparallelität in der sogenannten **„goldenen Bilanzregel"**. In ihrer allgemeinen Fassung fordert diese Regel, dass langfristig gebundenes Vermögen mit langfristigem Kapital finanziert werden soll; kurzfristig gebundenes Vermögen kann mit kurzfristigem Kapital finanziert werden.

ABB. 26: Strukturbilanz

Strukturbilanz

Langfristige Aktiva	**Eigenkapital**
	Langfristiges Fremdkapital
Kurzfristige Aktiva	**Kurzfristiges Fremdkapital**

Wir messen die Beachtung der Fristenkongruenz pauschal mit den Kennzahlen lt. Abb. 26:

ABB. 27: Deckungsgrade; Fristenkongruenz

Deckungsgrade					
»Goldene Bilanzregel« »Fristenkongruenz« Anlagevermögen sollte wegen seiner langen Zugehörigkeit zum Unternehmen langfristig finanziert sein.	**Anlagen-Deckungsgrad A**	$\frac{\text{bilanzanalytisches EK}}{\text{Anlagevermögen}} \cdot 100$			
Wichtig insbesondere bei der Beurteilung durch Kreditinstitute.	**Anlagen-Deckungsgrad B**	$\frac{\text{bilanzanalyt. EK + lgfr. FK}}{\text{Anlagevermögen}} \cdot 100$			

- ► Prinzip der Fristenkongruenz: Stimmen die Fristigkeiten von Vermögensgegenständen und Schulden überein? Aufdeckung von Finanzierungsrisiken!
- ► Ist das Anlagevermögen durch langfristiges Kapital finanziert?
- ► Wie ist das Umlaufvermögen finanziert?
- ► Sind die Risikopositionen auf der Aktivseite durch risikotragendes Kapital finanziert?

Aufdeckung von Zinsänderungsrisiken: Restlaufzeiten < 1 Jahr?

Je größer der Anlagen-Deckungsgrad B ist, als desto solider kann die Finanzierung bezeichnet werden. Zur Verfeinerung der Untersuchung sollte auch noch geprüft werden, in welchem Verhältnis das Eigenkapital und das Anlagevermögen zueinander stehen, weil das Eigenkapital i. d. R. dauernd verfügbar und in dieser Hinsicht noch wertvoller als langfristiges Fremdkapital ist.

Auch in diesem Zusammenhang dürfen wir die Beurteilung jedoch nicht nur von der errechneten Kennzahl abhängig machen. Sie drückt lediglich pauschale Vorstellungen aus, die durch unternehmensspezifische Gegebenheiten zu modifizieren und zu ergänzen sind. So können besondere Risiken eines Unternehmens oder einer Branche durchaus ein höheres Eigenkapital bzw. einen höheren Anteil des langfristigen Kapitals erfordern, wie auch umgekehrt ein besonders von Konjunkturabläufen unabhängiges, ertragsstarkes Unternehmen u. U. mit einem niedrigen Anteil an langfristigem Kapital auskommt. Auch die Zusammensetzung des Anlagevermögens sollte berücksichtigt werden. So wäre z. B. zu beachten, welche finanzwirtschaftlichen

Einflüsse von den „Beteiligungen" ausgehen. Handelt es sich um solche, von denen man sich ohne Gefährdung der Geschäftstätigkeit und der Rentabilität des Gesamtunternehmens leicht trennen könnte, ist das anders zu bewerten, als wenn es sich um Beteiligungen handelt, die das Unternehmen langfristig aufrechterhalten muss, etwa um seine Rohstoffversorgung oder seine Absatzorganisation sicherzustellen. Informationen darüber liefert möglicherweise der Geschäftsbericht.

Überhaupt gewährleistet die Einhaltung der goldenen Bilanzregel und des Prinzips der Fristenkongruenz keinesfalls eine „optimale" Finanzierung oder die Sicherung der Liquidität. Ein Zusammenhang zwischen den meisten zuvor postulierten Finanzierungsgrundsätzen ist theoretisch nicht herzustellen, insbesondere kann eine durch solche Regeln normierte Finanzierung gegen das Prinzip der Wirtschaftlichkeit und damit gegen Rentabilitätsüberlegungen verstoßen. Auch die Liquidität ist durch die Einhaltung dieser Regeln nicht ohne Weiteres gewährleistet. Es kann aber festgestellt werden, dass das Investitionsrisiko in kapitalintensiven Unternehmen ceteris paribus stärker ausgeprägt ist als in arbeitsintensiven, weil die Anpassung der Kosten an konjunkturelle Schwankungen hier weniger gelingt als dort. Gerade aber dieser Zusammenhang zwischen dem insofern risikoreichen Sachanlagevermögen der (kapitalintensiven) Unternehmung mit dem risikotragenden Eigenkapital soll in horizontalen Finanzierungsregeln erfasst werden.

MERKE

Der Wert der Einhaltung dieser Finanzierungsregeln zu den Anlagen-Deckungsgraden liegt vorzugsweise darin, dass ein sich entsprechend verhaltendes Unternehmen von Kreditgebern als solide finanziert und damit eher als kreditwürdig angesehen wird.

Allerdings gibt es zahlreiche Tatbestände, die den Aussagegehalt von Kennzahlen zur Deckungsstrukturanalyse erheblich beeinflussen. Dazu seien abschließend noch einige Hinweise gegeben:

Eine Verringerung des Sachanlagevermögens im Zeitablauf deutet auf eine schrumpfende Geschäftstätigkeit oder auf eine eher pessimistische Einschätzung der künftigen Beschäftigung durch die Unternehmensleitung mit entsprechender Zurückhaltung bei Investitionen hin.

Wird ein derartiger Rückgang jedoch durch eine entsprechende Steigerung bei den **Beteiligungen** begleitet, handelt es sich eher um eine Geschäftsverlagerung, möglicherweise auch um Risikostreuungen durch Diversifikation.

Veränderungen der **Vorräte** können ebenfalls mit Beschäftigungsveränderungen zusammenhängen: Ein Steigen der Roh-, Hilfs- und Betriebsstoffe bei Sinken der Bestände an fertigen Erzeugnissen ist ein Hinweis auf eine gute Absatz- und Auftragslage; die umgekehrte Entwicklung zeigt eher Schwierigkeiten auf den Absatzmärkten an.

Innerhalb des **kurzfristig gebundenen Umlaufvermögens** bedürfen die Forderungen besonderer Aufmerksamkeit, weil hier Verlustgefahren drohen und ein Steigen der Positionen auch auf die Belieferung weniger solventer Kunden zur Erreichung der Umsatzziele zurückzuführen sein könnte.

Veränderungen im Kapitalbereich sind nach Maßgabe der Ausführungen zu den Kapitalstruktur- und Deckungsstrukturanalysen zu beurteilen und zu würdigen.

Zusammenfassung

(1) *Die Untersuchungen zur Solidität der Finanzierung stellen darauf ab, festzustellen, woher sich Beeinträchtigungen der Liquidität auf längere Sicht sowie ein veränderter Kapitalbedarf ergeben können. Sie versuchen zu ermitteln, welche Anpassungsmöglichkeiten an mittel- und langfristige Änderungen des Kapitalbedarfs das Unternehmen durch Zuführung neuen Eigenkapitals und Aufnahme neuen Fremdkapitals hat.*

(2) *Die Kennzahlen sind unter Berücksichtigung der spezifischen Unternehmensrisiken und der Gegebenheiten einer Branche zu interpretieren.*

(3) *Eine hohe Eigenkapitalquote deutet auf eine größere Solidität und Stabilität hin, weil das Eigenkapital als Haftungskapital nicht mit festen Zins- und Tilgungsbelastungen verbunden ist und gleichzeitig Grundlage für eine Neuverschuldung sein kann.*

(4) *Hohe Rücklagenanteile können auf eine bevorstehende Kapitalerhöhung aus Gesellschaftsmitteln hindeuten. Diese wiederum kann im Zusammenhang mit hohen Kurswerten die Chancen für die Neuaufnahme von Eigenkapital darstellen.*

(5) *Bezüglich des Fremdkapitals bei Soliditäts- und Stabilitätserwägungen ist ein hoher Anteil des langfristigen Fremdkapitals positiv zu werten.*

(6) *Die Einhaltung der goldenen Bilanzregel bzw. die Beachtung des Prinzips der Fristenkongruenz (hohe Anlagendeckung) ist ebenfalls ein Zeichen von Solidität und Stabilität, weil Fremdkapitalgeber die Hergabe neuer Kredite von dieser Einhaltung abhängig machen. Gleichzeitig findet hierin das „Investitionsrisiko" Berücksichtigung, wenn auch die Erhaltung der Liquidität durch diese Regeln nicht unbedingt gesichert ist und Rentabilitäts- und Wirtschaftlichkeitsüberlegungen dagegen sprechen.*

LITERATURHINWEISE

Baetge, J./Kirsch, H.-J./Thiele, S.: Bilanzanalyse, a. a. O.

Baetge, J./Siefke, M.: Kapitalstrukturanalyse, a. a. O.

dieselben: Analyse der horizontalen Bilanzstruktur, a. a. O.

Coenenberg, A. G.: Jahresabschluss und Jahresabschlussanalyse, a. a. O.

Küting, K./Weber, C. P.: Die Bilanzanalyse, a. a. O.

Lachnit, L.: Bilanzanalyse, Wiesbaden 2004.

Preißler, P. R.: Betriebswirtschaftliche Kennzahlen, a. a. O.

Riebell, C.: Die Praxis der Bilanzauswertung, a. a. O.

Schult, E.: Bilanzanalyse, a. a. O.

2.4 Dynamische, stromgrößenorientierte Finanzanalyse: Der Cashflow

Die bisher betriebene Finanzanalyse mithilfe des Jahresabschlusses hat zwei Schwächen:

- Sie ist an statischen Bilanzstichtagen orientiert und lässt nicht erkennen, in welchem Maße die Unternehmung in der Lage ist, aus eigener Kraft – also ohne Zuführung von außenstehendem Eigenkapital oder Kreditgebern – finanzielle Mittel zu erwirtschaften.
- Deutsche, nach den Regeln des HGB erstellte Jahresabschlüsse sind vorzugsweise erfolgswirtschaftlich, also auf die Ermittlung eines ausschüttungsfähigen Gewinns unter dem besonderen Aspekt der Kapitalerhaltung und des Gläubigerschutzes, ausgerichtet. Der Gewinn aber resultiert aus der Gegenüberstellung von Erträgen und Aufwendungen. Da jedoch der **Gewinn und die Liquidität auseinanderfallen**, ist für die Beurteilung der Finanzlage eine Gegenüberstellung von Ein- und Auszahlungen der Periode erforderlich.

Jahresüberschuss = Erträge ./. Aufwendungen

Einzahlungen ./. Auszahlungen = **Liquidität**

Nötig ist also eine auf Ein- und Auszahlungen basierende Rechnung. Eine Finanzrechnung in diesem Sinne liefert der deutsche Jahresabschluss nicht. Diese Defizite sollen durch die Cashflow-Ermittlung und die Kapitalflussrechnung beseitigt werden.

2.4.1 Der Cashflow als Maßstab für das Innenfinanzierungspotenzial

(1) Definition und Charakteristik

Die vorgestellten finanzwirtschaftlichen und liquiditätsanalytischen Betrachtungen befassen sich im Wesentlichen mit Zahlen und Strukturen der Bilanz. Nunmehr sollen auch Erkenntnisse aus der **Gewinn- und Verlustrechnung** herangezogen werden. Da die Erfolgsrechnung sich jedoch nicht an Zahlungsströmen orientiert, sondern auch Erträge und Aufwendungen enthält, die nicht zu Zahlungsvorgängen geführt haben, ist sie für finanzwirtschaftliche Analysen nicht ohne Weiteres brauchbar: Gewinn ist keine Liquidität im Sinne von Einzahlungs- oder Finanzüberschüssen.

MERKE

Der **Cashflow ist eine Kennzahl, die den Überschuss der laufenden, operativen Einzahlungen über die laufenden, operativen Auszahlungen der Unternehmung** beschreibt. Mit laufenden Ein- und Auszahlungen sind die regelmäßigen Finanzflüsse aus der Leistungserstellung und -verwertung (Einzahlungen aus Umsatzerlösen, Beteiligungserträgen, Zinsen sowie Auszahlungen für Material, Personal, Energie etc.) gemeint; Investitionen, Schuldentilgungen und Ausschüttungen zählen nicht dazu.

(2) Die Ermittlung des Cashflow

a) Die direkte Ermittlung

Direkt zu ermitteln wäre der Cashflow als:

	operative Einzahlungen der Periode
./.	operative Auszahlungen der Periode
=	Cashflow

Eine solche Cashflow-Ermittlung ist jedoch nur von der Unternehmung selbst mithilfe der Daten der Finanzbuchhaltung möglich, externen Analysten fehlen die Informationen über diese Zahlungsflüsse.

b) Die indirekte Ermittlung

Deswegen wird hilfsweise und vereinfachend versucht, den **Cashflow indirekt** aus der Gewinn- und Verlustrechnung abzuleiten, indem die Erfolgsgröße Jahresüberschuss durch Eliminierung der **nichtzahlungswirksamen** Erträge und Aufwendungen in eine Finanzgröße transformiert wird:

Erfolgskennzahl	=	Gewinn/Jahresüberschuss
↓	Transformation!	↓
Finanzkennzahl	=	Cashflow

	Jahresüberschuss
+	Aufwendungen, die nicht zu Auszahlungen geführt haben
./.	Erträge, die nicht zu Einzahlungen geführt haben
=	**Cashflow**

Deutlich wird das besonders am Beispiel der Abschreibungen und der Rückstellungen. Sie haben als Aufwand den Jahresüberschuss verringert. Um die Erfolgsgröße Jahresüberschuss in die Finanzkennzahl Cashflow zu überführen, müssen sie diesem wieder hinzugerechnet werden. Das kommt auch in der **„Praktikerformel“**

	Jahresüberschuss
+	Abschreibungen
±	Zuführungen/Auflösungen von Pensionsrückstellungen
=	**Cashflow**

des Cashflows zum Ausdruck, wie sie seit Langem von Kreditinstituten verwendet wird. Diese waren und sind weniger an der Kennzahl Jahresüberschuss, der den Eigentümern zusteht, interessiert als an dem finanziellen Überschuss, aus dem sie Tilgungen und Zinsen erwarten können.

Es ist offensichtlich, dass diese Praktikerformel höchst ungenau ist und viele andere ebenfalls nichtzahlungswirksame Positionen unberücksichtigt lässt.

Deswegen finden sich in der Literatur, in Geschäftsberichten und Unternehmensanalysen zahlreiche Cashflow-Varianten und Definitionen, die sich durch die Zahl der einbezogenen nichtzahlungswirksamen GuV-Positionen und die Berücksichtigung von Veränderungen der Forderungen und Erzeugnisbestände, sowie von außerordentlichen Einflüssen und Steuern unterscheiden.

c) Der Cashflow nach DVFA/SG

In dieser Situation bemühen sich die schon genannte DVFA e.V. und die Schmalenbach Gesellschaft (SG) um eine Vereinheitlichung und empfehlen das in Abb. 27 dargestellte Ermittlungsschema für einen nachhaltig zu erwartenden Cashflow, dem auch wir uns anschließen wollen.

Ausgangsgröße für den Cashflow nach DVFA/SG ist der **Jahresüberschuss, nach Steuern**. Die Berücksichtigung der Steuern mit ihrer Cashflow-mindernden Folge wird damit begründet, einen nachhaltigen, prognostischen Cashflow zu ermitteln, da die Unternehmung auch in den Folgejahren mit Steuerzahlungen zu rechnen hat.

Bei den Abschreibungen auf Anlagevermögen werden sämtliche Abschreibungen einbezogen, also nicht nur auf das Sachanlagevermögen, sondern auch auf immaterielle Vermögenswerte und auf das Finanzanlagevermögen sowohl die planmäßigen als auch die außerplanmäßigen Abschreibungen.

Unumstritten ist die Einbeziehung der **Abschreibungen und der Zuschreibungen**. Sämtliche Vorgänge sind nicht zahlungswirksam.

Grundsätzlich gilt das auch für die Erhöhung der **Pensionsrückstellungen.** Sie sind jedoch nicht aus der GuV, sondern näherungsweise aus der Veränderung der entsprechenden Bilanzposition zu erkennen.

Bei den **„anderen" nichtzahlungswirksamen Erträgen und Aufwendungen** könnten Abschreibungen auf Disagios, Auflösung passivierter Investitionszuschüsse, aber auch Abschreibungen auf Umlaufvermögen berücksichtigt werden, obwohl Letzteres von DVFA/SG nicht vorgesehen ist.

ABB. 28: Cashflow nach DVFA/SG

Erfolgs-kennzahl ↓	**Jahresüberschuss/-fehlbetrag**	Ausgangsgröße nach Steuern, weil auch in Zukunft finanzielle Mittel für Steuern abfließen.
	+ Abschreibungen auf Gegenstände des Anlagevermögens	Sowohl auf Sachanlagen wie auch Finanzanlagevermögen; auch außerplanmäßige u. steuerliche Abschreibungen
	– Zuschreibungen zu Gegenständen des Anlagevermögens	Informationsquelle: Anlagengitter
	± Veränderungen der Rückstellungen für Pensionen bzw. anderer langfristiger Rückstellungen	Problem: andere langfristige Rückstellungen aus Jahresabschluss kaum erkennbar
	± andere nicht zahlungswirksame Aufwendungen und Erträge von wesentlicher Bedeutung	z. B.: Abschreibungen auf Disagio, aktivierte Eigenleistungen, Umlaufvermögen
	= **Jahres-Cashflow**	Zwischengröße; entspricht weitgehend dem IAS „Cashflow from Operations", dieser enthält allerdings auch Änderungen im Working Capital
	+ Bereinigung ungewöhnlicher *zahlungswirksamer* Aufwendungen/Erträge von wesentlicher Bedeutung	z. B. a. o. Aufwendungen und Erträge lt. GuV (nach Art und Höhe selten und ungewöhnlich) wegen Feststellung eines nachhaltigen, wiederholbaren Cashflows; eigentlich nicht mit Cashflow-Idee vereinbar
Finanz-kennzahl	= **Cashflow nach DVFA/SG**	Ergebnis: nachhaltiger, wiederholbarer Finanzüberschuss

Die im weiteren Verlauf vorzunehmende Bereinigung um **„ungewöhnliche zahlungswirksame Aufwendungen und Erträge"** ist notwendig, da der Cashflow die „nachhaltige" Innenfinanzierungskraft – im Sinne von dauerhaft aus der gewöhnlichen Geschäftstätigkeit stammend – anzeigen soll. Dies können beispielsweise die in der Gewinn- und Verlustrechnung als außerordentliche Aufwendungen und Erträge gezeigten Werte sein.

2.4.2 Aussage und Interpretation

Durch die Ermittlung dieses Cashflows soll dem **erfolgswirtschaftlichen** Ergebnis, wie es im Jahresüberschuss zum Ausdruck kommt, ein **finanzwirtschaftliches** Ergebnis der Periode gegenübergestellt werden. Ermittelt wird damit eine finanzwirtschaftlich relevante Strömungsgröße, die dynamische Liquidität der Periode.

Der Cashflow ist eine finanzielle Kennzahl und dient vorzugsweise der Beurteilung der Finanzkraft, gleichwohl ist er auch zur Ergänzung der erfolgswirtschaftlichen Untersuchungen und zur Krisenprognose geeignet.

ABB. 29: Cashflow-Analyseziele

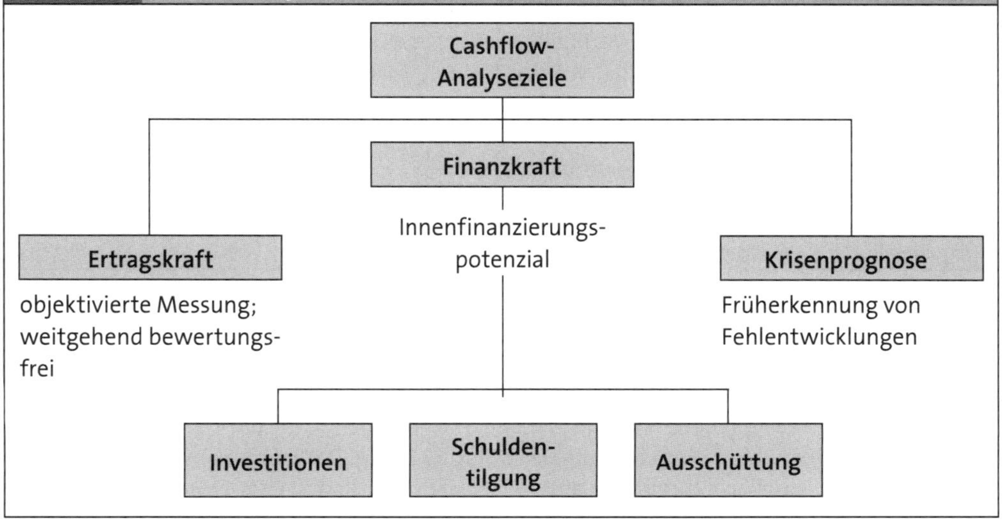

(1) Beurteilung der Finanzkraft

Hinsichtlich der Einschätzung der **Finanzkraft** ist der Cashflow als Maßstab für die Fähigkeit der Unternehmung zu interpretieren, aus eigener Kraft Liquidität zu generieren, und stellt damit den **„Innenfinanzierungsspielraum“**, das selbst erwirtschaftete Zahlungsmittelreservoir dar, das definitionsgemäß (Überschuss der operativen Einzahlungen über die operativen Auszahlungen der Periode) für besondere Auszahlungen wie

- Investitionen,
- Schuldentilgungen und
- Ausschüttungen

zur Verfügung gestanden hat. Daraus geht schon hervor, dass der Cashflow lediglich die **Existenz und die Höhe eines selbst erwirtschafteten Zahlungsmittelüberschusses** beschreibt, nicht aber als Maß für „vorhandene“ Liquidität angesehen werden kann: Die genannten Auszahlungen für Investitionen, Schuldentilgungen und Ausschüttungen sind ja bereits in der Periode erfolgt, die durch den Cashflow repräsentierten finanziellen Mittel sind möglicherweise bereits verbraucht. Sofern der Cashflow im Sinne DVFA/SG jedoch als „nachhaltig“ und „wiederholbar“ annähernd zuverlässig ermittelt wurde, kann er für die Folgeperioden in ähnlicher Höhe als „verfügbar“ angesehen werden.

Zur Beurteilung im Branchen-, Betriebs- oder Zeitvergleich werden üblicherweise folgende Relativ-Kennzahlen gebildet:

Die **Cashflow-Umsatzrate** sagt aus, wie viel Prozent des Umsatzes als liquide Mittel dem Unternehmen für Investitionen, Schuldentilgungen und Ausschüttungen zur Verfügung stehen:

$$\text{Cashflow-Umsatzrate} = \frac{\text{Jahres-Cashflow}}{\text{Umsatzerlöse}} \cdot 100$$

Mit ihrer Hilfe lässt sich das künftige Finanzierungspotenzial in Abhängigkeit von der geplanten oder erwarteten Umsatzentwicklung abschätzen. Als Indikator für die Verschuldungsfähigkeit eignet sich der Cashflow, weil die Verbindlichkeiten des Unternehmens letztlich nur aus den selbst erwirtschafteten Mitteln getilgt werden können. Maßstab ist der **Dynamische Verschuldungsgrad** bzw. die **Schuldentilgungsdauer** in Jahren.

$$\text{Schuldentilgungsdauer in Jahren} = \frac{\text{Netto-Fremdkapital}}{\text{Cashflow nach DVFA/SG}}$$

Netto-Fremdkapital: Verbindlichkeiten + Rückstellungen, die nicht Pensionsrücklagen sind ./. Liquide Mittel inkl. Wertpapiere des Umlaufvermögens

Theoretisch völlig unbegründet gilt traditionellerweise eine **Schuldentilgungsdauer** von 3,5 Jahren als „angemessen". Allerdings hat diese Kennzahl eher eine Indikatorfunktion und dient lediglich der Relativierung. Sie unterstellt, dass der Umfang der Verschuldung durch die ausschließliche Verwendung des Cashflow zur Schuldentilgung laufend abgebaut wird. Das ist aber in der Realität fortbestehender und wachsender Unternehmen nicht der Fall. Eher wächst die Summe der Schulden mit der Ausweitung der Unternehmung. Darüber hinaus werden Teile des Cashflow laufend für Neu-, zumindest aber für Ersatzinvestitionen oder Dividendenzahlungen benötigt. Insofern hat der dynamische Verschuldungsgrad bzw. die Schuldentilgungsdauer nur im zeitlichen oder zwischenbetrieblichen Vergleich einen gewissen Aussagewert. Immerhin ermöglicht sie dabei jedoch Erkenntnisse über unterschiedliche Verschuldungs- und damit Finanzierungsspielräume der betrachteten Unternehmen.

Zur weiteren Beurteilung der finanzwirtschaftlichen Verhältnisse wird in diesem Zusammenhang gern gefragt, inwieweit die Unternehmung in der Lage war bzw. sein wird, ihre Investitionen aus den selbst erwirtschafteten (Innen-) Finanzierungsmitteln zu bezahlen.

$$\text{Innenfinanzierungsgrad der Investitionen} = \frac{\text{Jahres-Cashflow}}{\text{(Netto-)Investitionen}} \cdot 100$$

Nettoinvestition: Zugänge ./. Erlöse aus Anlagenabgängen, sofern nicht bekannt Restbuchwerte der Abgänge oder vereinfachend Zugänge lt. Anlagengitter

Bei der Beurteilung der aktuellen Periode sollte man dabei vom Jahres-Cashflow, im Falle der Einschätzung der Zukunft vom Cashflow nach DVFA/SG ausgehen.

(2) Der Cashflow als Erfolgsindikator

Die bei der Beurteilung der Ertragskraft angestellten Überlegungen basieren auf den auf Grundlage der Gewinn- und Verlustrechnung ermittelten Erfolgskennzahlen Jahresüberschuss und ordentliches Betriebsergebnis.

Trotz der erfolgten Bereinigungen und Korrekturen haftet diesen Kennzahlen jedoch der Mangel an, dass sie bewertungsabhängig und somit bilanzpolitisch beeinflusst sind. Das gilt insbesondere für die Bemessung der Abschreibungen und der Rückstellungen. Die dadurch bewirkte Einschränkung der Aussagefähigkeit soll durch die **zusätzliche Ermittlung** des Cashflow reduziert werden.

Seiner Natur und Intention nach ist der Cashflow eine **finanzanalytische Kennzahl**, indem er versucht, aus der Erfolgsgröße Jahresüberschuss diejenigen Aufwands- und Erfolgsgrößen zu eliminieren, die in der Abrechnungsperiode nicht zu Aus- und Einzahlungen geführt haben.

Wegen seiner weitgehenden **Bewertungsunabhängigkeit** wird er jedoch ergänzend auch für **erfolgswirtschaftliche Analysen** herangezogen.

Wichtig ist jedoch, dass der Cashflow **keine Erfolgskennzahl, sondern nur einen Erfolgsindikator** darstellt und er immer nur zusammen mit den eigentlichen Erfolgskennzahlen Jahresüberschuss oder Betriebsergebnis interpretiert und gewürdigt werden kann. Bei seiner Nutzung als Analyseinstrument mögen folgende Hinweise nützlich sein:

- Ein konstanter oder gar steigender Jahresüberschuss bei sinkendem Cashflow kann darauf zurückzuführen sein, dass die Unternehmung den **Erfolgsausweis** durch zu niedrige Abschreibungs- und Rückstellungsbemessung verbessern will, ohne tatsächlich entsprechend erfolgreich gewesen zu sein: ein Alarmsignal für den Analysten!
- Ein steigender Cashflow bei gesunkener, konstanter oder proportional geringerer Steigerung des Betriebsergebnisses kann auf die **Bildung stiller** Reserven hinweisen: Die Unternehmung war erfolgreicher, als es in dem ausgewiesenen Ergebnis gezeigt wird. Erfolgte Investitionen als Ursache hoher Abschreibungen wirken sich in Folgeperioden positiv aus.
- Aus der Existenz eines hohen Cashflow kann geschlossen werden, dass die Unternehmung in der Lage ist, im folgenden Geschäftsjahr Erweiterungs- oder Rationalisierungsinvestitionen mit positiver Wirkung für die Ertragskraft zu finanzieren.
- Ein bei niedrigen Abschreibungen hoher Cashflow vergrößert folglich die Ertragskraft. Kommt ein hoher Cashflow jedoch durch hohe Abschreibungen zustande, ist damit zu rechnen, dass in den Folgejahren Ersatzinvestitionen erforderlich sind, die die Ertragskraft erhalten oder nicht unbedingt erhöhen.
- Eine isolierte Betrachtung des Cashflow kann gefährlich sein: So führt eine Orientierung der Ausschüttungen am Cashflow in schlechten Jahren, in denen er hauptsächlich aus Abschreibungen gespeist wird, zu einer Substanzaushöhlung des Unternehmens, wenn infolge der Cashflow-Orientierung Abschreibungswerte ausgeschüttet werden, die für Reinvestitionen nötig sind.

(3) Der Cashflow als Frühwarnindikator

Für die Beurteilung der Ertragskraft wird der Cashflow als Ergänzung zu den erfolgswirtschaftlichen Kennzahlen (Jahresüberschuss, Betriebsergebnis, Rentabilitäten) herangezogen, weil er weitgehend frei von Bewertungseinflüssen und damit zuverlässiger ist (vgl. die Ausführungen zum Cashflow Return on Investment und zum Cashflow als Erfolgsindikator).

Als **Frühwarnindikator** ist der Cashflow geeignet, da sich Trendwenden in ihm früher als in anderen Erfolgs- oder Finanzkennzahlen niederschlagen und bilanzpolitisch nicht verbergen oder verschleiern lassen.

Wir haben festgestellt, dass der Cashflow den Überschuss der Betriebseinzahlungen über die -auszahlungen der Periode angibt, das heißt, er beschreibt die Existenz und Höhe eines Zahlungsmittelüberschusses im Ablauf der betrachteten Periode. Am Bilanzstichtag und zum Analysezeitpunkt steht er jedoch nicht mehr als Zahlungsmittelfonds zur Verfügung. Vielmehr wurde in der Abrechnungsperiode bereits über diese Mittel disponiert. Damit erkennen wir schon die wesentlichen **Grenzen und Möglichkeiten der Cashflow-Analyse** zur Liquiditätsbeurteilung:

Da über den durch den Cashflow repräsentierten Überschuss der einnahmegleichen Erträge über die reine Aufwandsdeckung bereits während der Abrechnungsperiode verfügt wurde, kann der Bilanzbetrachter im Analysezeitpunkt nur noch Ex-post-Betrachtungen über den Innenfinanzierungsspielraum im Berichtsjahr anstellen und daraus vorsichtig einige Prognosen über die künftige Liquiditätslage wagen.

Hinzu kommt, dass der Cashflow nur einen Teil der finanziellen Vorgänge abbildet: Veränderungen im Working Capital (Forderungen aus Lieferungen und Leistungen, Bestandsveränderungen der fertigen und unfertigen Erzeugnisse sowie der kurzfristigen Verbindlichkeiten) werden nicht erfasst, obwohl sie durch Kapitalbindungen oder -freisetzungen ebenfalls Einfluss auf das Liquiditätsaufkommen der Periode haben. Im Übrigen hängt die Brauchbarkeit des Cashflow für das Urteil davon ab, in welchem Maße es gelingt, die nicht zahlungswirksamen Erträge und Aufwendungen zu eliminieren. Der externe Analytiker ist dabei stets auf Vermutungen angewiesen.

ABB. 30: Ermittlungsschema Cashflow, Formblatt

Cashflow nach DVFA/SG					
			2. Vorjahr	1. Vorjahr	Geschäftsjahr
1.		**Jahresüberschuss/-fehlbetrag**			
2.	+	Abschreibungen auf Gegenstände des Anlagevermögens			
3.	–	Zuschreibungen zu Gegenständen des Anlagevermögens			
4.	±	Veränderungen der Rückstellungen für Pensionen bzw. andere langfristige Rückstellungen			
5.	±	andere nicht zahlungswirksame Aufwendungen u. Erträge von wesentlicher Bedeutung			
6.	**=**	**Jahres-Cashflow**			
7.	±	bedeutsame zahlungs*wirksame* a. o. Aufwendungen und Erträge			
8.	**=**	**Cashflow nach DVFA/SG**			
Cashflow/Umsatzrate =		$\frac{\text{Jahres-Cashflow}}{\text{Umsatz}} \cdot 100$			
Schuldentilgungsdauer =		$\frac{\text{Nettofremdkapital}}{\text{Cashflow nach DVFA/SG}} \cdot 100$			
Innenfinanzierungsgrad der Investitionen =		$\frac{\text{Jahres-Cashflow}}{\text{(Netto)Investitionen}} \cdot 100$			

Generell gilt: Je höher der Cashflow, desto positiver ist die Liquiditätslage zu beurteilen, denn ein umso höherer Betrag steht nach Abwicklung der Auszahlungen für den laufenden Aufwand zur Schuldentilgung, Investition und Dividendenzahlung zur Verfügung. Damit stellt der Cashflow zwar eine wichtige, weil annäherungsweise leicht zu ermittelnde, aber unvollkommene Kennzahl dar.

Um zu einer aussagefähigeren Übersicht und die Liquiditätsverhältnisse besser abbildenden Betrachtung zu kommen, sollte der Cashflow im Sinne seiner klassischen Definition erweitert werden um:

- die Veränderungen im Working Capital (Kapitalbildung und Freisetzung in den Vorräten und Forderungen aus Lieferungen und Leistungen sowie der kurzfristigen Verbindlichkeiten)
- eine Cashflow-Verwendungsrechnung,
- die Verbindlichkeiten aus Lieferungen und Leistungen gegenüber verbundenen Unternehmen und
- die Anzahlungen.

Diese Schwächen werden durch umfangreiche Finanzrechnungen, in Deutschland üblicherweise Kapitalflussrechnungen genannt, ausgeglichen.

LITERATURHINWEISE

Baetge, J./Kirsch, H.-J./Thiele, S.: Bilanzanalyse, a. a. O.

Baetge, J./Siefke, M.: Kapitalstrukturanalyse, in: BBK 1996.

dieselben: Analyse der horizontalen Bilanzstruktur, in: BBK 1996.

Baetge, J./Armeloh, K.-H.: Vermögensstrukturanalyse, in: BBK 1995.

Bieg, H./Hossfeld, C.: Der Cashflow nach DVFA/SG, in: DB 1996. Kommission für Methodik …: Cashflow nach DVFA/SG in: WPg 1993.

Coenenberg, A. G.: Jahresabschluß und Jahresabschlußanalyse, a. a. O.

Kirsch, H.: Finanz und erfolgswirtschaftliche Jahresabschlussanalyse nach IFRS, a. a. O.

Küting, K./Weber, C.-P.: Die Bilanzanalyse, a. a. O.

Lachnit, L.: Bilanzanalyse.

Preißler, P. R.: Betriebswirtschaftliche Kennzahlen, a. a. O.

Tacke, H.: Liquidität als Analyseziel, in: BBK 1995.

Wagenhofer, A.: Bilanzierung und Bilanzanalyse, a. a. O.

3. Untersuchungen zur Zukunftsvorsorge: Investitionspolitik, Risikostreuung, Wachstum und Finanzierungspotenzial

3.1 Präzisierung des Untersuchungszieles

Die jetzt anstehende Frage nach den als Zukunftsvorsorge getroffenen Maßnahmen ist letztlich die nach der Existenzsicherung der Unternehmung und nach der Verbesserung der Gewinnchancen.

Zur Sicherung der Existenz und der künftigen Gewinne werden viele Maßnahmen getroffen werden, von denen sich allerdings wiederum nur ein geringer Teil im Jahresabschluss niederschlägt.

Andere Vorsorgemaßnahmen lassen sich jedoch im Jahresabschluss aufspüren. Sie zu erkennen und im Rahmen von Entwicklungs- und Betriebsvergleichen bezüglich ihres Ausmaßes und ihrer möglichen Wirkungen auf die künftige Entwicklung einzuschätzen, ist Aufgabe der Bilanzanalyse zur Beurteilung der Zukunftsvorsorge oder von Erfolgspotenzialen.

Analyseobjekt in diesem Zusammenhang sind zunächst die Investitionen. Es ist zu prüfen, in welchem **Ausmaß** und in welchen **Bereichen** investiert worden ist.

Hierbei soll auch – sofern möglich – untersucht werden, ob die getätigten Investitionen erfolgen mussten, um alte, evtl. unbrauchbar gewordene Vermögensgegenstände zu ersetzen, oder ob die Unternehmung ihre Produktionskapazität ausgeweitet hat.

Darüber hinaus gilt es, **Risiken**, die mit Investitionen verbunden sind, herauszustellen und ob Art und Richtung der Investitionstätigkeit geeignet sind, Unternehmensrisiken beispielsweise durch Diversifikation zu streuen.

Anhand dieser Investitionsuntersuchungen können abschließend Aussagen über Wachstum und Strukturänderungen der Unternehmung gemacht werden, aus denen sich auch Rückschlüsse auf die Einschätzung der künftigen Erfolgschancen durch die Unternehmensleitung ziehen lassen, denn sie finden in Ausmaß und Art der Investitionen ihren Niederschlag. Betrachtungen zur Investitionsfinanzierung und zum Finanzierungspotenzial runden die Untersuchung ab.

3.2 Analyse der Investitionstätigkeit

3.2.1 Das Investitionsvolumen des Geschäftsjahres

Maßnahmen der Zukunftsvorsorge drücken sich in besonderem Maß im Umfang der Investitionstätigkeit eines Unternehmens aus. Investieren bedeutet die gegenwärtige Festlegung und Umwandlung finanzieller Mittel in Vermögenswerte.

Alle Auszahlungen, die in der Absicht vorgenommen werden, durch sie später höhere Einzahlungen zu erzielen, sind Investitionen. Die Investitionstätigkeit erstreckt sich somit sowohl auf das Anlage- als auch auf das Umlaufvermögen. Eine Konzentration auf Investitionen im Bereich des Anlagevermögens ist jedoch aus folgenden Gründen sinnvoll:

- Das Anlagevermögen ist gemäß § 247 Abs. 2 HGB dazu bestimmt, dem Geschäftsbetrieb auf Dauer zu dienen. Die Investitionen in das Anlagevermögen beeinflussen die zukünftige Ertragskraft nachhaltiger als Investitionen in das Umlaufvermögen.
- Die Werte, mit denen die Vermögensgegenstände des Anlagevermögens im Jahresabschluss zu Buche stehen, unterliegen weniger Zufälligkeiten und Möglichkeiten der Gestaltung als die Vermögensgegenstände des Umlaufvermögens.
- Die Informationsbasis für die Analyse des Anlagevermögens ist durch die Darstellung der Entwicklung der einzelnen Positionen im Anlagegitter besser als für die des Umlaufvermögens.

Das **gesamte Investitionsvolumen** eines Geschäftsjahres geht aus der Spalte „Zugänge" im Anlagegitter hervor. Je größer das Investitionsvolumen ist, desto besser ist die Zukunftsvorsorge und die erwartete künftige Ertragskraft eines Unternehmens. Es ist aber zu berücksichtigen, dass im Geschäftsjahr häufig auch Desinvestitionen stattgefunden haben. Die Beurteilung des Investitionsvolumens darf nicht anhand der im Anlagegitter ausgewiesenen „Zugänge", sondern muss an den „Nettoinvestitionen" (= Zugänge – Erlöse aus Anlagenabgängen) erfolgen. Sofern keine Kapitalflussrechnung veröffentlicht wird, sind dem externen Analysten diese Erlöse aber nicht bekannt. Hilfsweise kann er sich an den ebenfalls im Anlagegitter gezeigten „Abgängen" orientieren und unterstellen, dass die Erlöse den Restbuchwerten entsprechen, was natürlich häufig nicht der Fall ist.

Die Restbuchwerte werden wie folgt ermittelt:

	Zugänge
./.	Restbuchwert Anlagenabgänge
=	**Nettoinvestition**

Bei der Ermittlung der Restbuchwerte tritt das Problem auf, dass die Abschreibungen auf die Anlagenabgänge bei den kumulierten Abschreibungen nach der Mindestgliederung des Anlagegitters gem. § 268 Abs. 2 HGB nicht angegeben werden müssen. Wird die Entwicklung der Abschreibungen gezeigt, bietet sich folgende einfache Berechnung an:

	Abgänge zu Anschaffungs- und Hertellungskosten
./.	Abschreibungen auf Abgänge
=	**Restbuchwert der Anlagenabgänge**

Werden die Abschreibungen auf die Anlagenabgänge nicht ausgewiesen, können die Restbuchwerte wie folgt ermittelt werden:

	Buchwert am Periodenanfang (Ende Buchwert Vorjahr)
./.	Buchwert am Ende der Abrechnungsperiode
+	Zugänge AHK im Geschäftsjahr
+	Zuschreibungen im Geschäftsjahr
./.	Geschäftsjahresabschreibungen
=	**Restbuchwert der Anlagenabgänge**

Sofern die Restbuchwerte der Anlagenabgänge von untergeordneter Bedeutung sind, kann anstelle der Nettoinvestitionen auch vereinfachend mit den im Anlagegitter ausgewiesenen Zugängen gearbeitet werden.

Da das Investitionsvolumen in hohem Maße von der Unternehmensgröße abhängt, ist es sinnvoll, die Nettoinvestitionen ins Verhältnis zu Größenmerkmalen zu setzen, um die Investitionsneigung eines Unternehmens beurteilen zu können.

$$\textbf{Investitionsquote} = \frac{\text{Gesamte Nettoinvestitionen}}{\text{AV zu AHK am GJ-Anfang}} \cdot 100$$

$$\textbf{Investitionen in \% des Umsatzes} = \frac{\text{Gesamte Nettoinvestitionen}}{\text{Umsatz}} \cdot 100$$

Je größer diese Kennzahlen sind, desto höher ist die Investitionsneigung, und umso besser ist die Zukunftsvorsorge eines Unternehmens. Die Kennzahl „Investitionen in % des Umsatzes" macht im Zeitvergleich Aussagen darüber möglich, ob die Investitionstätigkeit bei steigendem (fallendem) Umsatz geringer oder umfangreicher wird oder ob sich Investitionstätigkeit und Umsatz unabhängig voneinander verändern.

Da Investitionen häufig in Schüben erfolgen, ist es sinnvoll, diese Kennzahlen über einen längeren Zeitraum zu beobachten, um die Investitionstätigkeit des Geschäftsjahres in den Gesamtzusammenhang der Investitionspolitik eines Unternehmens einordnen zu können.

Ob die Zukunftsvorsorge eines Unternehmens ausreicht, seine Wettbewerbsfähigkeit zu sichern bzw. zu verbessern, ist auch davon abhängig, wie stark Konkurrenzunternehmen investieren. In Verbindung mit der Erfolgsanalyse kann der Bilanzanalyst durch einen Branchenvergleich Aussagen darüber machen, ob ein Unternehmen versucht, ein anderes Unternehmen in seiner Marktposition einzuholen oder seine eigene Stellung zu verteidigen.

3.2.2 Investitionen im Kernbereich der Unternehmung

Im Hinblick auf die Zukunftsvorsorge und die Anpassung der Unternehmung an stattfindende Entwicklungen in der Branche empfiehlt es sich, zwischen den Investitionen im eigentlichen Kernbereich der Unternehmung, der dem erklärten „Unternehmenszweck" entspricht, und solchen, die in anderen Bereichen vorgenommen werden, zu unterscheiden. Die Bilanz und das Anlagegitter geben diesbezüglich Auskunft.

(1) Investitionen in immaterielle Vermögensgegenstände

Der volle Umfang der immateriellen Vermögensgegenstände und die Investitionen in diese können u. U. vom externen Bilanzleser nicht vollständig erfasst werden, weil für originäre immaterielle Vermögensgegenstände gem. § 248 Abs. 2 HGB ein Bilanzierungswahlrecht besteht. IFRS-Jahresabschlüsse sind diesbezüglich informativer.

Da durch die Forschungs- und Entwicklungsarbeit eines Unternehmens immaterielle Vermögensgegenstände geschaffen werden, kann man jedoch einen gewissen Einblick in den Umfang der Investitionen in immaterielle Vermögensgegenstände erhalten, indem man die Aufwendungen in diesem Bereich betrachtet, sofern sie ausgewiesen wurden, was insbesondere bei Unternehmen der chemischen Industrie der Fall ist.

Auch die Forschungs- und Entwicklungsaufwendungen hängen von der Unternehmensgröße ab und sollten daher in Relation zu einem Größenmerkmal gesehen werden:

$$\textbf{F \& E-Intensität} = \frac{\text{F \& E-Aufwendungen}}{\text{Umsatz}} \cdot 100$$

Die Zukunftsvorsorge eines Unternehmens ist umso besser, je höher die F & E-Aufwendungen und die F & E-Intensität sind.

(2) Investitionen in das Sachanlagevermögen

Die Investitionen in das SAV sind von besonderer Bedeutung, da sie direkt dem eigentlichen Unternehmenszweck dienen. Durch diese Form der Zukunftsvorsorge passt sich das Unternehmen an wirtschaftliche Entwicklungen an und sichert so seine Wettbewerbsfähigkeit. Zur Analyse der Investitionen in das SAV bildet man die Kennzahl Investitionsquote SAV:

$$\textbf{Investitionsquote SAV} = \frac{\text{Nettoinvestitionen SAV}}{\text{SAV zu AHK GJ-Anfang}} \cdot 100$$

Auch hier gilt, dass eine hohe Quote eine gute künftige Ertragskraft erwarten lässt. Die Investitionen sollten noch detaillierter analysiert werden, indem man die Nettoinvestitionen in den einzelnen Positionen (Grundstücke, technische Anlagen und Maschinen, andere Anlagen) untersucht. Auf diese Weise können die Schwerpunkte der Investitionstätigkeit herausgefunden werden.

Um Aussagen über die künftige Ertragskraft machen zu können, müssen die Investitionen in das SAV in Verbindung mit der Analyse des Reinvestitionsbedarfs im SAV gesehen werden.

Der Investitionsbedarf eines Unternehmens ist umso größer, je älter und abgenutzter der Anlagenbestand ist. Da im Anlagegitter die historischen AHK anzugeben sind, ist es dem Analysten möglich, folgende Kennzahl zur Altersstruktur der Sachanlagen zu bilden:

$$\textbf{Anlagenabnutzungsgrad} = \frac{\text{kumulierte Abschreibungen SAV}}{\text{Anlagenbestand SAV zu AHK GJ-Ende}} \cdot 100$$

Da die Abschreibungen nach Maßgabe der Nutzungsdauer der Vermögensgegenstände bemessen werden, kann der Anlagenabnutzungsgrad als Prozentsatz des schon abgenutzten SAV interpretiert werden.

Ergänzend sollte die „Abschreibungsquote“ zur Beurteilung des Investitionsbedarfs herangezogen werden:

$$\textbf{Abschreibungsquote} = \frac{\text{GJ-Abschreibungen SAV}}{\text{SAV zu AHK GJ-Ende}} \cdot 100$$

Je größer die Abschreibungsquote ist, desto kürzer ist die Nutzungsdauer des SAV, und umso größer ist der Investitionsbedarf. Gleichzeitig heißt das aber auch, dass der Anlagenbestand schneller erneuert und modernisiert wird, sodass die Wettbewerbsfähigkeit auch zukünftig gesichert ist. Dagegen deutet eine geringe Abschreibungsquote und ein hoher Anlagenabnutzungsgrad, verbunden mit fehlenden oder geringen Zugängen, auf eine ertragswirtschaftliche **„Melkstrategie“** und Schrumpfung hin.

Auch diese Kennzahlen sollten nicht nur für das SAV insgesamt, sondern auch für die einzelnen Positionen innerhalb des SAV gebildet werden, da die Höhe der Abschreibungen auf Sachanlagen von der Struktur des SAV abhängig ist. Der Analyst ist somit durch einen Branchen-/Zeitvergleich in der Lage, Aussagen darüber zu treffen, wie notwendig Investitionen sind, wo sie am sinnvollsten einzusetzen sind und ob die Investitionspolitik der Unternehmung dem Rechnung trägt.

Mithilfe der Abschreibungsquote kann man nicht nur die Notwendigkeit von Investitionen bestimmen. Beobachtet man diese Größe über einen längeren Zeitraum, so werden Veränderungen in der Abschreibungspolitik des Unternehmens sichtbar. Steigt die Abschreibungsquote, werden stille Reserven zu Lasten des Gewinns gelegt. Sinkt die Quote, werden stille Reserven zugunsten des Gewinns aufgelöst.

3.2.3 Investitionen im Finanzanlagevermögen und Beteiligungsbereich

Da die Beteiligungen in vielen Unternehmen einen beträchtlichen Umfang annehmen, sollten auch die Investitionen in das FinAV besonders analysiert werden.

$$\textbf{Investitionsquote FinAV} = \frac{\text{Nettoinvestitionen FinAV}}{\text{FinAV zu AHK GJ-Anfang}} \cdot 100$$

Ist die Investitionsquote im FinAV hoch und nehmen die Nettoinvestitionen auch absolut einen beträchtlichen Wert an, so stellt sich die Frage, welche Strategie hinter der regen Investitionstätigkeit im Finanzanlagenbereich steht.

Ein Ausweichen bzw. Verlagern der Investitionen in andere Bereiche, z. B. durch Erwerb von Beteiligungen, kann darauf hindeuten,

- dass im Kernbereich keine lukrativen Investitionsmöglichkeiten und Expansionschancen gesehen werden;
- dass die Unternehmung Zukunftsvorsorge betreibt, indem sie das Risiko breiter streut und diversifiziert, sich also in neuen Branchen und Märkten engagiert;

  oder
- dass die künftige Entwicklung der Unternehmung durch den Erwerb oder die Gründung neuer Firmen abgesichert und verbessert wird, die mit dem Unternehmenszweck der Muttergesellschaft in engem Zusammenhang stehen.

Es lassen sich hieraus Vermutungen über die Zukunftseinschätzung der Unternehmung ableiten. Fragestellungen hierzu sind:

- Hohe Investitionen in Sachanlagen als Ursache positiver Absatzerwartungen?
- Geringe Sachanlageinvestitionen als „Ausbluten" der Unternehmung?
- Geringe Investitionen in SAV, aber hohe in FinAV als Zeichen negativer Absatzperspektiven (Abwartehaltung)?
- Hohe Investitionen in FinAV als Zeichen für steigendes Beteiligungsvolumen in anderen Unternehmen?

Die Beantwortung dieser Fragestellungen ist allerdings nicht allein auf die Kennzahleninterpretation zu gründen. Sie bedürfen der Relativierung durch die Betrachtung des in den jeweiligen Positionen gebundenen Kapitals. Bei einem bis zu der betrachteten Periode geringen Bestand der Finanzanlagen können im Verhältnis zu denen in Sachanlagen schon relativ geringe Investitionen zu einer weitaus höheren Investitionsquote führen.

3.3 Beurteilung des Investitionsrisikos

Eine wichtige Rahmenbedingung der Investitionstätigkeit ist das ihr anhaftende Risiko. Dieses wird in besonderem Maße durch die Fixkostenbelastung, Anpassungsfähigkeit und Wirtschaftlichkeit des jeweiligen Unternehmens beeinflusst. Das unternehmensspezifische Investitionsrisiko ist umso geringer, je besser sich das Unternehmen an mögliche Beschäftigungs- und Strukturänderungen anpassen kann.

Unter der Anpassung an Beschäftigungsänderungen verstehen wir die Fähigkeit, sich an eine gestiegene Nachfrage kurzfristig durch größere Produktionsmengen anzupassen, um Verkaufs- und damit Gewinnchancen wahrzunehmen bzw. einem Nachfragerückgang mit einer Produktionseinschränkung zu begegnen, ohne dass die Existenz der Unternehmung gefährdet wird.

Anpassungen an Strukturänderungen bestehen in Veränderungen und Erneuerungen des Produktionsprogramms, Umstellungen der Fertigungsverfahren, des Materialeinsatzes, der Vertriebsorganisation und dergleichen.

Zur Beurteilung des Investitionsrisikos können wir z.T. auf frühere Erkenntnisse zurückgreifen. So deuten ein hoher Cashflow, eine solide Ausstattung mit Eigenkapital, große, nicht genutzte Verschuldungsspielräume und hohe Gewinnspannen offensichtlich darauf hin, dass das Unternehmen auch in der Lage sein wird, konjunkturellen und strukturellen Veränderungen mit entsprechenden Maßnahmen zu begegnen.

Ansatzpunkte für ergänzende Überlegungen liefert die Vermögensanalyse, die die Ermittlung der Art und Zusammensetzung des Vermögens sowie die Dauer der Bindung der einzelnen Vermögensteile beinhaltet. In die folgenden Kennzahlen gehen Werte aus der Bilanz und des aufbereiteten Anlagegitters ein.

Die Vermögensintensitäten werden dazu genutzt, den Vermögensaufbau eines Unternehmens zu untersuchen. Folgende Kennzahlen werden dazu gebildet:

$$\textbf{Anlagenintensität} = \frac{\text{Anlagevermögen}}{\text{Gesamtvermögen}} \cdot 100$$

$$\textbf{Arbeitsintensität} = \frac{\text{Umlaufvermögen}}{\text{Gesamtvermögen}} \cdot 100$$

$$\textbf{Sachanlagenintensität} = \frac{\text{Sachanlagevermögen}}{\text{Gesamtvermögen}} \cdot 100$$

$$\textbf{Kapitaleinsatz je Beschäftigtem} = \frac{\text{Sachanlagevermögen}}{\text{Zahl der Beschäftigten}}$$

Dabei ergibt sich das Gesamtvermögen aus der Bilanzsumme zuzüglich möglicherweise aufgedeckter stiller Reserven.

Eine hohe Anlagenintensität und eine geringe Arbeitsintensität deuten auf eine hohe Kapitalbindung durch starke Fixkostenbelastung, eine verhältnismäßig geringe Anpassungsfähigkeit und evtl. eine geringe Kapazitätsauslastung und Wirtschaftlichkeit hin. Das heißt auch, dass das Investitionsrisiko bei hoher Anlagenintensität größer ist als bei niedriger Anlagenintensität. Beobachtet man jedoch gleichzeitig eine geringe Sachanlagenintensität, wird dieser Eindruck relativiert. Gleiches gilt für den Kapitaleinsatz je Beschäftigtem.

Ein Sinken der Anlagenintensität bzw. Sachanlagenintensität muss nicht immer vorteilhaft für ein Unternehmen sein. Ist dieses nämlich auf ein sinkendes Anlage- bzw. Sachanlagevermögen zurückzuführen, so können darin u.U. Anzeichen für eine Gefährdung der Wettbewerbsfähigkeit gesehen werden.

Die **Beschäftigung** soll durch die Kennzahl

$$\textbf{Beschäftigung} \text{ (= Kapazitätsauslastung)} = \frac{\text{Gesamtleistung bei (UKV: Umsatz)}}{\text{SAV zu AHK GJ-Ende}}$$

gemessen werden. Da die Gesamtleistung (Umsatzerlöse + aktivierte Eigenleistung ± Bestandsveränderungen) als Indikator für die Produktion und die historischen AHK als Indikator für die

Kapazität eines Unternehmens angesehen werden können, ist mithilfe dieser Kennzahl und den Vermögensintensitäten eine Aussage über die Kapazitätsauslastung des Geschäftsjahres möglich. Je geringer die Sachanlagenintensität und je höher die Beschäftigung, desto größer ist die Kapazitätsauslastung, und desto kleiner ist das Investitionsrisiko. Beobachtet der externe Bilanzleser eine geringe Kapazitätsauslastung, so kann das möglicherweise auf Fehlinvestitionen in der Vergangenheit und ein überdimensioniertes SAV zurückzuführen sein.

Die **Risikostreuung** wird durch die Relation der Finanzanlagen zum gesamten Anlagevermögen gemessen.

$$\textbf{Risikostreuung} = \frac{\text{Finanzanlagevermögen zu AHK GJ-Ende}}{\text{Anlagevermögen zu AHK GJ-Ende}} \cdot 100$$

Je höher diese Kennzahl ist, umso breiter ist u. U. das Risiko gestreut. Für sich allein genommen, ist die Aussagekraft dieser Größe jedoch relativ gering. Vielmehr muss der externe Bilanzleser zusätzlich die Zusammensetzung des FinAV untersuchen. Besonders interessant ist die Frage, ob das Unternehmen stark im Konzern engagiert ist. Wenn das der Fall ist, ist nach Informationen über den Grad der sektoralen und regionalen Diversifikation zu suchen (z. B. Liste der wesentlichen Beteiligungsgesellschaften, Lagebericht, zusätzliche Informationen im Geschäftsbericht).

Da die meisten in diesem Abschnitt vorgestellten Kennzahlen stark von branchenspezifischen Rahmenbedingungen abhängig sind, sollte der Analyst zur Beurteilung der unternehmensspezifischen Risikosituation ein oder mehrere Unternehmen der gleichen Branche zum Vergleich heranziehen. Außerdem ist ein Zeitvergleich sinnvoll, um Aussagen über die Entwicklung des Unternehmens machen zu können.

Eine Überbewertung der beschriebenen Kennzahlen muss aus folgenden Gründen vermieden werden: Einerseits sind die Kennzahlen nicht unabhängig voneinander. Andererseits wird die Aussagekraft jeder einzelnen Kennzahl dadurch beeinträchtigt, dass die Größen, die in sie einfließen, durch die Bilanzpolitik des Unternehmens beeinflusst werden. Hat das Unternehmen in starkem Maße Anlagen geleast oder gemietet, so bleibt ein erheblicher Teil der Vermögensgegenstände, die vom Unternehmen wirtschaftlich genutzt werden, unberücksichtigt.

3.4 Wachstum und Finanzierungspotenzial

3.4.1 Die Messung des Wachstums

Die bisher angestellten Überlegungen bezogen sich auf die Investitionshöhe in Relation zur Unternehmensgröße. Unberücksichtigt blieb bislang die Beurteilung der Investitionen unter dem Aspekt der Substanzerhaltung der Unternehmung. Zur Substanzerhaltung, zur Erhaltung des Leistungspotenzials der Unternehmung, ist es erforderlich, dass der in der Abrechnungsperiode erfolgte Werteverzehr am Anlagevermögen, der seinen Ausdruck in den Abschreibungen findet, durch Neuinvestitionen kompensiert wird.

Die Zugänge müssen daraufhin untersucht werden, inwieweit sie lediglich Ersatz oder Erhaltungsinvestitionen zum Ausgleich der Abnutzung des Anlagevermögens darstellen und inwieweit darüber hinaus Investitionen zur Erweiterung des Produktionsapparates oder zur Rationalisierung der Produktionsprozesse vorgenommen worden sind.

Echtes Wachstum ist nur gegeben, wenn die Nettoinvestitionen über die Abschreibungen, die die Abnutzung des Anlagevermögens repräsentieren, hinausgehen. Das kann mithilfe der Wachstumsrate gemessen werden, die auch als Investitionsüberschuss charakterisiert wird.

$$\textbf{Wachstumsrate} = \frac{\text{Nettoinvestitionen SAV}}{\text{GJ-Abschreibungen SAV}} \cdot 100$$

Da nur die Sachanlagen gemäß ihrer Abnutzung abgeschrieben werden, kann man diese Kennzahl sinnvollerweise nur für das SAV bilden.

Je größer die Wachstumsrate ist, umso besser ist die Zukunftsvorsorge. Eine Wachstumsrate von 100 % besagt, dass die Neuinvestitionen gerade den Wertverlust der alten Anlagen ausgleichen. Eine Wachstumsrate, die kleiner als 100 % ist, bedeutet „Schrumpfung", und erst bei einer Wachstumsrate größer als 100 % kann man von echtem Wachstum oder besser von einem Investitionsüberschuss sprechen.

Im speziellen Fall bedarf die Kennzahl Wachstumsrate jedoch zusätzlich einer sorgfältigen Ursachenforschung und Interpretation. Sie kann in einzelnen Jahren besonders niedrige Werte annehmen, wenn in den Vorjahren in besonders hohem Maße investiert worden ist und als Folge davon nun hohe Abschreibungen anfallen. In diesem Fall von „mangelhafter" Zukunftsvorsorge zu sprechen, wäre verfehlt. Umgekehrt garantiert eine hohe Wachstumsrate nicht unbedingt eine ausreichende Zukunftsvorsorge, denn u.U. sind nur Investitionen nachgeholt worden, die früher versäumt wurden.

Weitere Probleme dieser Kennzahl liegen darin, dass die Nettoinvestitionen mit den Preisen des Berichtszeitraumes angesetzt werden, während die Abschreibungen nach früheren Anschaffungs- oder Herstellungskosten bemessen sind. In Zeiten inflationärer Tendenzen sollten die Nettoinvestitionen deshalb um den Index der industriellen Erzeugerpreise gekürzt werden, um nicht schon reine Ersatzinvestitionen aufgrund der Geldentwertung als „Wachstum" auszuweisen.

Außerdem kann natürlich eine von der tatsächlichen Abnutzung der Vermögensgegenstände abweichende Abschreibungspolitik die Erkenntnisse verzerren.

Und noch ein weiterer Aspekt ist zu beachten: In einer insgesamt wachsenden Wirtschaft ist auch jedes einzelne Unternehmen gezwungen „mitzuwachsen", wenn es seine Stellung im Markt, seine Leistungs- und Konkurrenzfähigkeit beibehalten, seine Existenz und nachhaltigen Ertragsaussichten sichern will.

Von einer Zukunftsvorsorge zur Verbesserung der künftigen Ertragskraft kann man also nur sprechen, wenn das betrachtete Unternehmen eine größere Wachstumsrate aufweist als seine Konkurrenten, die Branche oder die Gesamtwirtschaft, in die es eingebettet ist. Es müssen also die gesamtwirtschaftliche Wachstumsrate sowie diejenigen der Konkurrenten in die Beurteilung einbezogen werden.

3.4.2 Finanzierung der Investitionen und des Periodenwachstums

Nach der Analyse und Beurteilung der Investitionstätigkeit stellt sich die Frage, aus welchen Mitteln die Zugänge des Geschäftsjahres finanziert wurden.

Über den Preis bzw. die Umsatzerlöse werden dem Unternehmen die Abschreibungen der Periode erstattet – unterstellt natürlich, dass am Markt mindestens „kostendeckende" Preise erzielt wurden. Es liegt somit nahe, zunächst einmal die Kennzahl

$$\textbf{Investitionsdeckung} = \frac{\text{GJ-Abschreibungen SAV}}{\text{Nettoinvestitionen SAV}} \cdot 100$$

zu bilden, die besagt, in welchem Maße die Neuinvestitionen aus Abschreibungsgegenwerten finanziert werden konnten.

Wir beziehen nun auch die Investitionen in Finanzanlagevermögen in die Überlegungen ein:

Hat Wachstum stattgefunden, ist also über den Werteverzehr hinaus investiert worden, sind darüber hinaus Mittel zur Investitionsfinanzierung notwendig gewesen. Es ist zu prüfen, ob bzw. inwieweit die zusätzlichen Investitionen, der Investitionsüberschuss, mit „Selbstfinanzierungsmitteln" durchgeführt werden konnten:

$$\textbf{Selbstfinanzierungsgrad des Wachstums} = \frac{\text{Erhöhung Gewinnrücklagen}}{\text{Zugänge AV ./. GJ-Abschreibung AV}}$$

Als Nächstes stellt sich die Frage, inwieweit die Anlagenzugänge aus Innenfinanzierungsmitteln bezahlt werden konnten. Der **Innenfinanzierungsspielraum** der Periode wird durch den **Cashflow** repräsentiert.

$$\textbf{Innenfinanzierungsgrad} = \frac{\text{Jahres-Cashflow}}{\text{Nettoinvestitionen}} \cdot 100$$

Die Kennzahl kann als Prozentsatz der Investitionen interpretiert werden, der aus selbst erwirtschafteten Mitteln finanziert werden konnte. Bei dieser Interpretation wird impliziert, dass der Cashflow primär zur Investitionsfinanzierung und lediglich ein eventueller Restbetrag zur Schuldentilgung und Dividendenzahlung genutzt wird.

3.4.3 Finanzierungspotenzial für künftiges Wachstum

Im Mittelpunkt der Überlegungen zum Unternehmenswachstum und seiner Finanzierung als Maßnahmen der Zukunftsvorsorge standen bisher die bereits realisierten Investitionen, insbesondere die der Abrechnungsperiode.

Wir wollen nunmehr die **künftigen Wachstumsaussichten** mit in die Betrachtung einbeziehen und prüfen, ob das betrachtete Unternehmen in der Lage sein wird, mögliche Wachstumschancen in der Zukunft wahrzunehmen.

Es gilt also festzustellen, ob und in welchem Maße das Unternehmen auch in Zukunft wachsen kann. Diese Frage hängt eng mit der Entwicklung der Branche, dem Vorhandensein gewinnträchtiger Investitionsmöglichkeiten und der finanziellen Ausstattung der Unternehmung zusammen.

Zunächst sind Prognosen über die Wachstumsaussichten der Branche, in der das betrachtete Unternehmen überwiegend tätig ist, anzustellen. Hierbei ist der Analytiker auf seine Kenntnisse der gesamtwirtschaftlichen Entwicklungen und Zusammenhänge, auf Strukturuntersuchungen und Prognosen der wirtschaftswissenschaftlichen Institute, auf Presseveröffentlichungen und dergleichen angewiesen.

Wenn solche Vorstellungen über die mögliche Entwicklung und Expansion der Branche gebildet worden sind, konzentrieren sich die Untersuchungen auf die Wachstumsträchtigkeit des interessierenden Unternehmens, insbesondere darauf, ob es vom Markt gegebene Investitionsmöglichkeiten auch finanzieren kann.

Eine erste Kennzahl, die unter Verwendung des den „Innenfinanzierungsspielraum" repräsentierenden Cashflow gebildet wird, stellt die folgende Relation dar:

$$\textbf{Wachstumsmöglichkeiten} = \frac{\text{Cashflow}}{\text{Gesamtkapital}} \cdot 100$$

Die so definierten Wachstumsmöglichkeiten werden also umso besser angesehen, je weiter diese Kennzahl über denen der Konkurrenten oder des Branchendurchschnitts liegt. Im Zeitvergleich ist die Aussage möglich, dass sich mit einem Steigen der Kennzahlenwerte die Wachstumsaussichten verbessern. Dafür muss sich die Analyse aber mindestens über einen Untersuchungszeitraum von vier Jahren erstrecken.

Weitere Einflüsse auf die Wachstumsfinanzierung und damit -realisierung gehen von der Eigenkapitalausstattung des Unternehmens aus. Wir ziehen die schon früher ermittelte Eigenkapitalquote heran:

$$\textbf{Eigenkapitalquote} = \frac{\text{bilanzanalytisches Eigenkapital}}{\text{bilanzanalytisches EK + Fremdkapital}} \cdot 100$$

Empirische Untersuchungen haben ergeben, dass diese Kapitalstrukturkennzahl bei überdurchschnittlich wachsenden Unternehmen größer ist als bei stagnierenden Unternehmen. Das Wachstum kann also als umso wahrscheinlicher eingeschätzt werden, je höher die Kennzahl im Vergleich mit dem Branchendurchschnitt liegt.

Daneben ist zu prüfen, inwieweit die Unternehmung in der Lage sein wird, ihren bisherigen Finanzierungsspielraum durch Zuführung neuen Kapitals zu erweitern.

Bezüglich der Aufnahme neuen Fremdkapitals machen wir uns an dieser Stelle die Ergebnisse der Analyse zur „Solidität der Finanzierung" zunutze.

Die Chancen zur Erlangung neuen Eigenkapitals durch die Ausgabe junger Aktien – u. U. als erste Maßnahme zur Erhöhung des Haftungskapitals als Voraussetzung für weiteres Fremdkapital – beurteilen wir bei Aktiengesellschaften anhand des ebenfalls schon früher ermittelten Börsenwertes und der Price-Earnings-Ratio.

Hohe Börsenwerte im Vergleich zum Bilanzwert und hohe Kurs-Gewinn-Verhältnisse deuten die Bereitschaft des Börsenpublikums zur Aufnahme junger Aktien des Unternehmens an.

Auch der Rücklagenanteil muss in diesem Zusammenhang noch einmal betrachtet werden. Ein hoher Rücklagenanteil macht u. U. eine Kapitalerhöhung aus Gesellschaftsmitteln, also die Ausgabe von liquiditätsunwirksamen Berichtigungsaktien – auch „Gratisaktien" genannt–, zur Vorbereitung einer ordentlichen, neue finanzielle Mittel einbringenden Kapitalerhöhung erforderlich.

Daneben ist natürlich zu prüfen, wann die Unternehmung die letzte ordentliche Kapitalerhöhung durchgeführt hat.

Nicht zuletzt muss der Analyst auch versuchen, eine Vorstellung von der Zusammensetzung des bisherigen Aktionärskreises zu bekommen, um einschätzen zu können, ob die Eigentümer überhaupt zu einer Veränderung des Grundkapitals bereit sind. Eine Kapitalerhöhung durch Ausgabe junger Aktien bedarf gem. § 182 Abs. 1 AktG einer Dreiviertelmehrheit des auf der Hauptversammlung vertretenen Grundkapitals.

Unter Umständen hat die Gesellschaft auch schon Vorsorge für eine sich künftig als nötig oder nützlich erweisende Kapitalerhöhung getroffen und sich schon früher eine solche von der Hauptversammlung „genehmigen" lassen. Entsprechende Hinweise finden sich in der Bilanz oder im Lagebericht.

LITERATURHINWEISE

Baetge, J./Armeloh, K.-H.: Vermögensstrukturanalyse, a. a. O.

Coenenberg, A. G.: Jahresabschluß und Jahresabschlußanalyse, a. a. O.

Küting, K./Kessler, H.: Finanzwirtschaftliche Bilanzanalyse: Grundlagen und Investitionsanalyse, in: DStR 1992, S. 994-999;

Küting, K./Weber, C. P.: Die Bilanzanalyse, a. a. O.

Lachnit, L.: Bilanzanalyse, a. a. O.

Schult, E./Brösel, G.: Bilanzanalyse, 12. Aufl., a. a. O.

3. Teil: Kapitalmarktorientierte Analyse von Konzernjahresabschlüssen

Die „Kapitalmarktorientierung" des 3. Teils dieses Buches ergibt sich daraus, dass in seinem Mittelpunkt **Konzernjahresabschlüsse** stehen, deren wichtigste Funktion darin besteht, Informationen über die wirtschaftliche Situation der Unternehmen – meistens sind es Kapitalgesellschaften in Form der börsennotierten Aktiengesellschaft – bereitzustellen. Ihre Adressaten sind vorzugsweise Kapitalanleger. Neueren Konzernabschlüssen liegen häufig nicht die bisher behandelten Rechnungslegungsvorschriften des HGB, sondern die **International Financial Reporting Standards (IFRS)** zugrunde, deren ausdrückliches Ziel die Versorgung der Investoren mit entscheidungsrelevanten Informationen ist. Außerdem sind im Zusammenhang mit der Propagierung der Maximierung des Shareholder-Values als vorrangiges Unternehmensziel Konzepte und Kennzahlen der wertorientierten Unternehmensführung entwickelt worden. Sie sollen die Kapitalmarktkommunikation fördern und stehen damit in direktem Zusammenhang mit dem Jahresabschluss und seiner Analyse.

1. Besonderheiten und Grundlagen der Analyse von Konzernabschlüssen

1.1 Methodische Vorbemerkungen

Das bisher vorgestellte bilanzanalytische Instrumentarium mit dem Schwerpunkt der Kennzahlenbildung und -interpretation sowie der Ursachenforschung bei Auffälligkeiten und der Prognose der künftigen Entwicklung kann grundsätzlich auch auf Konzernjahresabschlüsse angewendet werden. Es sind jedoch einige Besonderheiten zu beachten und weitere Möglichkeiten zu nutzen. Sie ergeben sich aus:

- den Charakteristika der Konzernabschlüsse selbst,
- den besonderen Bilanz- und Erfolgsrechnungspositionen in den Konzernjahresabschlüssen,
- den im Konzernabschluss zusätzlich bereitgestellten Informationen, insbesondere in der Segmentberichterstattung und in der Kapitalflussrechnung,
- der Kapitalmarktorientierung der IFRS, nach denen die Konzernjahresabschlüsse börsennotierter Unternehmen aufgestellt werden müssen.

Im Folgenden werden zunächst die **Besonderheiten des Konzernjahresabschlusses, sodann die konzernspezifischen Jahresabschlusspositionen** sowie der bilanzanalytische Umgang mit ihnen und schließlich die Möglichkeiten der Ausschöpfung des zusätzlichen Informationspotenzials dargestellt. Bei der Auswertung der Segmentberichtserstattung werden Konzepte und Instrumente der „wertorientierten" Analyse und Unternehmensführung vorgestellt.

Die Ausführungen beziehen sich im Wesentlichen auf Konzernjahresabschlüsse, die nach den IFRS aufgestellt werden. Sie haben aber durchweg allgemeingültigen Charakter, da die HGB-Abschlüsse durch die **Deutschen Rechnungslegungsstandards** (DRS) des Deutschen Rechnungslegungs Standard Committees (DRSC) und die erfolgten und in Angriff genommenen Änderungen des HGB z. B. durch das Bilanzrechtsmodernisierungsgesetz (BilMoG) weitgehend mit den internationalen Regeln kompatibel sind.

1.2 Funktionen und Besonderheiten des Konzernjahresabschlusses

Ein Konzern ist definiert als eine Gruppe rechtlich selbstständiger Unternehmen, die unter der einheitlichen Leitung einer Obergesellschaft stehen. Daraus ergeben sich folgende für die Beurteilung der wirtschaftlichen Situation wichtige Aspekte:

- Konzernunternehmen **handeln i. d. R. nicht unabhängig** voneinander, sondern entwickeln ein abgestimmtes, von der Obergesellschaft beherrschtes oder beeinflusstes Verhalten mit entsprechenden Folgen für das Ergebnis und den Bilanzausweis;
- die **wirtschaftliche Entwicklung** der Einzelunternehmen ist weitgehend von der des Konzerns bzw. der Obergesellschaft abhängig (geht es der Obergesellschaft gut, geht es i. d. R. auch den Untergesellschaften gut – und vice versa);
- die **Verflechtung** bietet Möglichkeiten, den Ausweis der Vermögens-, Finanz- und Ertragslage in erheblichem Umfang zu verzerren, ja gar zu verfälschen (Beispiele: Gewinnverlagerungen innerhalb des Konzerns durch entsprechende Gestaltung der Verrechnungspreise, bei unterschiedlichen Bilanzstichtagen Verlagerung von liquiden Mitteln dorthin, wo sie für die Außendarstellung besonders benötigt werden etc.);
- durch **wechselseitige Beteiligungen** von Unternehmen (Aktientausch) wird der Eigenkapitalausweis in den Einzelbilanzen erhöht, ohne dass eine Kapitalzufuhr stattgefunden hat;
- eine schlichte Addition oder Summierung der Posten der Einzelbilanzen würde zu **Doppelerfassungen** führen: Würden z. B. die Aktiva der Töchter und die bei der Mutter ausgewiesenen Beteiligungen an den Töchtern einfach addiert, ergäben sich insgesamt zu hohe Aktiva, weil die Beteiligung ja gerade an diesen Aktiva besteht;
- bei unterschiedlichen Rechtsformen der zum Konzern gehörenden Unternehmen ist wegen der differenzierten Publizitätspflichten der Zugang zum Informationsmaterial nicht vollständig gegeben (z. B. bei Personenhandelsgesellschaften).

All dies führt dazu, dass die Obergesellschaften von Konzernen einen Konzernjahresabschluss erstellen müssen.

Er hat die Aufgabe „... unter Beachtung der Grundsätze ordnungsmäßiger Buchführung ein den tatsächlichen Verhältnissen entsprechendes Bild der Vermögens-, Finanz- und Ertragslage des Konzerns zu vermitteln" (§ 297 Abs. 2, Satz 2 HGB) und „... die Vermögens, Finanz und Ertragslage der einbezogenen Unternehmen so darzustellen, als ob diese Unternehmen insgesamt ein einziges Unternehmen wären" (§ 297 Abs. 3 HGB).

In Framework No. 12 der IFRS wird postuliert: „The objective of financial statements is to provide information about the financial position, performance and changes in financial position of an enterprise that is useful to a wide range of users in making economic decisions."

Gegenüber dem Einzelabschluss weist der Konzernabschluss folgende Besonderheiten auf:

(1) Es handelt sich um einen **rein betriebswirtschaftlichen Abschluss**, der lediglich Informations- und Dokumentationsfunktionen zu erfüllen hat;

(2) an ihn sind **keine Rechtswirkungen**, beispielsweise in Form von Ausschüttungsfolgen gegenüber den Anteilseignern, geknüpft;

(3) er ist für die Ermittlung des steuerlichen Gewinns unerheblich, stellt keine Grundlage für die Besteuerung dar, sodass Konzernbilanzpolitik und die Darstellung im Jahresabschluss unabhängig von steuerlichen Folgen betrieben werden können;

(4) **die Bilanzierungs-, Ausweis- und Bewertungswahlrechte können neu und anders wahrgenommen** werden als in den Einzelabschlüssen;

(5) er ist unter der **Fiktion der rechtlichen Einheit** sämtlicher in ihn einbezogener Unternehmen zu erstellen. Die Tochterunternehmen werden quasi als Teilbetriebe oder Abteilungen eines einzigen Unternehmens angesehen („Einheitstheorie"!);

(6) es gilt das **Weltabschlussprinzip**, d. h., unabhängig vom Standort sind alle zum Konzern gehörenden Unternehmen in den Jahresabschluss einzubeziehen.

Damit wird deutlich, dass der Konzernjahresabschluss ein geeignetes Instrument zur Darstellung der wirtschaftlichen Situation einer solchen Unternehmensgruppe mit all ihren Verknüpfungen, Abhängigkeiten und Interdependenzen darstellt und seine Funktion sowohl im Sinne des HGB wie auch der IFRS erfüllen kann.

Zurzeit erstellen die Gesellschaften ihren Einzelabschluss auf Basis des HGB zur Ermittlung des ausschüttungsfähigen Gewinns. Den Konzernabschluss hingegen publizieren sie nach den IFRS und bieten damit den Investoren bzw. Aktionären die erwünschten entscheidungsrelevanten Informationen an.

1.3 Die Art der Einbeziehung der zum Konzern gehörenden Einzelunternehmen in den Konzernjahresabschluss

Für das weitere bilanzanalytische Vorgehen ist das Verständnis der Grundlagen der Konzernrechnungslegung von großer Bedeutung. Deswegen sei auf einige Aspekte kurz eingegangen.

Die Art der Einbeziehung der verschiedenen Beteiligungsunternehmen in den Konzernabschluss richtet sich nach der **Intensität der Beziehung und der möglichen Einflussnahme durch die Obergesellschaft.**

Die intensivste Beziehung ist bei Mehrheitsbeteiligungen oder anderen faktischen Verhältnissen (Beherrschungs-, Gewinnabführungs- oder Betriebsüberlassungsverträge oder anderer „Kontrollmöglichkeiten"), die der Obergesellschaft eine „Beherrschung der Untergesellschaft ermöglichen (Mutter/Tochter-Beziehungen) gegeben. Solche „verbundenen Unternehmen" werden „vollkonsolidiert", d. h., die Aktiva und Passiva der einbezogenen Unternehmen werden addiert. Dabei wird der Buchwert der Beteiligung in der Bilanz der Muttergesellschaft allerdings mit dem anteiligen Eigenkapital in der Bilanz der Tochtergesellschaft verrechnet.

Unabhängig von der Höhe der Beteiligung werden die Vermögensgegenstände und Schulden mit ihren Werten in den Einzelbilanzen in die Konzernbilanz übernommen. Ist die Beteiligung kleiner als 100 %, wird eine Korrektur durch den „Ausgleichsposten für Anteile im Fremdbesitz", der auf der Passiv-Seite ausgewiesen wird, vorgenommen. Diese Art der Behandlung ist Folge der unterstellten Einheitstheorie, nach der Konzerngesellschafter und außenstehende Aktionäre die gleichen Interessen verfolgen.

Assoziierte Unternehmen, sind Gesellschaften, auf die die Obergesellschaft zwar keinen herrschenden, aber einen „maßgeblichen“ Einfluss ausübt. Sie werden nach der Equity-Methode zeitnah unter Berücksichtigung der Veränderung der Rücklagen in der Tochtergesellschaft bewertet. Es findet keine Konsolidierung, also keine Zusammenfassung der Aktiva und Passiva, statt. Der bilanzielle Ausweis erfolgt in einer Position „Anteile an assoziierten Unternehmen“.

Gemeinschaftsunternehmen (Joint Ventures) werden gemeinschaftlich von mehreren Stammunternehmen geführt. Sie können nach Maßgabe der Quote, die das jeweilige Stammunternehmen am Gemeinschaftsunternehmen hält, nach den Regeln der Konsolidierung – aber eben nur anteilig – „quotenkonsolidiert“ in den Konzernjahresabschluss übernommen werden. Die Quotenkonsolidierung ist Folge der Interessentheorie: Die konzernfremden Anteilseigner verfolgen ihre eigenen Interessen. Alternativ dazu ist eine „Equity-Bewertung“ möglich.

Unternehmen, mit denen ein Beteiligungsverhältnis besteht, auf die aber nicht einmal ein „maßgeblicher“ Einfluss von der Obergesellschaft ausgeübt werden kann, werden zu fortgeführten Anschaffungskosten bewertet und in der entsprechend bezeichneten Position (z. B. Sonstige Beteiligungen) in der Konzernbilanz ausgewiesen.

MERKE

Konsolidierung

Verrechnung der Jahresabschlusspositionen von Mutter- und Tochterunternehmen und Zusammenfassung in einem Konzernabschluss: Addition der Aktiva und Passiva sowie der Erträge und Aufwendungen, Verrechnung der konzerninternen Forderungen und Verbindlichkeiten.

Vollkonsolidierung

bei Mehrheitsbeteiligungen und herrschendem Einfluss: Der Beteiligungsbuchwert in der Bilanz der Mutter wird mit dem anteiligen Eigenkapital in der Bilanz der Tochter verrechnet; 100 %ige Übernahme der Aktiva und Passiva sowie der Erträge und Aufwendungen; Eliminierung von Zwischengewinnen und -verlusten.

Quotenkonsolidierung

bei Gemeinschaftsunternehmen: Es werden nur die der Beteiligung entsprechenden Anteile an den Vermögenswerten konsolidiert.

Equity-Bewertung

bei assoziierten Unternehmen: Keine Konsolidierung i. e. S., sondern Ausweis als „Beteiligung“, deren Wert aber nicht zu Anschaffungskosten angesetzt, sondern zeitnah ermittelt wird.

Anschaffungskosten-Bewertung

wie im Einzeljahresabschluss bei Beteiligungen ohne maßgeblichen Einfluss.

1.4 Beispiel zur Vollkonsolidierung

Charakteristisch für den Konzernjahresabschluss ist die Vollkonsolidierung. Sie wird hier an einem sehr vereinfachten Beispiel vorgestellt. Gegeben seien folgende Bilanzen der Mutter- und einer Tochtergesellschaft:

Bilanz der Mutterunternehmung (MU)			
Sachanlagevermögen	500	Eigenkapital	300
Finanzanlagevermögen: Beteiligung TU	100	Fremdkapital	700
Umlaufvermögen	400		
	1.000		1.000

Bilanz der Tochterunternehmung (TU)			
Sachanlagevermögen	200	Eigenkapital	100
Umlaufvermögen	400	Fremdkapital	500
	600		600

Die Mutterunternehmung sei zu 100 % an der Tochterunternehmung beteiligt.

Im Rahmen der Konsolidierung werden zunächst die Aktiva und Passiva addiert. Das wäre auch bei einer geringeren als 100 %igen Beteiligung der Fall. Dann allerdings wäre ein „Ausgleichsposten für Anteile im Fremdbesitz“ auf der Passiv-Seite zu bilden, in dem der das Vermögen mindernde Anteil fremder Gesellschafter in einer Summe zusammengefasst gezeigt wird.

Nicht in die Konzernbilanz übernommen werden darf der Buchwert der Beteiligung in der Bilanz der Muttergesellschaft, denn der Konzern kann ja nicht „an sich selbst“ beteiligt sein. Der Buchwert der Beteiligung wird mit dem anteiligen Eigenkapital in der Bilanz der Tochtergesellschaft „verrechnet“. Statt „Beteiligungen“ stehen nun Vermögensgegenstände des Sachanlagevermögens und Schulden in der **(Konzern-)** Bilanz.

Das ist in diesem Fall einfach, weil der Beteiligungsbuchwert und das anteilige Eigenkapital gleich groß sind.

KONZERNBILANZ			
Sachanlagevermögen	700	Eigenkapital	300
Umlaufvermögen	800	Fremdkapital	1.200
	1.500		1.500

I. d. R. entspricht aber der Beteiligungsbuchwert in der Bilanz der Mutterunternehmung nicht dem Wert des anteiligen Eigenkapitals in der Bilanz des Tochterunternehmens: Es entstehen Unterschiedsbeträge, die aktivisch (Buchwert > anteiliges Eigenkapital) oder passivisch (Buchwert < anteiliges Eigenkapital) sein können.

Bilanz der Mutterunternehmung (MU)			
Sachanlagevermögen	500	Eigenkapital	500
Finanzanlagevermögen: Beteiligung TU	300	Fremdkapital	700
Umlaufvermögen	400		
	1.200		1.200

Bilanz der Tochterunternehmung (TU)			
Sachanlagevermögen Umlaufvermögen	200 400	Eigenkapital Fremdkapital	100 500
	600		600

Diese Unterschiedsbeträge ergeben sich daraus, dass der Kaufpreis der Beteiligung unter Berücksichtigung der stillen Reserven oder möglicher stiller Lasten höher oder niedriger war als die bilanzierten Werte in der Bilanz des Tochterunternehmens.

Bei der Konsolidierung wird der aktivische Unterschiedsbetrag, soweit er sich aus stillen Reserven ergibt, den entsprechenden Vermögensgegenständen zugeordnet. Die Reserven werden insoweit aufgelöst. Ein darüber hinaus verbleibender Betrag stellt den **Geschäftswert** dar, der als ein besonderes Aktivum in der Bilanz gezeigt wird. Ein passivischer Unterschiedsbetrag wird als besondere Position auf der Passiv-Seite gezeigt und bilanzanalytisch – wie später zu begründen sein wird – dem Eigenkapital oder den Rückstellungen zugeordnet.

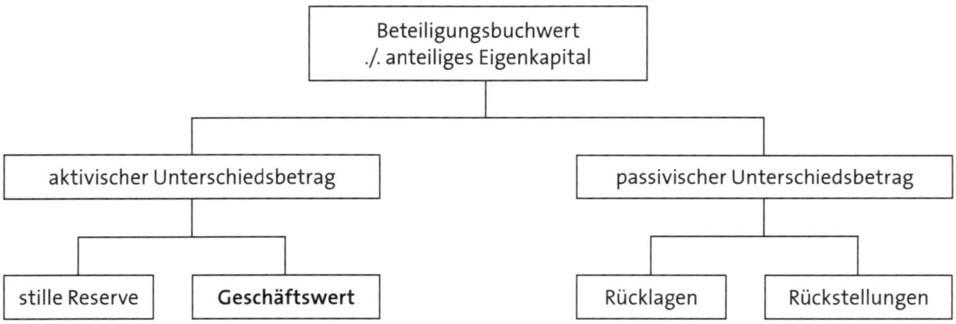

Angenommen, im o. g. Beispiel sei in der Bilanz der Tochter

das Sachanlagevermögen mit 50 GE und
das Umlaufvermögen mit 70 GE

unterbewertet.

Dann entfallen von dem Differenzbetrag zwischen dem Beteiligungsbuchwert (300 GE) und dem anteiligen Eigenkapital (100 GE) in Höhe von 200 GE, auf die stillen Reserven 120 GE, die den Vermögensgegenständen zugerechnet werden. Als Geschäftswert verbleibt ein Restbetrag von 80 GE, der als Aktivum in die Konzernbilanz eingeht.

Konzernbilanz			
Immaterielle VG: Geschäftswerte Sachanlagevermögen (700+50) Umlaufvermögen (800+70)	 80 750 870	 Eigenkapital Fremdkapital	 500 1.200
	1.700		1.700

Im nächsten Abschnitt befassen wir uns ausführlich mit der bilanzanalytischen Behandlung der Geschäftswerte.

LITERATURHINWEISE

Budde, D./Steuber, E.: Rückwirkung des Konzernabschlusses auf den Einzelabschluss, in: BB, 55. Jg. 2000, S. 971-977;

Coenenberg, A. G.: Jahresabschluß und Jahresabschlußanalyse, a. a. O.

Gräfer, H./Scheld, G. A.: Grundzüge der Konzernrechnungslegung, 8. Aufl. 2003.

Küting, K./Weber, C. P.: Die Bilanzanalyse, a. a. O.

Wagenfeld, A.: Bilanzierung und Bilanzanalyse, a. a. O.

2. Zusätzliche Bilanz- und Erfolgsrechnungspositionen und ihre Problematik

2.1 Geschäfts- und Firmenwerte

Als Folge der vielen Unternehmensakquisitionen in den letzten Jahren haben die Jahresabschlussposition „Geschäfts- und Firmenwerte" – international „good will" – und ihre bilanzanalytische Behandlung erheblich an Bedeutung gewonnen. Für den derivaten Geschäfts- oder Firmenwert besteht gem. § 246 Abs. 1 Satz 4 HGB ebenso eine Aktivierungspflicht wie nach internationaler Rechnungslegungsvorschrift. HGB (planmäßige Abschreibung des Goodwill) und IFRS (Impairment Only Approach) unterscheiden sich lediglich in der Folgebewertung des Goodwills.

Sowohl wegen ihrer ungewissen Werthaltigkeit wie aber auch wegen der mannigfachen, unterschiedlichen Behandlungsmöglichkeiten bei der Bilanzierung und Bewertung stellen die Geschäfts- und Firmenwerte bezüglich ihrer bilanzanalytischen Behandlung ein besonderes Problem dar. Das sei kurz erläutert:

Der derivative Geschäfts- oder Firmenwert ergibt sich als Differenz zwischen dem für ein erworbenes Unternehmen bezahlten Kaufpreis und der dafür erhaltenen Substanz (zeitnah bewertete Aktiva abzüglich Passiva).

Kaufpreis für erworbenes Unternehmen	
./.	**Substanzwert**
	(zeitnah bewertete Aktiva
	./. Passiva
	+ nicht bilanzierte Vermögensgegenstände
	./. ggf. nicht bilanzierte Schulden)
=	**Geschäfts- oder Firmenwert**

Im **Einzeljahresabschluss** ist ein Geschäfts- oder Firmenwert nur dann auszuweisen, wenn das erworbene Unternehmen aufgelöst und seine Aktiva und Passiva auf das erwerbende Unternehmen übergegangen sind. Falls die Akquisition als eigenständiges Unternehmen weitergeführt wird, ist der gezahlte „good will" Teil des Beteiligungsbuchwertes.

Im **Konzernjahresabschluss** ist der Geschäfts- oder Firmenwert wie oben gezeigt wurde (S. 121) Teil des aktivischen Unterschiedsbetrages, aber auch dort entsteht er letztlich aus der Differenz zwischen Kaufpreis und erhaltener Substanz.

Damit stellt sich die Frage, worauf diese Differenz und der aus bilanzieller Sicht „erhöhte" Kaufpreis zurückzuführen sind. Dafür bieten sich mehrere tatsächliche oder argumentative Gründe an:

- der Geschäftswert ist ein Ausgleich für den Wert bilanziell nicht greifbarer Werte des übernommenen Unternehmens (effiziente Organisation, Reputation auf den Märkten, Wertschätzung und Qualität der Produkte etc.);
- die Unternehmensakquisition und die in dem Zusammenhang gezahlten Geschäftswerte sind sinnvoll, um Liefer- und Absatzbeziehungen zu verbessern oder zu sichern;
- es werden Synergie-Effekte in Entwicklung, Produktion und Absatz erwartet, die die Zahlung von Geschäftswerten begründen;
- Unternehmenswachstum, Umsatz und Ertrag werden „hinzugekauft" und nicht durch eigene, langwierige Aktivitäten erworben.

Was immer die Gründe im Einzelnen sein mögen – gelegentlich sind sie auch schlicht in den Eitelkeiten der Vorstände begründet – eines wird deutlich: Geschäfts- und Firmenwerte sind bezüglich ihrer Werthaltigkeit eine unsichere Position. Sie können als **„bezahlte Gewinnerwartungen oder -hoffnungen"** bezeichnet werden, deren Erfüllung offen ist. Jedenfalls hat sich in der Vergangenheit mehrfach gezeigt, dass die Geschäfts- und Firmenwerte überbezahlt worden sind.

Aus den beschriebenen Gründen empfiehlt sich folgende bilanzanalytische Behandlung:

- Kürzung des bilanzanalytischen Eigenkapitals um die aktivierten Geschäftswerte und Eliminierung dieses immateriellen Vermögensgegenstandes aus der Aktiv-Seite der Bilanz. Auf diese „lehrbuchmäßige" Behandlungsweise kann natürlich verzichtet werden, wenn die Werthaltig- und Realisierbarkeit des Geschäfts- oder Firmenwertes bekannt sind. Auch teilweise Eliminierungen und Korrekturen sind vorstellbar;
- innerhalb der Erfolgsrechnung sind die Abschreibungen (amortizations) auf Geschäftswerte dem Betriebsergebnis hinzuzurechnen und im Bewertungsergebnis zu berücksichtigen;
- im Falle des Unternehmens-, Betriebs- oder Branchenvergleichs müssen die Geschäfts- und Firmenwerte sowie die darauf erfolgten Abschreibungen im Rahmen der Aufbereitung des Datenmaterials „normiert" oder „standardisiert" werden, indem gleiche Nutzungsdauern unterstellt werden.

LITERATURHINWEISE

Baetge, J./Kirsch, H.-J./Thiele, S.: Bilanzanalyse, a. a. O.

Coenenberg, A. G.: Jahresabschluß und Jahresabschlußanalyse, a. a. O.

Lachnit, L./Müller, S.: Bilanzanalytische Behandlung von Geschäfts- oder Firmenwerten, in: KoR 2003, S. 540-550.

Lachnit, L./Ammann, H./Müller, S./Wulf, I.: Geschäfts- oder Firmenwert als Problem der Konzernabschlussanalyse, in: WPg 52. Jg. 1999, S. 677-688.

Küting, K.: Beim Geschäfts- und Firmenwert ist vieles reine Willkür, FAZ vom 9. 2. 1995.

2.2 Passivischer Unterschiedsbetrag

Auch ein in der Konzernbilanz ausgewiesener „Passivischer Unterschiedsbetrag" resultiert aus der Kapitalkonsolidierung, also aus dem Unterschied zwischen dem Buchwert der Beteiligung im Einzelabschluss des Mutterunternehmens und dem anteiligen Eigenkapital an dem betreffenden Konzernunternehmen. In diesem Fall hat die erwerbende Unternehmung einen geringeren Kaufpreis für das Beteiligungsunternehmen bezahlt, als sie an erworbener Substanz (zeitnah bewertetes Vermögen minus Schulden) erhalten hat.

Je nach der Art des Zustandekommens hat der passivische Unterschiedsbetrag Eigen- oder Fremdkapitalcharakter und ist bilanzanalytisch entsprechend zu behandeln und zu würdigen.

Eigenkapitalcharakter hat er, wenn der gezahlte Kaufpreis niedriger ist, als die dafür erhaltene Substanz. Man spricht von einem „lucky buy", einem günstigen Kauf. Die erwerbende Unternehmung hat infolge glücklicher Umstände, starker Verhandlungsmacht oder Verhandlungsgeschick „erfolgreich" eingekauft. Er ist in diesem Fall als Rücklage zu interpretieren und Bestandteil des Konzerneigenkapitals. Im Rahmen der Aufbereitung wird er folglich dem bilanzanalytischen Eigenkapital hinzugerechnet.

Fremdkapitalcharakter hat der passivische Unterschiedsbetrag, wenn er sich beim Erwerb eines ertragsschwachen Unternehmens, infolge pessimistischer zukünftiger Ertragserwartungen oder z. B. wegen der Übernahme möglicher Altlasten daraus ergibt, dass dies schon im Kaufpreis vorweggenommen wurde, der Kaufpreis also niedriger als der Substanzwert ist. Der Unterschiedsbetrag ist in diesem Fall wie ein Zuschuss zur Verbesserung der Ertragslage oder als Dispositionsreserve für Folgeperioden zu interpretieren. Unter diesen Voraussetzungen hat er eher Rückstellungscharakter und wird bilanzanalytisch dem Fremdkapital zugeordnet.

Allerdings sind die Ursachen für passivische Unterschiedsbeträge dem externen Analysten i. d. R. nicht bekannt. In Ermangelung der notwendigen Informationen und aus Vorsichtsgründen wird dann dem Fremdkapital zugerechnet, um zu verhindern, dass das bilanzanalytische Konzerneigenkapital zu hoch ausgewiesen wird.

2.3 Unterschiedsbetrag aus Währungsumrechnungen

Differenzen aus Währungsumrechnungen sind uns bereits aus dem Einzeljahresabschluss bekannt. Dort bezieht sich die Umrechnung auf einzelne Abschlusspositionen. Die Buchwerte von Forderungen und Verbindlichkeiten in fremder Währung müssen am Bilanzstichtag dahingehend überprüft werden, ob sich ihr Wert infolge einer Änderung der Paritäten zwischen der Fremdwährung und dem Euro verändert hat. Wertänderungen, die zu einer Abwertung von Forderungen bzw. einer Aufwertung von Verbindlichkeiten geführt haben, werden erfolgswirksam im Jahresabschluss berücksichtigt und machen bilanzanalytisch keine Probleme. Dieser Fall interessiert an dieser Stelle nicht weiter.

Im Falle des **Konzernjahresabschlusses** hingegen, versteht man unter Währungsumrechnung eine solche, die für die Übernahme eines in einer konzernfremden Währung aufgestellten Einzelabschlusses in den Konzernabschluss notwendig ist. Sie ist Folge des Weltabschlussprinzips, nach dem alle in- und ausländischen Tochterunternehmen in den Konzernabschluss einzubeziehen sind. Die Einzelabschlüsse ausländischer Tochtergesellschaften, die zunächst in ausländischer Währung aufgestellt sind, müssen in Euro umgerechnet werden. Mithin besteht die Aufgabe der Währungsumrechnung darin, die Abschlüsse der einbezogenen Unternehmen zu vereinheitlichen und damit deren Zusammenfassung zum Konzernabschluss zu ermöglichen.

Aus der Fülle der bekannten Währungsumrechnungsmethoden soll hier nur die nach IFRS vorgesehene **„Methode der Funktionalen Währung"** vorgestellt werden, die inzwischen auch in HGB-Konzernjahresabschlüssen angewendet wird. Nach diesem Konzept ist die „funktionale Währung" zunächst diejenige Währung, in der eine ausländische Tochtergesellschaft ihre finanziellen Mittel überwiegend erwirtschaftet oder leistet. Der in dieser Währung aufgestellte Abschluss ist in die Konzernwährung – in unserem Fall in Euro – umzurechnen. Je nach Selbstständigkeitsgrad der Tochtergesellschaft erfolgt die Transformation in die Konzernwährung entweder nach der Stichtags- oder nach der Zeitbezugsmethode. Für beide Methoden gilt als Grundlage der **Mittelkurs zwischen Geldkurs** (Ankaufskurs der Banken) und dem Briefkurs (Verkaufskurs der Banken) am Bilanzstichtag.

Für weitgehend **selbstständige Tochterunternehmen**, d. h. für Gesellschaften, die im Ausland überwiegend unabhängig von hiesigen Konzerngesellschaften operieren und die nicht oder nur wenig in den konzerninternen Lieferungs- und Leistungsverkehr einbezogen sind, wird die **modifizierte Stichtagskursmethode** (Interessentheorie) angewendet. Danach erfolgt eine lineare Transformation der Bilanzpositionen nach den Mittelkursen am Bilanzstichtag; das Eigenkapital allerdings wird zu historischen Kursen (Anschaffungskurs beim Erwerb oder Gründung) angesetzt. Die Positionen der Erfolgsrechnung werden zu Durchschnittskursen des Jahres, des Monats oder der Woche ihrer Verursachung umgerechnet.

Die Abschlusspositionen von **eingegliederten, in den Konzernliefer- und -leistungsprozess integrierten Tochtergesellschaften** werden nach der Zeitbezugsmethode (Einheitstheorie) umgerechnet, um zu berücksichtigen, dass ihre Aktivitäten direkten Einfluss auf die Konzern-Cashflows haben. Dabei gilt für die Bilanz, dass die Umrechnung bei Vermögensgegenständen, Verbindlichkeiten, liquiden Mitteln, Rückstellungen und Forderungen zum Mittelkurs zum Zeitpunkt des Erwerbs oder der Herstellung erfolgt. Vorräte, Rücklagen und das gezeichnete Eigenkapital werden zu historischen Kursen angesetzt. Für die Positionen der Erfolgsrechnung gilt, dass die Abschreibungen und Zuschreibungen auf Basis historischer Kurse angesetzt werden, alle übrigen Aufwendungen wie Material, Personal und sonstiger Aufwand, zu Jahresdurchschnittskursen umgerechnet werden.

Bei der Umrechnung in die Konzernwährung ergeben sich i. d. R. Differenzen gegenüber den Vorjahresansätzen, die lediglich durch von der Unternehmung nicht zu beeinflussende Veränderungen der Währungen verursacht sind und in keinem direkten Zusammenhang mit der betrieblichen Leistungserstellung und -verwertung stehen. Solche **„Währungsdifferenzen"** werden im

Konzernabschluss unterschiedlich behandelt, je nachdem ob es sich um selbstständige oder integrierte Tochtergesellschaften handelt:

Währungsdifferenzen aus der Einbeziehung **integrierter, eingegliederter Tochtergesellschaften** gehen **erfolgswirksam** in die Gewinn- und Verlustrechnung ein, senken oder steigern also den Jahreserfolg und die daraus entstandenen Cashflows des Konzerns.

Differenzen aus der Umrechnung der **Abschlüsse selbstständiger Tochterunternehmen** hingegen werden erfolgsneutral direkt im Konzerneigenkapital und dort bzw. in der **Eigenkapitalveränderungsrechnung** als besondere Position **„Differenzen aus Währungsumrechnung"** gezeigt, haben also auf den Konzernjahreserfolg keinen Einfluss. Erfolgswirksam werden sie erst bei Verkauf oder Auflösung der Tochtergesellschaft berücksichtigt.

Damit stellt sich im Zusammenhang mit der **Jahresabschlussanalyse** die Frage, wie mit dieser Position umzugehen ist: Soll man den Konzernerfolg um die nicht erfolgswirksam berücksichtigten, aber im Geschäftsjahr entstandenen Werterhöhungen oder -minderungen korrigieren oder soll man es bei der bilanziellen Behandlung belassen?

Zur angemessenen **Beurteilung des Jahreserfolges** ist es wohl zweckmäßig, diesbezüglich keine Korrektur des ausgewiesenen Ergebnisses vorzunehmen, weil die Differenzen in keinem Zusammenhang mit der betriebswirtschaftlichen Leistung stehen, schon im nächsten Jahr durch neue Währungsveränderungen ausgeglichen werden können und möglicherweise nie oder erst bei Aufgabe der Beteiligung realisiert werden.

Allerdings sollten solche „Vermögensänderungen" in die Gesamtbeurteilung der wirtschaftlichen Situation – besonders im Zusammenhang mit der Vermögens- und Eigenkapitalanalyse – einfließen und entsprechend Beachtung finden, wobei auch die Einschätzung der künftigen Währungsparitäten eine Rolle spielen dürfte. Dabei ist zwischen einem aktivischen und passivischen Ausgleichsposten für die Währungsumrechnung zu unterscheiden:

Ein passivischer Ausgleichsposten entsteht, wenn durch die Währungsumrechnung der Wert der Vermögensgegenstände stärker gestiegen ist als der der Schulden.

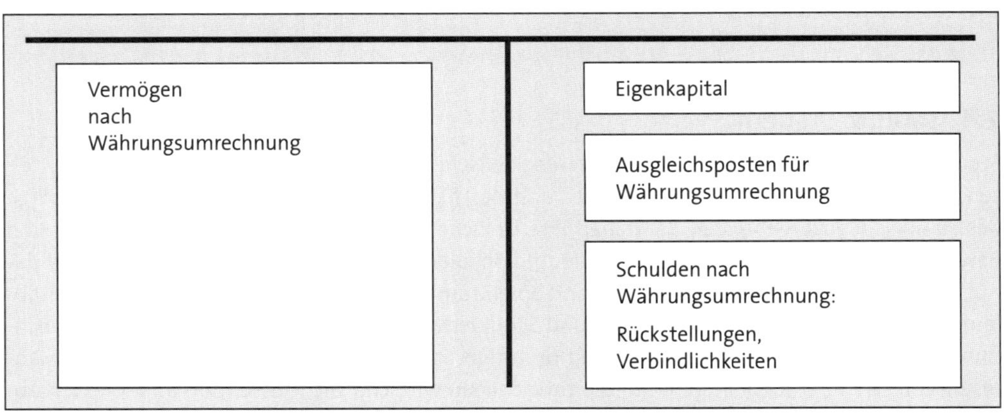

Es handelt sich um eine (echte) Vermögensmehrung. Wenn mit einer Stabilität der Paritäten oder einer weiteren Steigerung des Wertes der fremden Währung zu rechnen ist, kann es bei der Interpretation als Konzerneigenkapital bleiben.

Ein aktivischer Ausgleichsposten entsteht, wenn die Umrechnung eine Vermögensreduktion bzw. ein stärkeres Steigen der Schulden zur Folge hat:

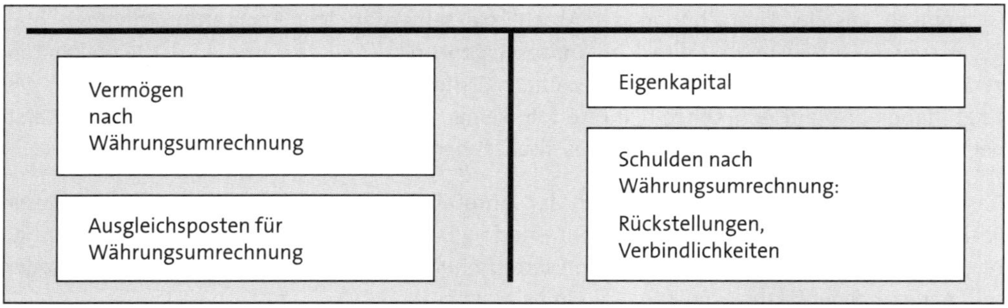

In diesem Fall dient der Ausgleichsposten der Herstellung der „Bilanzgleichheit“ von Aktiva und Passiva – formal ähnlich einem „nicht durch Eigenkapital gedeckten Fehlbetrag“. Bilanzanalytisch empfiehlt sich aus Vorsichtsgründen ein Abzug vom Konzerneigenkapital, weil es sich nicht um eine Vermögensposition handelt, die zur Schuldentilgung nutzbar gemacht werden kann.

LITERATUR

Küting, K./Weber, C. P.: Die Bilanzanalyse, a. a. O.

Lachnit, L./Ammann, H.: Währungsumrechnung als Problem einer tatsachengetreuen Darstellung der wirtschaftlichen Lage im Konzernabschluss, in: WPg 51.1g. 1998, S. 751-766.

Löw, E./Lorenz, K.: Währungsumrechnung nach EDRS 18 und nach den Regelungen des IASB, in: BB, 57. Jg. 2002, S. 2543-2547.

2.4 Latente Steuern

Steuerlatenzen ergeben sich aus der Differenz zwischen der auf Basis der Steuerbilanz ermittelten effektiven Steuerbelastung einerseits und der fiktiv ermittelten Belastung auf Grundlage des Handelsbilanzergebnisses. Sie haben ihre Ursache in unterschiedlichen Bilanzansätzen und Bewertungen der Vermögensgegenstände und Schulden in beiden Rechenwerken und sind damit häufig eine Folge von Wahlrechten und Spielräumen. Sofern sich die Differenzen im Zeitablauf durch Angleichung der Vermögens und Schuldenwerte bzw. die Positionen der Erfolgsrechnung aufheben (timing differences), sind derartige Steuerlatenzen im handelsrechtlichen Jahresabschluss zu berücksichtigen, um die tatsächliche wirtschaftliche Situation angemessen abzubilden. Das sei zunächst etwas ausführlicher erläutert, um später auf die bilanzanalytische Behandlung einzugehen.

Aktivische latente Steuern ergeben sich, wenn der Handelsbilanzgewinn kleiner als der Steuerbilanzgewinn und damit die tatsächliche Steuerbelastung höher als die auf Grundlage der Handelsbilanz ermittelte fiktive Belastung ist. Wegen des Angleichens im Zeitablauf führt diese Situation in Zukunft zu einer geringeren Steuerzahlung (allerdings handelt es sich nicht um einen Steuererstattungsanspruch gegenüber dem Finanzamt, sondern lediglich um eine je nach wirtschaftlicher Entwicklung erwartete geringere Steuerbelastung). Der Differenzbetrag kann deswegen im Einzelabschluss als Rechnungsabgrenzungsposten „aktiviert" werden, was den Periodenerfolg und den Eigenkapitalausweis erhöht. Von diesem Wahlrecht wird allerdings selten Gebrauch gemacht, weil dies die zuvor betriebene Bilanzpolitik, die zu dem geringen Handelsbilanzgewinn geführt hat, konterkarieren würde.

Passivische latente Steuern entstehen, wenn die effektive Steuerzahlung niedriger als die fiktive, dem Handelsbilanzergebnis entsprechende Steuerbelastung ist. Im Zeitablauf muss in diesem Fall mit einer höheren Besteuerung gerechnet werden. Diese latente Schuld muss zwingend unter den Steuerrückstellungen passiviert werden, was den ausgewiesenen Jahreserfolg in der Handelsbilanz verringert.

Im Falle des **Konzernabschlusses** stellt sich der Sachverhalt noch etwas anders dar: Die sich aus den Steuerbilanzen der einbezogenen Unternehmen ergebenden tatsächlich zu zahlenden Steuern sind mit den fiktiven Steuern zu vergleichen, die sich ergeben würden, wenn der Konzern als Ganzes Steuerobjekt wäre. Neben den oben beschriebenen Gründen für das Entstehen von Steuerlatenzen im Einzelabschluss kommen nun noch **konzernspezifische** latente Steuern hinzu, die sich aus den **Konsolidierungsvorgängen** ergeben. Hinzu kommen künftige Steuerminderungen aus möglichen steuerlichen Verlustvorträgen. Auch hier entstehen aktivische und passivische Steuerlatenzen, die zur Abbildung der tatsächlichen wirtschaftlichen Lage im Konzernabschluss berücksichtigt werden müssen. Anders als im Einzelabschluss aber sind sowohl passivische wie auch aktivische latente Steuern bilanzierungspflichtig.

Damit stellt sich die Frage nach dem **bilanzanalytischen Umgang** mit diesen Positionen. Überwiegend wird die Meinung vertreten, dass die **aktivischen latenten Steuern** vom bilanzanalytischen Eigenkapital abzuziehen seien, weil ihre Bildung das Eigenkapital entsprechend erhöht hätte, sie aber keinen Vermögensgegenstand im bilanzrechtlichen Sinne (kein Zahlungsanspruch) darstellten und damit nicht zur „Schuldendeckung" dienlich sein könnten. In Analogie dazu würden die **passivischen Steuerlatenzen** dem bilanzanalytischen Eigenkapital hinzuzurechnen sein, weil sie zuvor das bilanzierte Eigenkapital vermindert hätten.

Man könnte jedoch auch argumentieren, dass aktivische latente Steuern wegen der ihnen zugrunde liegenden Bilanzpolitik ein Indiz für stille Reserven sind, die auf diese Weise zumindest teilweise im Eigenkapital erfasst werden. Passivische latente Steuern hingegen sind Folge einer Vorverlagerung von Betriebsausgaben gegenüber dem Aufwand in der Handelsbilanz und können damit als „Steuerstundung" interpretiert werden. Insofern wäre es auch bei der Berechnung des bilanzanalytischen Eigenkapitals bei der Passivierung als Steuerrückstellung zu belassen.

Der Charakter der fiktiven Steuern ist wegen der Mannigfaltigkeit ihrer Ursachen und der unterschiedlichen Berechnungsmöglichkeiten einschließlich der Wahl des Steuersatzes wenig eindeutig. Je nach Informationsstand wird der Analyst damit unterschiedlich umzugehen wissen.

LITERATUR

Krawitz, N.: Latente Steuern als Problem der Konzernbilanzanalyse, in: Lachnit, L./Freidank, C., Investorenorientierte Unternehmenspublizität, (Hrsg.), Wiesbaden 2000.

Selchert, F. W.: Latente Steuern in der Konzernabschlusspolitik, in: DStR 1994, S. 34-40.

Küting, K./Weber, C. P.: Die Bilanzanalyse, a. a. O.

2.5 Ausgleichsposten für Anteile im Fremdbesitz, Anteile anderer Gesellschafter, Anteile Konzernfremder

Im Sinne der Einheitstheorie handelt es sich bei den Anteilen außenstehender Gesellschafter ebenfalls um Konzerneigenkapital, wenngleich dies gesondert auszuweisen ist. Der in dieser Position gezeigte Betrag wird folglich bilanzanalytisch dem Konzerneigenkapital zugeordnet.

2.6 Gewinn- und Verlustanteile anderer Gesellschafter

Sofern für die Gewinnanteile Ausschüttungen vorzunehmen sind, sind diese Beträge aus dem Eigenkapital in kurzfristiges Fremdkapital umzugliedern.

Verlustanteile verkürzen als negative Eigenkapitalkomponente den Anteil der anderen Gesellschafter und damit auch das Konzerneigenkapital. Sie sind insofern auch bilanzanalytisch bereits richtig behandelt. Aufbereitungen im Sinne einer Kürzung des Eigenkapitals sind nicht erforderlich.

2.7 Erwirtschaftetes Kapital der Gruppe

Bei dem erwirtschafteten Kapital der Gruppe handelt es sich um Konzernrücklagen, die aber einen anderen Charakter als die Rücklagen im Einzelabschluss haben, weil in dieser Position schon zahlreiche Verrechnungen stattgefunden haben, so sind z. B. die passivischen Währungsdifferenzen und Differenzen aus der Schuldenkonsolidierung hier verrechnet worden, sofern sie nicht als besondere Position gezeigt wurden.

Das erwirtschaftete Kapital der Gruppe gehört zum Konzerneigenkapital. Umrechnungen sind nicht erforderlich.

Unter Berücksichtigung dieser besonderen Positionen im Konzernabschluss lässt sich das bilanzanalytische Konzerneigenkapital dann nach folgendem Schema ermitteln:

ABB. 31: Ermittlung des Konzerneigenkapitals, Formblatt

Bilanzanalytisches Konzerneigenkapital	2. Vorjahr	1. Vorjahr	Geschäftsjahr	Interpretation
Bilanziertes Eigenkapital ► gez. Kapital ► Rücklagen, erwirtschaftetes Kapital der Gruppe ► Anteile anderer Gesellschafter ► Jahresüberschuss bzw. Bilanzgewinn				Große Bedeutung des Eigenkapitals als Haftungsgrundlage. Das EK misst das Reinvermögen auf der Aktivseite, das nach Abzug der Schulden (Verbindlichkeiten und Rückstellungen) den Eigentümern im Liquidationsfall verbleibt.
– ausstehende Einlagen – Rücklagen f. eigene Anteile – aktivierte Geschäftswerte ± passivischer Unterschiedsbetrag aus Kapitalkonsolidierung – unterlassene Pensionsrückstell. + Abschreibungen auf FinAV bei nur vorübergehend. Wertminderung – zur Ausschüttung vorgesehene Beträge – anderen Gesellschaftern zustehender Gewinn, sofern auszuschütten ± passiv./aktivischer Ausgleichsposten für Währungsdifferenzen – aktivische latente Steuern + passivische latente Steuern				Das EK wird deswegen vorsichtig ermittelt. Es werden Kürzungen vom bilanzierten Eigenkapital vorgenommen für alle Vermögenspositionen, die gefährdet und im Insolvenzfall nicht zur Schuldentilgung verwertet werden können. Auch nicht bilanzierte Belastungen werden abgezogen (z. B. Pensionsverpflichtungen). Andererseits werden Hinzurechnungen vorgenommen für Vermögenswerte, die nicht bilanziert worden sind, z. B. stille Reserven, die allerdings extern nicht oder nur schwer erkennbar und abschätzbar sind.
= **bilanzanalytisches Konzerneigenkapital**				

3. Die Nutzung des Informationsgehaltes von Kapitalflussrechnungen (Statement of Cashflows)

3.1 Funktion und Charakteristika

Die Kapitalflussrechnung kann als Fortentwicklung des Cashflow-Konzepts aufgefasst werden. Indem sie diesen um solche Zahlungsgrößen, die sich nur in den Bilanzpositionen und nicht in der Gewinn und Verlustrechnung niederschlagen, erweitert, liefert sie damit nicht nur bessere Aussagen über das Aufkommen finanzieller Mittel, sondern auch Informationen über die Mittelverwendung. International wird sie deswegen auch als „statement of cashflows" bezeichnet. Ebenso wie der Cashflow knüpft sie an die Überlegungen an, die an Ertrags- und Aufwandsgrößen orientierte Erfolgsrechnung durch eine auf Zahlungsgrößen basierende Rechnung zu ergänzen. Neben die Gewinn- und Verlustrechnung als Erfolgsrechnung wird also die Kapitalflussrechnung als liquiditätsbezogene Zeitraumrechnung gestellt. Während Erstere im Ergebnis den

Gewinn oder Verlust (Jahresüberschuss oder Jahresfehlbetrag) und sein Zustandekommen in der Periode abbildet, zeigt die Kapitalflussrechnung die **Veränderung der Liquidität** und der sie bestimmenden Größen in Form von Ein- und Auszahlungen während des Abrechnungszeitraums.

ABB. 32: Kapitalflussrechnung als 3. Jahresrechnung neben Bilanz und Ergebnisrechnung

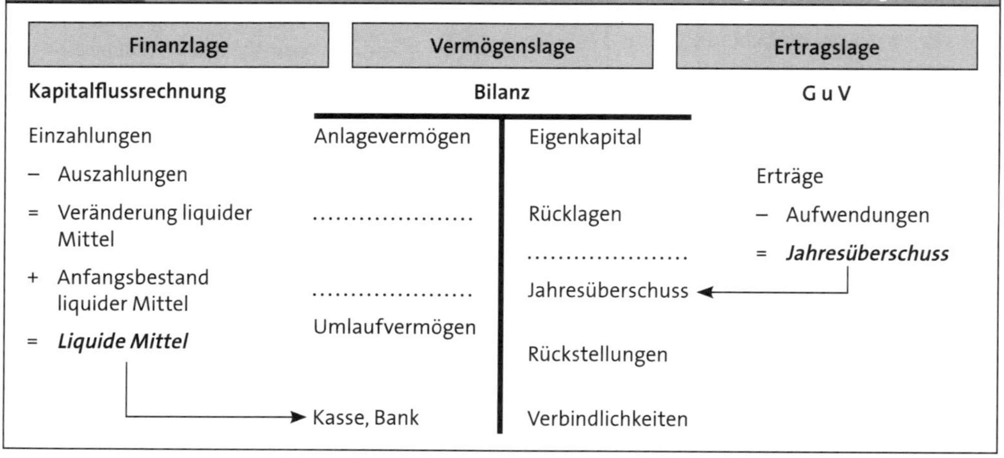

Die Kapitalflussrechnung ermöglicht es dem Analysten

- die Fähigkeit eines Unternehmens zur Erwirtschaftung von Zahlungsmitteln und zur Generierung zukünftiger Liquidität zu beurteilen,
- den Liquiditätsbedarf des Unternehmens im Zeitablauf abzuschätzen,
- Veränderungen der Vermögens- und Finanzstruktur des Unternehmens zu bewerten und
- die Vergleichbarkeit der Ertragslage verschiedener Unternehmen zu erleichtern, weil in dieser Rechnung die unterschiedlich eingesetzten Bilanzierungs und Bewertungsmethoden und -wahlrechte für gleiche Geschäftsvorfälle eliminiert werden.

Im Rahmen des Konzernjahresabschlusses ist die Publizität von Kapitalflussrechnungen inzwischen erfreulicherweise Pflicht (vgl. § 297 HGB und IAS 7). Sie stellt ein hervorragendes Instrument zur externen Beurteilung der Finanzlage dar.

Damit stehen wir jetzt vor drei Aufgaben: Zunächst sind zum weiteren Verständnis die Grundideen und der Aufbau von Finanzrechnungen allgemein darzulegen. Sodann ist zu zeigen, wie die Informationen dieser Rechnung analytisch zur Beurteilung der finanziellen Situation der Gesellschaft genutzt werden können. Schließlich ist zu skizzieren, wie aus externer Sicht eine Kapitalflussrechnung annäherungsweise in dem Fall aufgestellt werden kann, in dem die betrachtete Gesellschaft keine Finanzrechnung veröffentlicht.

3.2 Aufbau und Struktur

Glücklicherweise sind Tendenzen zu erkennen, die veröffentlichten Kapitalflussrechnungen nach einheitlichen Kriterien zu erstellen. Hierzu tragen insbesondere der 1998 verabschiedete IAS 7 des IASC und die gemeinsame Stellungnahme „Die Kapitalflussrechnung als Ergänzung des Jahres- und Konzernabschlusses" (HFA 1/1995) des Hauptfachausschusses des Instituts der Wirtschaftsprüfer und des Arbeitskreises „Finanzierungsrechnung" der Schmalenbach-Gesellschaft/Deutsche Gesellschaft für Betriebswirtschaft e.V. und auch der Deutsche Rechnungslegungsstandard Nr. 2 (DRS 2) des Deutschen Rechnungslegung Standard Committees bei. Diese drei wichtigsten und aktuellen Regelungen bzw. Empfehlungen sind miteinander kompatibel und unterscheiden sich nur in für unsere Zwecke unwesentlichen Details.

Die „Konstruktionsmerkmale" einer Kapitalflussrechnung bestehen darin, dass in ihrem Mittelpunkt ein **Finanzmittelfonds** steht, der aus der Bilanz ausgegliedert wird und üblicherweise aus den liquiden Mitteln (Position B/IV des Gliederungsschemas der Bilanz gem. § 266 Abs. 2 HGB) sowie den „sonstigen Wertpapieren" des Umlaufvermögens – soweit sie „liquiditätsnah" sind – besteht. In dem sogenannten **Fondsänderungsnachweis** oder der Fondsveränderungsrechnung wird die Veränderung des Bestandes an liquiden Mitteln im oben beschriebenen Sinne dargestellt. Es handelt sich dabei schlicht um den Saldo aus dem aus der Bilanz abzulesenden Bestand an liquiden Mitteln des Vorjahres und dem Bilanzstichtagswert des betrachteten Jahres.

In der dreiteiligen **Ursachenrechnung** wird diese Veränderung erläutert. Sie setzt sich aus den Bereichen „laufende Geschäftstätigkeit", „Investitionsbereich" und dem „Bereich der Finanzierungsaktivitäten" zusammen.

Im Bereich der **laufenden Geschäftstätigkeit** ergeben sich normalerweise Überschüsse der Einzahlungen über die Auszahlungen (Cashflow aus laufender Geschäftstätigkeit, operativer Cashflow, cashflow from operating activities). Im **Investitionsbereich** (Cashflow aus Investitionstätigkeit, ... investing activities) überwiegen i. d. R. die Auszahlungen. Werden die Salden der beiden Bereiche verglichen, ergibt sich ein Finanzbedarf oder ein Finanzüberschuss. Im Bereich der **Finanzierungsaktivitäten** wird schließlich gezeigt, wie durch Außenfinanzierungsmaßnahmen ein Bedarf gedeckt oder ein Überschuss verwendet wurde (Cashflow aus Finanzierungstätigkeit, ...financing activities). Eine verbleibende Differenz hat zwangsläufig eine Änderung des Finanzmittelfonds zur Folge: Ein weder durch Innen- noch durch Außenfinanzierungen kompensierter Finanzbedarf reduziert den Bestand an liquiden Mitteln, ein Überschuss aus in den anderen Bereichen nicht erfassten Vorgängen erhöht den Finanzmittelfonds. Dies kann durch den Vergleich der Bilanzposition „Kasse, Schecks, Postscheck und Bankguthaben" sowie ggf. der „Wertpapiere des Umlaufvermögens" in der aktuellen Bilanz mit der des Vorjahres leicht nachgeprüft werden.

Es handelt sich also um zwei Rechnungen: In der einen wird die Veränderung des Finanzmittelfonds, also der finanziellen Mittel, dargestellt, in der anderen, der Ursachenrechnung, wird herausgestellt, wie es zu dieser Veränderung gekommen ist.

Die enge Begrenzung des Fonds auf die liquiden Mittel und die liquiditätsnahen Wertpapiere ist für die Aussagefähigkeit wichtig, da Zahlungsvorgänge, die innerhalb des Fonds stattfinden, in der Ursachenrechnung nicht mehr auftauchen, weil sie den Finanzmittelbestand nicht verändern. Nur derjenige Teil der Geschäftsvorfälle, die sowohl den Fonds wie aber auch die in der Ursachenrechnung erfassten „Gegenkonten" berühren, wird abgebildet und damit nachvollziehbar.

Der Vorteil einer solchen Rechnung liegt darin, dass sie einerseits die Veränderungen des **bewertungsunabhängigen**(!) Finanzmittelfonds aufzeigt und Liquiditätsreduktionen und damit möglicherweise -engpässe bzw. -anspannungen signalisiert und andererseits alle verursachenden finanziellen Transaktionen den oben genannten Teilbereichen zuordnet und damit der später vorzustellenden Analyse zugänglich macht.

ABB. 33: Struktur der Kapitalflussrechnung

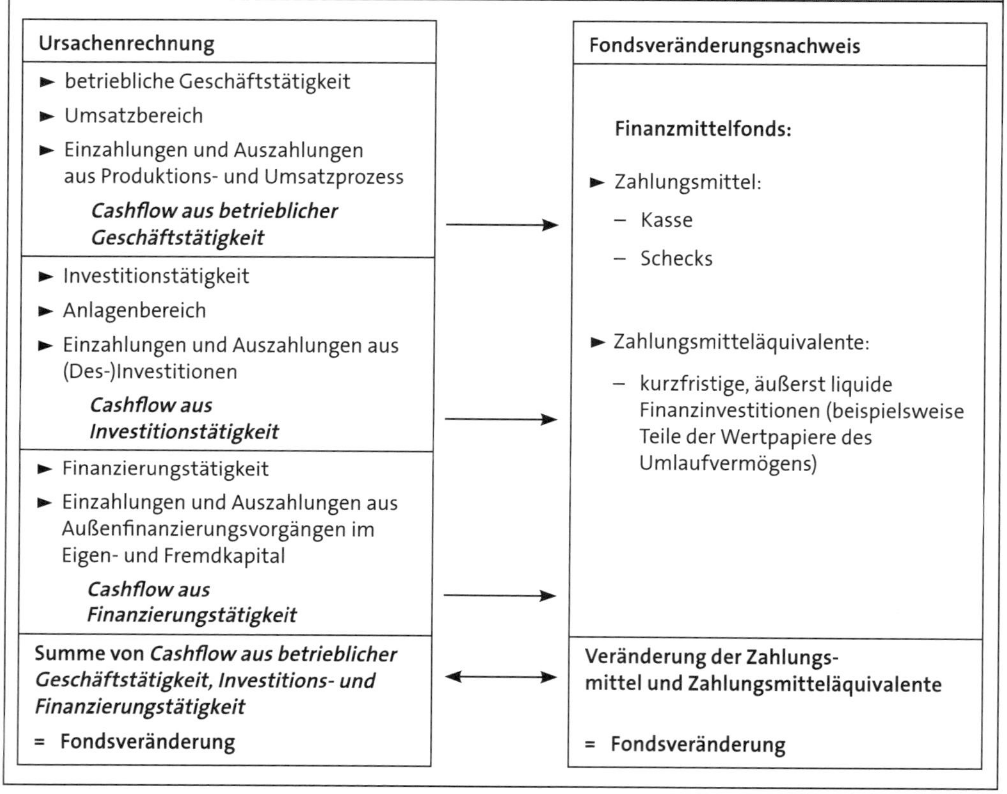

3.3 Analyse und Interpretation der Kapitalflussrechnung

Sowohl der DRS 2 wie auch IAS 7 bieten den Erstellern von Kapitalflussrechnungen Wahlrechte bezüglich der Zuordnung einzelner Positionen zu den einzelnen Aktionsbereichen der Ursachenrechnung. Es sind dies die gezahlten und erhaltenen Zinsen und Dividenden sowie die Ertragsteuern. Zum Zwecke des Unternehmensvergleichs ist, sofern die Unternehmen in unterschiedlicher Weise von den Wahlrechten Gebrauch gemacht haben, eine Vereinheitlichung der Zuordnung vorzunehmen. Im Falle des intertemporären Vergleichs kann darauf verzichtet werden.

Der **Fondsänderungsnachweis** stellt die Veränderung der liquiden Mittel in einer Summe heraus.

Generell wird eine Zunahme des Fonds als eine Verbesserung der Liquidität, eine Abnahme als mögliches Zeichen von finanziellen Anspannungen gewertet. Dem ist aber entgegenzuhalten, dass weder die absolute Höhe noch die Tendenz eine verlässliche Prognose der Zahlungsfähigkeit bzw. einer drohenden Insolvenz erlauben. Erfolgreiche Unternehmen zeichnen sich dadurch aus, bei Bedarf den Fonds aufzufüllen, während gefährdete Unternehmen diese Chance eben nicht mehr haben. Nötig ist folglich eine Betrachtung der Gesamtzusammenhänge, auch unter Einbeziehung von Mutter-/Tochterverhältnissen.

Steigerungen des Fonds sind finanzwirtschaftlich regelmäßig positiv zu beurteilen. Bei erheblichen Steigerungen stellt sich die Frage nach den dahinterstehenden Strategien: Werden Finanzpotenziale aufgebaut, die die Aktionsmöglichkeiten für Beteilungserwerbungen, „take overs" oder Sachinvestitionen im Sinne des Wachstums ermöglichen sollen? Ein Aufbau des Finanzmittelreservoirs lässt jedenfalls die Ausdehnung der Aktionsspielräume erkennen. Ist eine Steigerung des Fonds insofern zunächst positiv, kann jedoch gefragt werden, ob sie auf ein Nachlassen der Investitionsaktivitäten zurückzuführen ist und welche Ursachen es dafür gibt. Und: Cash und cash-nahe Anlagen bringen wenig Rendite. Hohe Fonds provozieren damit Fragen nach den Strategien und der Effizienz des Finanzmanagements.

Signifikantes Sinken des Finanzmittelfonds kann auf Liquiditätsanspannungen oder gar -engpässe hinweisen. Dabei kommt es jedoch auf die Gesamtsituation unter Einbeziehung der Eigenkapitalquote, der Verschuldungsspielräume und der Möglichkeiten zur Durchführung von Kapitalerhöhungen durch Ausgabe neuer Anteile an. Finanzstarke Unternehmen können den Fonds durch solche Maßnahmen erhöhen. Insofern kann ein Sinken auch auf einen wirtschaftlicheren Einsatz der finanziellen Mittel zurückzuführen sein.

Der Frage „warum hat sich der Fonds verändert" kann mithilfe der Analyse der drei Teilbereiche der **Ursachenrechnung** nachgegangen werden.

Es ist zu prüfen, wie sich die Salden in den einzelnen Teilbereichen zusammensetzen: Welche Einflussfaktoren waren jeweils und in welchem Ausmaß wirksam? In welchem Verhältnis haben sich die drei Salden zueinander verhalten, welche Veränderungen gegenüber dem Vorjahr waren wirksam?

Dabei kommt dem Bereich der **laufenden Geschäftstätigkeit** natürlich die größte Bedeutung zu. Grundsätzlich sollte der Cashflow aus der laufenden Geschäftstätigkeit (Cashflow from operating activities), die u. a. den durch den Cashflow repräsentierten Innenfinanzierungsspielraum bestimmt, kurzfristig zumindest die Reinvestitionen decken, längerfristig jedoch auch zur Finanzierung der übrigen Investitionsaktivitäten (Erweiterungs-, Wachstums- und Rationalisierungsinvestitionen) ausreichen, weil sonst die Dispositionsfreiheit infolge der Vergrößerung der Verschuldung eingeschränkt wird. Im Falle periodisch starker Expansion oder bei Neugründungen (start ups) ist eine Unterdeckung jedoch vorübergehend tolerabel.

ABB. 34: Kapitalflussrechnung BEIERSDORF AG

Beispielhaft wird hier die Kapitalflussrechnung des BEIERSDORF-Konzerns gezeigt.

(in Mio. €)	Vorjahr	Geschäftsjahr
Flüssige Mittel/Wertpapiere am 1.1.	**714**	**722**
Betriebliches Ergebnis (EBIT)	**472**	**484**
Gezahlte Ertragsteuern	**–189**	**–237**
Abschreibungen auf das immaterielle und Sachanlagevermögen	161	164
Veränderung der langfristigen Rückstellungen (ohne Zinsanteil)	– 4	–11
Ergebnis aus dem Abgang von immateriellen und Sachanlagevermögen	1	1
Brutto-Cashflow	**441**	**401**
Veränderung der Vorräte	27	5
Veränderung der Forderungen und sonstigen Vermögensgegenstände	–46	–9
Veränderung der Verbindlichkeiten und kurzfristigen Rückstellungen	–30	9
Mittelzufluss aus operativer Geschäftstätigkeit	**392**	**416**
Ausgaben für Investitionen in das Anlagevermögen	–242	–169
Einnahmen aus Abgängen des Anlagevermögens	15	11
Zins-, Dividenden- und sonstige Finanzeinnahmen	40	50
Mittelabfluss aus investiver Tätigkeit	**–187**	**–108**
Free-Cashflow	**205**	**308**
Veränderung der Finanzverbindlichkeiten	–33	–
Zins- und sonstige Finanzausgaben	– 42	– 47
Gezahlte Dividende Beiersdorf AG	–109	–118
Mittelabfluss aus Finanzierungstätigkeit	**–184**	**–165**
Wechselkursbedingte Veränderung des Finanzmittelbestandes	–14	–23
Konsolidierungskreisbedingte und sonstige Veränderung des Finanzmittelbestandes	1	–
Zunahme der Flüssigen Mittel/Wertpapiere	**8**	**120**
Flüssige Mittel/Wertpapiere am 31.12.	**722**	**842**

Aber nicht nur die Höhe des Überschusses in der laufenden Geschäftstätigkeit ist von Bedeutung, auch innerhalb dieses Bereichs sind zahlreiche Erkenntnisse möglich: Besondere Beachtung müssen die Umsatzerlöse und die Entwicklung von Vorräten und Forderungen finden. Hier können Fehlentwicklungen deutlich festgemacht werden an sprunghaften Veränderungen dieser Positionen, wie sie schon an anderer Stelle beschrieben wurden. Erhöhte Forderungs- und Vorratsbestände, die ein Sinken des Fonds zur Folge haben, können Anspannungen andeuten. Gestiegene erhaltene Anzahlungen deuten hingegen auf eine starke Marktposition hin und lassen möglicherweise Rückschlüsse auf die Auftragslage zu.

Der Abbau von Vorräten und Forderungen sowie die Erhöhung der kurzfristigen Verbindlichkeiten kann in schwierigen Zeiten Engpässe im Mittelzufluss aus der Umsatztätigkeit kompensieren. Allerdings sind dem Einsatz dieses Instruments Grenzen gesetzt. Ist der Spielraum einmal ausgereizt, wird es dann umso kritischer.

Im **Investitionsbereich** sollten bei wachsenden oder „going-concern"-Unternehmen – schon wegen der notwendigen Ersatzinvestitionen – die Auszahlungen für neue Investitionsaktivitäten größer als die Desinvestitionen sein.

Zuflüsse können sich nur aus Anlagenabgängen ergeben, diese aber stellen Substanzabbau dar und wirken sich auf die künftige Generierung von Einzahlungsüberschüssen aus. Selbst ein Verkauf von nicht betriebsnotwendigem Vermögen muss kritisch hinterfragt werden: Handelt es sich um „Verkauf von Tafelsilber", um Liquidität zu bekommen, um außerordentliche, den Jahresüberschuss erhöhende Beträge zu erzielen und diese dann auch noch auszuschütten?

Sofern differenziert berichtet wird, lässt die Analyse dieses Bereiches auch Rückschlüsse auf Strategieänderungen zu: Welche Unternehmen oder Beteiligungen wurden gekauft, welche verkauft? Hier sind beispielsweise die „Börsengänge" von Tochterunternehmen einzuordnen: Anteile werden verkauft, um durch den Verkaufserlös Mittel für neue Aktivitäten in anderen Märkten zu bekommen. Waren Desinvestitionen zur Liquiditätsbeschaffung oder gar zur Beseitigung von Liquiditätsengpässen erforderlich? Größere Investitionen in das Finanzanlagevermögen lassen für künftige Perioden steigende Beteiligungserträge und damit -einzahlungen erwarten.

Ein Vergleich des Saldos des Investitionsbereichs (Cashflow from investing activities) mit dem der laufenden Geschäftstätigkeit lässt erkennen, ob die Investitionen aus dem regelmäßigen Mittelzufluss finanziert werden konnten oder ob der Kapitalbereich (Außenfinanzierung) in Anspruch genommen werden musste.

Der Kapitalbereich bzw. die Darstellung der **Finanzierungsaktivitäten** gibt Aufschluss über die Außenfinanzierungsaktivitäten. Hier werden die Veränderungen der oben nicht erfassten Verbindlichkeiten, aber auch die Einlagenfinanzierung (Kapitalerhöhungen durch Anteilsverkauf, Rückkauf eigener Anteile bei Kapitalherabsetzungen, Dividendenzahlungen) erfasst. Gemeint sind die Ausschüttungen für die Dividenden des Vorjahres, weil erst nach Beschluss der Haupt- oder Gesellschafterversammlung ausgeschüttet werden darf, diese aber erst nach Ablauf des Geschäftsjahres stattfindet.

Im Übrigen werden hier die Fragen beantwortet, wie mögliche Überschüsse verwendet wurden (zu Ausschüttungen, zu Schuldentilgungen?) oder wie Bedarfe gedeckt wurden (durch Zuführung neuen Eigenkapitals oder durch Neuverschuldungen? Im letzteren Fall durch lang- oder durch kurzfristige Finanzierungen?).

Als Interpretationshilfe für die Auswertung der Informationen der Kapitalflussrechnung ist die Übersicht in Abbildung 34 „Auswertung der Kapitalflussrechnung" hilfreich. Sie zeigt deutlich die Dualität der Herkunft der Finanzierungsmittel (eigene Mittel aus Cashflow und Einlagen; Fremdmittelaufnahme einschließlich der Verbindlichkeiten aus Lieferungen und Leistungen; Vermögensabbau einschließlich der Verringerung des Fonds – auch sie stellt einen Vermögensabbau dar) und deren Verwendung für den Vermögensaufbau (Investitionen, Lageraufbau; Fremdmitteltilgung und Ausschüttungen bzw. Verlusttilgung).

ABB. 35: Auswertung der Kapitalflussrechnung

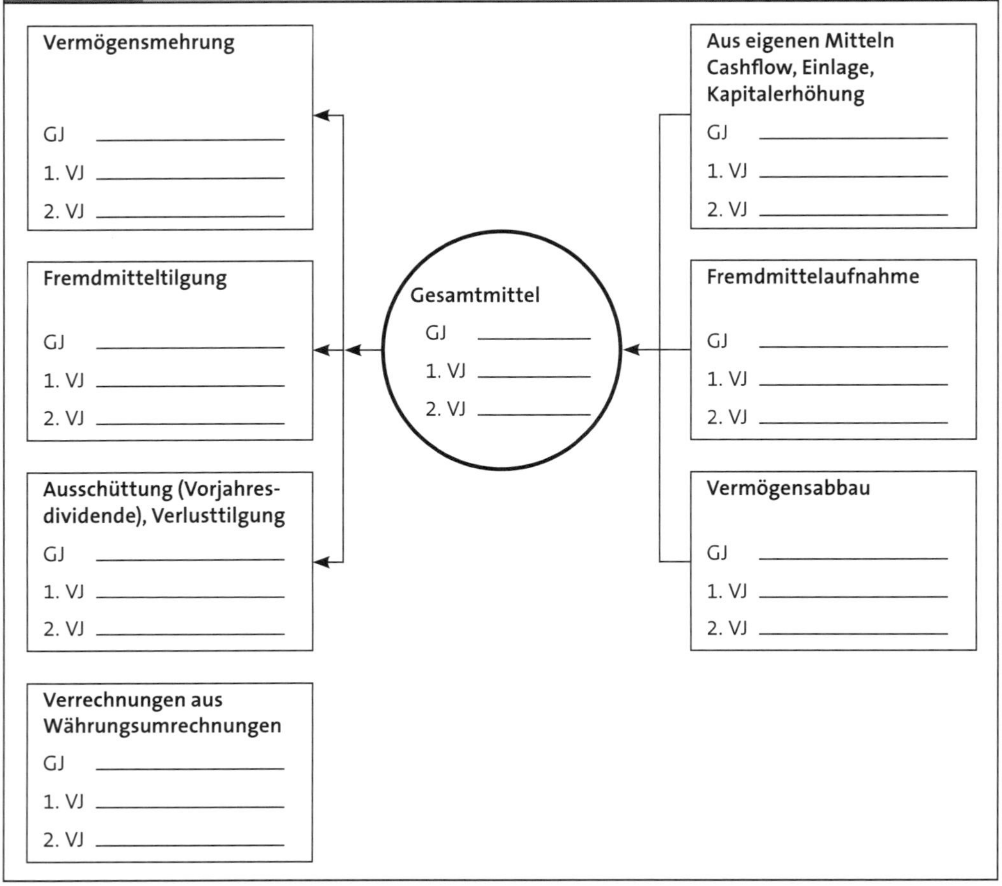

Im günstigsten Fall können die Investitionen und die Ausschüttungen aus eigenen Mitteln finanziert werden; im Worst Case werden die Ausschüttungen durch neue Fremdmittelaufnahmen ermöglicht. Dazwischen sind sehr verschiedene Schattierungen und Varianten möglich.

Wie auch die Investitionsaktivitäten sollten auch die Ausschüttungen aus eigenen Mitteln finanziert werden können. Ist das nicht der Fall, sinkt die Eigenkapitalquote. Fremdfinanzierte Ausschüttungen führen letztlich zu einer Substitution von Eigen- durch Fremdkapital. Das aber reduziert die Sicherheit, erschwert künftige Verschuldungen und schränkt die Dispositionsfreiheit ein. Dieser Sachverhalt unterstreicht noch einmal die Notwendigkeit, neben einer erfolgswirtschaftlich orientierten Jahresabschlussanalyse eine finanzwirtschaftlich ausgerichtete zu stellen: Die Erfolgsgröße „Jahresüberschuss“ oder auch die verschiedenen Rentabilitätskennzahlen sagen noch nichts über die Fähigkeit der Unternehmung aus, eine entsprechende Gewinnausschüttung auch finanzieren zu können.

3.4 Die externe Ableitung einer Kapitalflussrechnung aus dem Jahresabschluss

Sofern die zu analysierende Gesellschaft keine Kapitalflussrechnung veröffentlicht – das ist häufig bei Einzelabschlüssen der Fall –, muss der Analyst versuchen, selbstständig eine Kapitalflussrechnung aus dem Jahresabschluss abzuleiten.

Die notwendigen Daten können aus der Gewinn- und Verlustrechnung (vgl. die Ermittlung des Cashflow) und zusätzlich aus der Bilanz gewonnen werden. Insofern besteht die Entwicklung der extern aufgestellten Kapitalflussrechnung einerseits aus der erweiterten Cashflow-Rechnung und andererseits aus Hinzuziehung relevanter Bilanzpositionen. Die Letzteren werden aus einer „zwischengeschalteten" Bewegungsbilanz gewonnen, denn die Veränderungen der Bilanzpositionen ergeben sich aus den Salden zwischen den Bilanzwerten von zwei aufeinanderfolgenden Stichtagen, man könnte auch sagen zwischen aktuellem und Vorjahresbilanzstichtag bzw. zwischen Eröffnungs- und Schlussbilanz.

Die Bewegungsbilanz wird aus den aufeinanderfolgenden Stichtagsbilanzen abgeleitet.

BEISPIEL zur Erstellung einer Bewegungsbilanz:

Bilanz 31.12 Vorjahr			
SachAV	1.500	gez. Kapital	1.000
FinAV	1.000	Kap. Rücklage	200
Vorräte	800	Gew. Rücklage	500
Bank	400	Verbindl.	2.000
	3.700		3.700

Bilanz 31.12 Geschäftsjahr			
SachAV	1.300	gez. Kapital	1.200
FinAV	1.200	Kap. Rücklage	600
Vorräte	1.500	Gew. Rücklage	600
Bank	300	Verbindl.	1.900
	4.300		4.300

Jede Veränderung der einzelnen Bilanzpositionen zwischen den beiden Stichtagen kann als Mittelherkunft oder Mittelverwendung interpretiert werden.

Mittelverwendung	Mittelherkunft
Aktiva-Mehrung ► Investitionen ► Lageraufbau	**Passiva-Mehrung** ► Kapitalerhöhung ► Steigerung Verbindlichkeiten
Passiva-Minderung ► Rückzahlung von Krediten ► Auflösung von Rückstellung	**Aktiva-Minderung** ► Rückgang Forderungen ► Lagerabbau

Im Beispielfall ergibt sich:

Bewegungsbilanz			
Mittelverwendung		**Mittelherkunft**	
FinAv	200	Gez. Kapital	200
Vorräte	700	Sachanlagen	200
Verbindlichkeiten	100	Kap. Rücklage	400
		Gew. Rücklage	100
		Bank	100
	1.000		1.000

ABB. 36: Beispiel einer Kapitalflussrechnung

Beispiel einer Kapitalflussrechnung		
Jahresüberschuss	xxx	
+ Abschreibungen auf AV	xxx	
– Zuschreibungen auf AV	xxx	
± Veränderung langfristiger Rückstellung	xxx	
± andere nicht zahlungswirksame Aufwendungen und Erträge von wesentlicher Bedeutung	xxx	
– Erträge aus Anlageabgängen	xxx	Σ = Cashflow
Erhöhung/Verminderung Forderungen aus LuL	xxx	Σ = Cashflow aus laufender Geschäftstätigkeit
Erhöhung/Verminderung Verbindlichkeiten LuL		
Erhöhung/Verminderung Vorräte		
Investitionsbereich		
Zugänge im Anlagevermögen	xxx	Σ = Cashflow aus Investitionsaktivitäten
Erlöse aus Anlagenabgängen, ggf. Restbuchwerte	xxx	
Cashflow aus lfd. Geschäftstätigkeit		**Finanzierungsbedarf/**
± Cashflow aus Investitionsaktivitäten	**xxx**	**Überschuss**
Kapitalbereich		
Erhöhung/Verminderung Eigenkapital	xxx	Σ = Veränderung im Kapitalbereich Cashflow aus Finanzierungsaktivitäten
Ausschüttungen	xxx	
Erhöhung/Verminderung Verbindlichk.	xxx	
geg. Kreditinstitute, Anleihen etc.		
Finanzbedarf/-überschuss		**Änderung des Fonds**
± Cashflow aus Finanzierungsaktivitäten		

Fondsrechnung		
Veränderung Kasse, Bank etc.	xxx	**Änderung des Fonds**
Veränderung Wertpapiere des UV	xxx	

Ausgangspunkt für ein praktisches Ermittlungsschema zur externen Erstellung einer Kapitalflussrechnung können beispielsweise zunächst die Vorschläge des Hauptfachausschusses des Instituts der Wirtschaftsprüfer (HFA 1/95) sein:

ABB. 37: Ermittlungsschema nach IDW

		Inhalt einer Kapitalflussrechnung Schema des HFA des Instituts der Wirtschaftsprüfer
1.		Einzahlungen von Kunden für den Verkauf von Erzeugnissen, Waren und Dienstleistungen
2.	./.	Auszahlungen an Lieferanten und Beschäftigte
3.	+	sonstige Einzahlungen, die nicht der Investitions- und Finanzierungstätigkeit zuzuordnen sind
4.	./.	sonstige Auszahlungen, die nicht der Investitions- und Finanzierungstätigkeit zuzuordnen sind
5.	=	Mittelzufluss/-abfluss aus laufender Geschäftstätigkeit
6.		Einzahlungen aus Abgängen von Gegenständen des Anlagevermögens
7.	./.	Auszahlungen für Investitionen in das Anlagevermögen
8.	=	Mittelzufluss/-abfluss aus Investitionstätigkeit
9.		Einzahlungen aus Kapitalerhöhungen und Zuschüssen der Gesellschafter
10.	./.	Auszahlungen an Gesellschafter
11.	+	Einzahlungen aus der Begebung von Anleihen und aus der Aufnahme von Krediten
12.	./.	Auszahlung für die Tilgung von Anleihen und Krediten
13.	=	Mittelzufluss/-abfluss aus Finanzierungstätigkeit
		5 ± 8 ± 13
	=	Zahlungswirksame Veränderungen des Finanzmittelbestandes
	±	Wechselkursbedingte Wertänderungen des Finanzmittelbestandes
	+	Finanzmittelbestand am Anfang der Periode
	=	Finanzmittelbestand am Ende der Periode

LITERATURHINWEISE

Amen, M.: Erstellung von Kapitalflussrechnungen, 2. Aufl., München 1998.

Derselbe: Die Kapitalflussrechnung als Rechnung zur Finanzlage, in: WPg 1995, S. 498-509.

Baetge, J./Kirsch, H.-J./Thiele, S.: Bilanzanalyse, a. a. O.

Coenenberg, A. G.: Kapitalflussrechnung als Instrument der Bilanzanalyse, in: Der Schweizer Treuhänder, 4/2001, S. 311-320.

Coenenberg, A. G.: Jahresabschluß und Jahresabschlußanalyse, a. a. O.

Küting, K./Weber, C. P.: Die Bilanzanalyse, a. a. O.

Mansch, H./Stolberg, K./Wysocki, K. v.: Die Kapitalflussrechnung als Ergänzung des Jahres- und Konzernabschlusses, in: WPg 1995, S. 185-202.

Ostmeier, V.: Das Informationspotenzial neuerer Rechnungslegungsinstrumente, Frankfurt 2004.

Wehrheim, M.: Krisenprognose mit Hilfe einer Kapitalflussrechnung, in: DStR 43/1997, S. 1699-1704.

Weinrich, G.: Bilanzanalyse aus Finanzsicht – ein zukunftsorientiertes Instrumentarium zur Unternehmensdiagnose, in: WPg 1993, S. 225-235.

4. Die Einschätzung der Unternehmung durch den Kapitalmarkt

4.1 Sinn der Betrachtung

Bisher haben wir versucht, die Ertragslage und Ertragskraft der Unternehmung anhand von Fakten aus dem Unternehmensgeschehen, soweit sie aus dem Jahresabschluss erkennbar sind, zu beurteilen. Dabei standen wir stets vor zwei **Schwierigkeiten:**

- Wir mussten unterstellen, dass in den Vermögenspositionen **stille** Reserven stecken, die einen zu niedrigen Vermögensausweis, Eigenkapital- und Erfolgsausweis und damit falsche Rentabilitäts- und Wirtschaftlichkeitskennziffern zur Folge haben;
- nicht alle die Ertragskraft bestimmenden Faktoren sind **quantifizierbar** und im Rechenwerk „Jahresabschluss" erfasst. Man denke z. B. an das Image, die Attraktivität des Produktionsprogramms, die Dualität der Organisation und des Managements.

Insofern bleiben die bisherigen Erkenntnisse über die Ertragskraft, die wir als Fähigkeit zur künftigen Gewinnerzielung definiert haben, unvollständig und ungenau.

Nun werden aber Aktiengesellschaften und ihre künftigen Gewinnaussichten laufend und regelmäßig von „objektiver" und oft auch gut informierter Seite beurteilt und bewertet: von der Börse.

In den laufend ermittelten Aktienkursen spiegelt sich das ökonomische Interesse der Kapitalanleger und ihre Einschätzung der Gewinnchancen des Unternehmens wider.

Es liegt somit nahe, die sich in den Kursen niederschlagende Sachkenntnis, den möglichen Informationsvorsprung und die Einschätzung des Börsenpublikums für die Beurteilung unseres Unternehmens nutzbar zu machen. Dem liegt die Einsicht zugrunde, dass die Börse die vermuteten stillen Reserven und die oben beschriebenen nicht quantifizierbaren Einflüsse in ihr Kalkül einbezieht.

Allerdings müssen wir auch hier wie bei allen bilanzanalytischen Maßnahmen Einschränkungen machen und bei der Interpretation vorsichtig sein.

(1) Es muss unterstellt werden, dass der Börsenkurs ausschließlich durch Ertragserwartungen bestimmt wird und keine spekulativen Einflüsse wirksam sind, die unabhängig von Ertragsaussichten zu kurz- und mittelfristigen Kursschwankungen führen. Wir wissen hingegen, dass in der Realität die Kursentwicklung mindestens kurzfristig von vielen anderen Faktoren (Politik, Zentralbank, makroökonomisches Umfeld, Angebot und Nachfrage am Geld- und Kapitalmarkt) bestimmt wird.

(2) Das Börsenpublikum ist mindestens zum Teil auf die gleichen Informationen angewiesen, die auch uns mit dem Jahresabschluss zur Verfügung stehen. Es kann also zu einem Zirkelschluss kommen, wenn wir auf unsere offenen Fragen Antworten derjenigen suchen, deren Entscheidungen die gleichen Informationen zugrunde liegen und die ebenso wie wir getäuscht sein können. Allenfalls führt der größere Sachverstand und die intimere Branchenkenntnis zu einer Relativierung, die wir nutzen können.

Insbesondere im **Börsenkurs** und im **Kurs/Gewinnverhältnis** drückt sich die Einschätzung der Unternehmung durch die Börse aus.

4.2 Börsenkurs/Bilanzkurs

Der Börsenkurs stellt denjenigen Wert dar, den die Kapitalanleger an der Börse der Aktie der betrachteten Gesellschaft beilegen. Er errechnet sich als

$$\text{Börsenkurs in \%} = \frac{\text{Aktienpreis (Kurswert)}}{\text{Nominalwert einer Aktie}} \cdot 100$$

Bestimmt wird der Börsenkurs sowohl durch die Ertragsaussichten des Unternehmens wie auch durch seinen Substanzwert, d. h. durch den die liquidierbaren Vermögenswerte repräsentierenden Wert. Stellen wir dem Börsenkurs den Bilanzkurs gegenüber,

$$\text{Bilanzkurs in \%} = \frac{\text{bilanziertes Eigenkapital}}{\text{gezeichnetes Kapital}} \cdot 100$$

so erhalten wir eine Vorstellung davon, welche Ertragserwartungen und welche stillen Reserven die Börse in der Gesellschaft vermutet. Je höher der Börsenkurs zum Bilanzkurs ist, umso besser werden das Unternehmen und seine Ertragskraft bewertet.

Dabei kann es natürlich auch vorkommen, dass wir einen Börsenkurs ermitteln, der unter dem Bilanzkurs liegt. Daraus ist dann zu schließen, dass die Ertragsaussichten äußerst schlecht eingeschätzt werden, was darin zum Ausdruck kommt, dass die Käufer der entsprechenden Papiere nicht einmal bereit sind, den ausgewiesenen „Substanzwert", sprich Bilanzkurs zu bezahlen.

Abgesehen von den oben gemachten Einschränkungen liefern diese Berechnungen und Überlegungen wertvolle Hinweise zur Abrundung der Erkenntnisse der Ertragsanalyse und Ertragskraft. Anstatt anhand des Börsen- oder Bilanzkurses einer Aktie kann die Betrachtung natürlich auch global am Börsen- oder Bilanzwert der Unternehmung vorgenommen werden. Der Börsenwert der Unternehmung ergibt sich als

$$\text{Börsenwert} = \text{Börsenkurs} \cdot \text{Zahl der Aktien}$$

Der Bilanzwert entspricht dem bilanzierten Eigenkapital. Dann gilt

	Börsenwert (Marktwert des Eigenkapitals)
./.	Bilanzwert (Buchwert des Eigenkapitals)
=	Vermutete stille Reserven u. lgfr. Ertragserwartungen

Diese Betrachtung spielt im Zusammenhang mit Unternehmensübernahmen (friendly oder unfriendly takeover, Buy Outs) eine Rolle.

4.3 Kurs/Gewinn-Verhältnis, Ergebnis nach DVFA/SG und Earnings per Share nach IFRS

Das Kurs/Gewinn-Verhältnis (Price-Earnings-Ratio) ist eine Kennzahl, die von vielen professionellen Analysten, Anlageberatern und Investoren zur Beurteilung des Wertes von Aktien und ihrer zukünftigen Kursentwicklung herangezogen wird. Dabei geht es insbesondere darum, die Aktien verschiedener Gesellschaften – auch aus unterschiedlichen Branchen – vergleichbar zu machen, um die Vorteilhaftigkeit von Engagements herauszufinden.

$$\textbf{Kurs/Gewinn-Verhältnis (Price-Earnings-Ratio)} = \frac{\text{Preis je Aktie (Kurswert)}}{\text{Gewinn je Aktie}}$$

Auf diese Weise wird die Vorteilhaftigkeit von Investments in Aktien verschiedener Gesellschaften gemessen, weil sowohl die Erträge wie auch der dazu erforderliche Kapitaleinsatz berücksichtigt werden.

Es handelt sich um eine **reziproke Rentabilitätskennzahl**, die besonders aus der Sicht des Kapitalanlegers zu sehen ist, da sie den Gewinn auf das investierte Kapital des Investors (Kurswert = Erwerbspreis = Kapitaleinsatz) und nicht auf das Unternehmenskapital (Eigen- oder Gesamtkapital) bezieht.

Je höher die Price-Earnings-Ratio ist, desto „teurer" ist das jeweilige Papier, desto kleiner ist die kurzfristig realisierte Rendite, bzw. umso länger dauert es, bis der Kaufpreis durch Gewinne amortisiert wird. Daraus kann geschlossen werden, dass ein hohes **Kurs/Gewinn-Verhältnis** auf hohe künftige Ertragserwartungen der Börse hinweist, denn sonst würde niemand eine solch teure Aktie kaufen.

Oder anders: Ein niedriges Kurs/Gewinn-Verhältnis lässt eine Aktie als „preiswert" erkennen. Ein Erwerb könnte vorteilhaft sein, weil die Rendite vergleichsweise hoch ist und Kursgewinne möglich sind, wenn die Börse dies entdeckt und würdigt.

Da der Börsenkurs in die Berechnungen eingeht, gelten alle Einschränkungen der Aussagekraft, die durch spekulative und außerökonomische Einflüsse auf den Börsenkurs hervorgerufen werden.

Der im Nenner der obigen Formel verwendete „Gewinn je Aktie" wird folgendermaßen ermittelt:

$$\textbf{Gewinn je Aktie} = \frac{\text{vergleichbarer Gewinn}}{\text{Zahl der Aktien}}$$

oder

$$\textbf{Gewinn je Aktie} = \frac{\text{vergleichbarer Gewinn} \cdot \text{Nominalwert}}{\text{gezeichnetes Kapital}}$$

Das Problem liegt in der Ermittlung des **vergleichbaren Gewinns**. Mit dem ausgewiesenen Jahresüberschuss kann nicht gerechnet werden, denn er ist bilanzpolitisch und häufig auch von Sondereinflüssen geprägt und somit nicht zum Vergleich mit den Ergebnissen anderer Unternehmen geeignet.

Insbesondere die DVFA und die Schmalenbach Gesellschaft, die beide u. a. das Ziel verfolgen, die Aktie sowohl als Finanzierungsinstrument für die Unternehmen wie aber auch zur Vermögensbildung breiter Anlegerschichten populär zu machen, haben Empfehlungen zur Ermittlung eines über die Gesellschaften hinweg vergleichbaren Gewinns für Aktienanalysten und solche Unternehmen erarbeitet, die das DVFA-Ergebnis bekannt geben. Dabei wird der für die Berechnung des Kurs/Gewinn-Verhältnisses (KGV) maßgebende Gewinn ausgehend vom Jahresüberschuss durch **Bereinigungen um Sondereinflüsse, außerordentliche Komponenten und den sich aus der unterschiedlichen Nutzung von Bilanzierungs- und Bewertungsmethoden ergebenden Ungleichheiten ermittelt.** Zur Bestimmung des Gewinns je Aktie nach DVFA/SG sind jedoch sehr viele, nicht im Jahresabschluss zu findende Informationen erforderlich, sodass er von externen

Analysten nicht ermittelt werden kann. Wir müssen uns also auf die Informationen von den Unternehmen und Professionellen, die über Hintergrundinformationen verfügen, verlassen. Gewinne nach DVFA/SG und KGV werden regelmäßig in der Wirtschaftspresse veröffentlicht.

Die IFRS fordern die Angabe der **Earnings per Share** (Gewinn je Aktie) im Jahresabschluss. Dabei geht es jedoch anders als beim DVFA-Ergebnis weniger darum, die Vergleichbarkeit zwischen den Jahresergebnissen verschiedener Unternehmen herzustellen, sondern darum, den auf eine **Stammaktie** entfallenden Gewinn zu veröffentlichen. Dieser den klassischen Shareholdern zustehende Gewinnanteil deckt sich nicht mit dem Jahresergebnis dividiert durch die Zahl der Aktien. Das Ergebnis kann durch vorab zu bedienende Vorzugsaktionäre oder dadurch „verwässert" werden, dass z. B. Wandelobligationäre ihre Schuldverschreibungen in Aktien umtauschen oder andere Optionen auf den Erwerb von Aktien wahrgenommen werden. Dies alles führt dazu, dass die Zahl der Aktien größer, Zinsbelastungen möglicherweise kleiner und mithin die auf die Stammaktionäre entfallenden Gewinnanteile verändert werden.

Deshalb beziehen sich die Bereinigungen beim **Gewinn je Aktie nach IFRS** vorzugsweise auf die Zahl der Aktien unter Einbeziehung der „Verwässerungseffekte" und der „Qualität unterschiedlicher Kapitalkategorien". Während beim DVFA-Ergebnis insbesondere der Zähler (Gewinngröße) der Kennzahl „Gewinn je Aktie" bereinigt wird, liegt der IFRS-Fokus in diesem Zusammenhang eher auf dem Nenner (Zahl der Aktien) dieser Kennzahl.

Eine sinnvolle Variante des Kurs/Gewinn-Verhältnisses aus der Sicht des privaten Investors liegt darin, der Berechnung nicht den gesamten bereinigten Gewinn je Aktie – unabhängig von Ausschüttungen oder Rücklagenbildung –, sondern nur den ausgeschütteten, in Form von Dividende und Steuergutschrift zugrunde zu legen.

$$\textbf{Dividendenrendite} = \frac{\text{Dividende}}{\text{Preis je Aktie (Kurswert)}} \cdot 100$$

Auf diese Weise kann er die realisierte Rendite der ihn interessierenden Papiere ermitteln.

LITERATURHINWEISE

Busse v. Colbe u. a.: Ergebnis nach DVFA/SG, Stuttgart 2000.

Küting, K./Weber, C. P.: Die Bilanzanalyse, a. a. O.

Coenenberg, A. G.: Jahresabschlussanalyse, a. a. O.

5. Konzept und Instrumente der wertorientierten Unternehmensführung

Das seit einigen Jahren propagierte und inzwischen etablierte Shareholder-Value-Konzept ist darauf ausgerichtet, den finanziellen Wert des Eigenkapitals eines Unternehmens für die Eigentümer („share holder") zu maximieren bzw. deren Rendite zur zentralen Zielgröße der Unternehmensführung zu erheben. Der Shareholder-Value, der finanzielle Nutzen der Eigentümer, setzt sich aus **den künftigen Ausschüttungen** und aus der **Änderung des Unternehmenswerts** (Marktwert, im Falle von börsennotierten Aktiengesellschaften der Börsenwert = Aktienkurs · Anzahl der Anteile) zusammen. Den sich aus den Zahlungsströmen zwischen Anteilseigner und der Unternehmung einerseits und mit Dritten (Kauf und Verkauf von Anteilen) andererseits ergebende Cashflow könnte man auch als **Ertragswert des Eigenkapitals** (bzw. Unternehmenswert) bezeichnen, weil er die erwarteten künftigen finanziellen Erfolge der Verwendung des Eigenkapitals abbildet. Dieser Ertragswert ist nach den Methoden der dynamischen Investitionsrechnung aus den in der Zukunft vermutlich zu erzielenden Einzahlungsüberschüssen zu ermitteln, wobei die Unsicherheit der Schätzung zu berücksichtigen ist. Setzt man den Ertragswert in Relation zum zeitnah bewerteten eingesetzten Kapital, erhält man eine Renditekennzahl, die als Steuerungsgröße für „wertorientierte" Investitionsentscheidungen genutzt werden kann.

Die Orientierung an den Interessen der Eigenkapitalgeber wird mit deren besonderer Schutzbedürftigkeit begründet, da sie einerseits die einzige Interessengruppe im Unternehmen mit Residualansprüchen ist, andererseits aber mit ihrer Kapitalbereitstellung Risiken trägt. Grundsätzlich sind diese Überlegungen nicht neu. Schon immer galt die Maximierung der Gewinnerwartungen – z. B. in der Form der Maximierung der Eigenkapitalrentabilität – als unternehmerische Zielsetzung. Neu an dem Shareholder-Value-Ansatz ist die Verwendung des oben beschriebenen Ertragswertes zur strategischen Steuerung und Kontrolle ganzer Unternehmen, einzelner Konzerngesellschaften und Geschäftsbereiche.

Dabei geht es insbesondere nicht mehr darum, die Eigenkapitalrentabilität im klassischen Sinne zu messen, zu beurteilen und zu steigern, sondern die Einflussgrößen auf den Unternehmenswert im Sinne von „Werttreibern" und „Wertvernichtern" zu identifizieren und Unternehmenswert steigernde Strategien zu entwickeln. Strategische Entscheidungen sind danach unter Beachtung folgender Grundsätze zu treffen:

„Es soll nur in solche Projekte und Geschäftsfelder investiert werden, die einen risikoadäquaten Mindesterfolg versprechen. Nur in diesen Bereichen kann durch Wachstum ein Beitrag zur Unternehmenswertsteigerung erzielt werden. Minder rentierliche – nur durch Quersubventionen überlebensfähige – Geschäftsfelder sind zu verkaufen oder zu zerschlagen. Frei verfügbare Mittel, für die aktuell keine i. S. der Mindestrendite lukrative Investitionsmöglichkeit besteht, sind an die Anteilseigner auszuschütten ..." (*Lorson, P.:* Shareholder Value-Ansätze: Zweck, Konzepte und Entwicklungstendenzen, in: DB 26/27, 1999, S. 1329-1339, hier S. 1329.)

Neu ist auch, dass zur Renditemessung statt der periodisierten Größen der Erfolgsrechnung leistungsinduzierte Zahlungsströme – eben Cashflows – zwischen dem Unternehmen und seiner Umwelt und statt der Buchwerte der Bilanz zeitnah ermittelte Werte des Kapitaleinsatzes herangezogen werden. Darüber hinaus wird die Effizienz des Kapitaleinsatzes nicht nur am Erfolg im Sinne des Jahresüberschusses, sondern auch im Vergleich mit möglichen anderen Verwendungsmöglichkeiten und unter besonderer Berücksichtigung der Risiken (vgl. „Das Kapitalkostenkonzept" S. 148) gemessen. Nach dem klassischen Konzept ist ein Erfolg schon dann gegeben, wenn sämtliche Aufwendungen durch Erträge gedeckt sind, im Sinne der „Wertorientierung" liegt ein Erfolg nur dann vor, wenn darüber hinaus eine Wertsteigerung stattgefunden hat, d. h., wenn die Rendite höher als die Kapitalkosten ist.

Zur Realisierung dieses Konzeptes wurden inzwischen besondere Instrumente und Performance-Kennzahlen wie z. B.

- das Kapitalkostenkonzept,
- der Cashflow Return on Investment (CFRoI),

- der Return on Capital employed (RoCe) und
- der Economic Value Added (EVA)

entwickelt. Zur praktischen Anwendung eignet sich insbesondere die Segmentberichterstattung, die inzwischen im Zusammenhang mit dem Jahresabschluss börsennotierter Konzerne zu publizieren ist. Anders ausgedrückt: Die Segmentberichterstattung kann bilanzanalytisch durch die Anwendung dieser Kennzahlen ausgewertet und genutzt werden.

Das Kapitalkostenkonzept, die oben genannten Kennzahlen und die Segmentberichterstattung sollen zunächst vorgestellt werden, um dann die praktische Auswertung und deren Erkenntnisgewinn zu zeigen.

5.1 Das Kapitalkostenkonzept

Um Wertänderungen im Sinne des Shareholder-Values bestimmen zu können, müssen die später vorzustellenden „Performance-Kennzahlen" mit den Kapitalkosten, die die sogenannte „Hürde" oder „hurdle rate" darstellen, verglichen werden. Wenden wir uns also nun dem Wesen und der Ermittlung der Kapitalkosten zu:

Die Kapitalkosten können sowohl als tatsächliche Finanzierungskosten als auch als Opportunitätskosten im Sinne von entgangenen Gewinnen von Alternativanlagen des Kapitals aufgefasst werden. Aus der Sicht der Investoren bzw. Anleger stellen die Kapitalkosten immer Opportunitätskosten dar, d. h., sie geben die an der Verzinsung alternativer Einsatzmöglichkeiten des Kapitals gemessene Mindestverzinsung an. Im Falle von effizienten Märkten werden die Opportunitätskosten zu tatsächlichen Kapitalkosten, da das Unternehmen den am Kapitalmarkt geforderten Renditen direkt ausgesetzt ist. Weiterhin ist zu beachten, dass die Renditeforderungen der Eigenkapitalgeber mit dem Risiko des Investments korrelieren: Je höher das Risiko ist, desto höher ist die geforderte Rendite.

Die **Kapitalkosten** setzen sich aus denen für das Fremdkapital und jenen für das Eigenkapital zusammen. Die **Fremdkapitalkosten** ergeben sich aus den in den Kreditverträgen festgelegten und zu zahlenden Zinsen oder durch Orientierung an der Rendite langfristiger Rentenpapiere. Die Kosten für das Eigenkapital setzen sich aus der Rendite risikofreier Anlagen (z. B. Staatsanleihen) und einem Prämienaufschlag für das Risiko, das sich aus dem Verlust des Eigenkapitals ergeben kann, zusammen.

Zur Bestimmung der Risikoprämie wird auf die Kapitalmarkttheorie zurückgegriffen. Ausgangspunkt ist die Rendite einer Alternativinvestition. Als solche wird häufig diejenige eines Marktportfolios oder Aktienindexes, z. B. des DAX oder des MDAX, gewählt. Dabei wird dann das speziell mit dieser Investition verbundene Risiko gegenüber diesem Marktportfolio berücksichtigt. Sofern es sich um eine Anlage in börsennotierten Wertpapieren handelt, wird die Rendite des Marktportfolios mit dem ß-Faktor gewichtet. Dieser misst die Kovarianz zwischen der Renditeerwartung des betrachteten Engagements und der des Marktportfolios M, bezogen auf die Varianz des Marktportfolios. Ist ß > 1, ist das spezielle Risiko des Engagements höher als das des Marktportfolios. Ist ß < 1, ist das Risiko kleiner.

ABB. 38: Ermittlung der Kapitalkosten

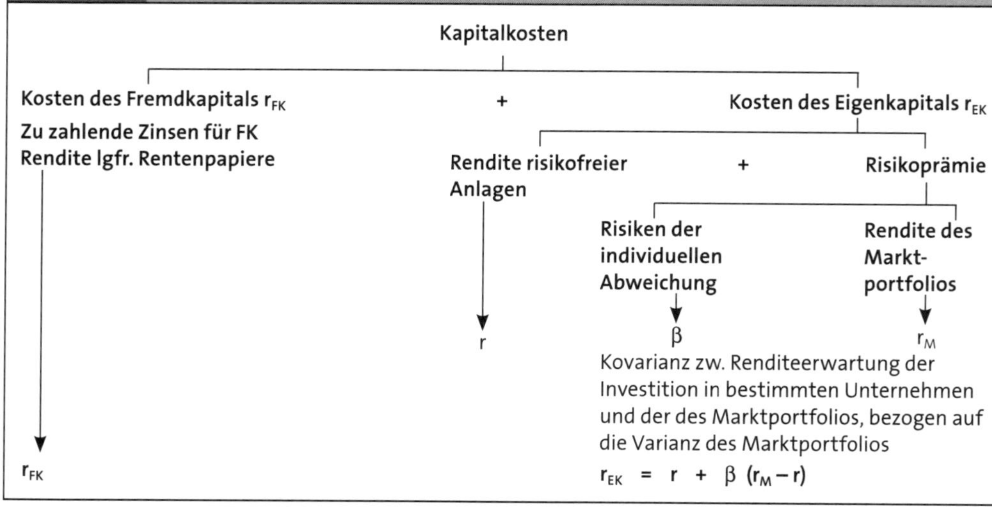

Wenn auf diese Weise die Kapitalkostensätze von Fremd- und Eigenkapital ermittelt worden sind, muss noch eine Gewichtung zur Berücksichtigung der Fremd- und Eigenkapitalanteile an der Gesamtfinanzierung berücksichtigt werden, um die gewichteten durchschnittlichen Kapitalkosten, die Weighted Average Cost of Capital (WACC) zu bekommen.

Gewichtung mit der Kapitalstruktur:

$$k = r_{FK} \frac{FK}{GK} + r_{EK} \frac{EK}{GK}$$

BEISPIEL zur Ermittlung der Kapitalkosten WACC Gegeben seien folgende Daten:

Kosten des Fremdkapitals r_{FK}	10 %
Rendite risikofreier Anlagen r	8 %
Risiko der individuellen Abweichung ß	0,9
Rendite des Marktportfolios r_M	15 %
Fremdkapitalanteil	55 %
Eigenkapitalanteil	45 %
$r_{FK} = 10 \cdot 0{,}55$	= 5,5 %
$r_{EK} = \{8 + 0{,}9\ (15 - 8)\} \cdot 0{,}45$	= 6,4 %
$k = 10 \cdot 0{,}55 + \{8 + 0{,}9\ (15 - 8)\}\ 0{,}45 = 11{,}9\,\%$	= WACC

Daraus folgt: Jedes Geschäftsfeld mit einer Rendite im Sinne der nun zu beschreibenden Performance-Kennzahlen von mehr als 11,9 % ist wertsteigernd und förderungswürdig; jedes Segment mit einer geringeren Rendite ist wertvernichtend und sollte c. p. aufgegeben werden.

5.2 Wertorientierte Kennzahlen

5.2.1 Cashflow Return on Investment (CFRoI)

Die Schwächen der klassischen Kennzahlen wurden bereits an verschiedenen Stellen erläutert. Sie bestehen vorzugsweise darin, dass

- die Umsatzrendite nicht das eingesetzte Kapital berücksichtigt und folglich kein Renditemaßstab für Investitionskalküle ist;
- die Eigenkapitalrendite durch den Leverage-Effekt verzerrt ist;
- die Gesamtkapitalrendite Struktur und Alter der Aktiva nicht berücksichtigt;
- außerdem beide Gewinngrößen massiv durch die Wahl der Abschreibungsmethode und Nutzung der Bilanzierungs- und Bewertungsmethoden verzerrt sein können.
- die Gewinngröße im Zähler durch aktuelle Gestaltungen in der Rechnungsperiode verzerrt ist,
- als Kapitalgröße bzw. das durch sie ausgedrückte Vermögen (employed capital) mit zeitfernen Buchwerten gerechnet wird.

$$R = \frac{\text{Gewinn}}{\text{Kapital}} \cdot 100$$

Gewinn – beeinflusst durch:
bilanzpolitische Gestaltungen im Geschäftsjahr und Steuerpolitik

Kapital – beeinflusst durch:
Buchwerte, stille Reserven der Vorjahre, Abschreibungsmethoden, Nutzungsdauer, i. d. R. zu niedrig bilanziert; Leverage-Effekt, Struktur und Alter der Aktiva nicht ausreichend berücksichtigt

Die Grundidee und Philosophie des CFRoI besteht im Folgendem:

Der CFRoI stellt im Gegensatz zu den klassischen Rentabilitätskennzahlen eine Beziehung her zwischen einem „Investitionswert“ (eingesetztes Vermögen bzw. Kapital zu Marktwerten; Investment) und dem daraus resultierenden, von Bewertungsmaßnahmen freien Cashflow, um auf diese Weise eine Renditekennziffer zu erhalten, die

- nicht auf Erträgen und Aufwendungen einerseits und Buchwerten andererseits beruht, sondern auf Zahlungsgrößen und zeitnahem Wert des Kapitaleinsatzes,
- ex post das Ergebnis des Konzerns, einzelner Unternehmen, Gesellschaften oder Teilbereiche misst oder
- als Zielvorgabe zur Erreichung von Mindestergebnissen, zur Beurteilung von Investitionsvorhaben und zur Steuerung

verwendet werden kann.

Zur Beurteilung eines Investitionsprojektes, eines Geschäftsfeldes, einer Tochterunternehmung oder eines ganzen Konzerns müssen berücksichtigt werden:

- die Struktur der Aktiva, also das eingesetzte Vermögen bzw. Kapital;
- das am Kapitalmarkt zu beschaffende Kapital;
- die Struktur der Cashflows, die sich aus der unternehmerischen Betätigung ergeben;
- die Nutzungsdauer der Aktiva.

Grundlage ist die **interne Zinsfußmethode**, die bei einer dynamischen Betrachtungsweise den internen Zinsfuß des abgebildeten Cashflow-Profils ermittelt. Einbezogen werden:

- der Wiederbeschaffungswert des eingesetzten Vermögens, Markt- statt Buchwert;
- der Cashflow, der aus dem Einsatz dieses Vermögens resultiert;
- die Nutzungsdauer der Vermögensgegenstände.

Die Gewinnung der Daten aus dem Jahresabschluss kann folgendermaßen erfolgen:

Cashflow

Er ist gekennzeichnet durch den finanziellen Rückfluss auf die eingesetzten und verzinslich finanzierten Aktiva (Wiederbeschaffungswertbasis). Der Cashflow wird anstelle einer Gewinngröße genutzt, weil er „bewertungsunabhängig" ist. Üblicherweise wird er ermittelt, indem die Erfolgskennzahl Jahresüberschuss dadurch in eine Finanzkennzahl transformiert wird, dass dem Jahresüberschuss alle diejenigen Aufwendungen hinzugerechnet werden, die nicht zu Auszahlungen geführt haben; abgezogen werden die Erträge, die keine Einzahlungen zur Folge hatten.

Allerdings wird in den in der Literatur vorgestellten Modellen mit unterschiedlichen Cashflow-Definitionen gearbeitet. Hier z. B. Brutto-Cashflow vor Zinsen, aber nach Steuern:

Jahresüberschuss nach Steuern	
+ Zinsaufwand	
+ Abschreibungen	
= **Brutto-Cashflow** →	abgebildet werden die tatsächlich zur Verzinsung des eingesetzten Kapitals und zur Reinvestition zur Verfügung stehenden Mittel. Der Brutto-Cashflow wird auf Basis eines Jahres ermittelt und dann über die Nutzungsdauer als konstant angenommen.

Bruttoinvestitionsbasis/Wiederbeschaffungswerte

Es findet eine Verknüpfung von Aktiv- und Passivseite der Bilanz statt. Das eingesetzte Vermögen, das employed capital, wird folgendermaßen ermittelt, um zu zeitnahen Werten zu gelangen:

	Buchwert SAV
+	kumulierte Abschreibungen
=	Anschaffungskosten des SAV · Inflationierung (soll Marktwert annähern)
+	sonstiges AV
+	Umlaufvermögen
=	**Wiederbeschaffungswert der Aktiva**
./.	nichtverzinsliches Fremdkapital
=	**Bruttoinvestitionsbasis, Investitionswert**

Nutzungsdauer

Anschaffungskosten lt. Anlagengitter, dividiert durch jährliche lineare Abschreibungen. Dadurch findet eine Darstellung des „Investitionsprofils" statt und damit ist die Grundlage geschaffen, um die Verzinsung dieses Profils als Rentabilitätskennzahl zu messen.

Cashflow Return on Investment-Grundmodell

$$CFRoI = i = \frac{\text{Brutto-Cashflow}}{\text{Bruttoinvestitionsbasis (Investitionswert)}} \cdot 100$$

Brutto-Cashflow:

Jahresüberschuss nach Steuern (ggf. operatives Ergebnis)
+ Zinsaufwand
+ Abschreibungen
(Vorteil: nicht durch Bewertungen beeinflusst)

Bruttoinvestitionsbasis (Investitionswert):

Buchwert Sachanlagevermögen
+ kumulierte Abschreibungen SAV
= AHK · Inflationierung
= angenäherter Marktwert des SAV
+ Sonstiges Anlagevermögen
+ Umlaufvermögen
./. nicht verzinsliches Fremdkapital
= Bruttoinvestitionsbasis

Das Grundmodell ermittelt allerdings nur den CFRoI für ein Jahr. Bessere Ergebnisse werden erreicht, wenn man ihn über die gesamte Nutzungsdauer ermittelt, also dynamisiert.

Die **Dynamisierung** wird erreicht, indem unterstellt wird, dass der Brutto-Cashflow in allen Jahren der Nutzungsdauer wieder erzielt wird und die freigesetzten Beträge wieder angelegt werden. Um den Zeitwert des Geldes zu berücksichtigen, werden die einzelnen Perioden-Cashflows diskontiert. Gesucht wird der Zinssatz i, bei dem der Kapitalwert der Cashflows unter Berücksichtigung des Investitionsvolumens (Bruttoinvestitionsbasis, Anschaffungskosten) gleich null ist.

Anders ausgedrückt: Es wird der Zinssatz ermittelt, bei dem die Summe der diskontierten Cashflows gleich der Bruttoinvestition ist, die Investitionsauszahlungen also durch die Cashflows und das Endvermögen im Sinne von Einzahlungen bzw. Rückflüssen wieder „verdient" sind. Ermittelt wird also exakt die Verzinsung, die die betrachtete Einheit, das Geschäftsfeld, die Investition etc. erbringt. Er entspricht dem CFRoI.

ABB. 39: Cashflow Return on Investment

$$\text{Bruttoinvestitionsbasis} = \frac{CF}{(1+i)} + \frac{CF}{(1+i)^2} + \ldots + \frac{CF}{(1+i)^n} + \frac{Y}{(1+i)^n}$$

Bruttoinvestitionsbasis → Investitionswert

Zinssatz i in den Nennern → **gesuchter Zins i** muss durch Iteration ermittelt werden

Y → Veräußerungswert des Endvermögens

CFRoI = i = tatsächliche Verzinsung des betrachteten Objektes

Da diese Formel nicht nach „i" aufgelöst werden kann, muss „i" durch Iteration bestimmt werden. Das Ergebnis ist dann so zu interpretieren, dass die Cashflows das investierte Kapital eingespielt und darüber hinaus eine Rendite von „i" erbracht haben. Zur Beurteilung ist sodann diese Rendite „i" mit der angestrebten bzw. vorgegebenen Rendite zu vergleichen, wobei diese Vorgabe die Kapitalkosten zum Ausdruck bringt.

Die erreichte Verzinsung „i" des CFRoI muss mit den Kapitalkosten „k" verglichen werden, um die Effizienz des Kapitaleinsatzes im untersuchten Geschäftsfeld, der Division, der Investition etc., beurteilen zu können.

Die Kapitalkosten ergeben sich, wie zuvor beschrieben, aus der Verzinsung alternativer Einsatzmöglichkeiten des Kapitals.

Wenn sich ergibt

$i > k$, handelt es sich um einen „Werttreiber", der förderungswürdig und erhaltenswert ist. Ist hingegen $i < k$, wird Wert vernichtet. Die Strategie muss überprüft, das Geschäftsfeld möglicherweise aufgegeben werden.

Entscheidungen auf Basis Cashflow-orientierter Kennzahlen, Überlegungen dieser und ähnlicher Art haben sich im Rahmen der wertorientierten Unternehmensführung in den dem Shareholder-Value verpflichteten Unternehmen längst etabliert. Für die externe Jahresabschlussanalyse ist die Bedeutung jedoch noch vergleichsweise gering, weil die Jahresabschlüsse nach HGB und auch nach IFRS das dazu erforderliche Datenmaterial nicht bzw. unzureichend bereitstellen.

Allerdings ist zu beobachten, dass Unternehmen freiwillig solche Informationen z. B. über die Kapitalkosten in ihren Geschäftsberichten veröffentlichen. In Verbindung mit der von börsennotierten Konzernunternehmen geforderten Segmentberichterstattung sind sie dann allerdings sehr hilfreich.

LITERATURHINWEISE

Ballwieser, W.: Unternehmensbewertung mit Discounted Cashflow-Verfahren, in: Wpg 1998, S. 81-92.

Lewis, T. G./Lehmann, S.: Überlegene Investitionsentscheidungen durch CFRoI, in: BFuP 1992 S. 1-13.

Gräfer, H./Ostmeier, V.: Discounted Cash Flow, Cash Flow Return on Investment und Economic Value Added als Instrumente der wertorientierten Unternehmenssteuerung, in: BBK 2000 S. 967-982 (Fach 26 S. 923 ff.).

Gräfer, H./Ostmeier, V.: Der Discounted Cash Flow als Instrument der Unternehmensbewertung, in: BBK 2000 S. 667-682 (Fach 28 S. 1241-1256).

Hachmeister, D.: Der Cashflow Return on Investment, in: ZfbF 1997, S. 556-579.

Klook, J.: Cashflow-Return on Investment als Rentabilitätskennzahl aus externer Sicht, in: WISU 1996, S. 1101-1107.

Küting, K./Weber, C. P.: Die Bilanzanalyse.

5.2.2 Return on Capital employed (RoCe) und Return on Net Assets (RoNa)

Andere, neuere Renditekennzahlen, die häufig in Segmentberichten verwendet werden und deswegen hier vorgestellt werden sollen, sind RoCe und RoNa. Sie unterscheiden sich vom CFRoI dadurch, dass als Erfolgs- und Kapitalgröße nicht der Cashflow und der zeitnahe Investitionswert, sondern EBIT und Capital employed, das betriebsnotwendige Vermögen, verwendet werden.

$$\text{RoCe} = \frac{\text{EBIT}}{\text{Capital employed}} \cdot 100$$

$$\text{RoNA} = \frac{\text{EBIT}}{\text{Net Assets}} \cdot 100$$

Als Zähler wird in beiden Kennzahlen üblicherweise EBIT verwendet. Das hat den Vorteil, dass auch internationale Unternehmen mit unterschiedlicher Besteuerung verglichen werden können.

Beiden Kennzahlen liegt das gleiche Ziel zugrunde: Es soll die Effizienz des Kapitaleinsatzes im Kernbereich des Unternehmens gemessen werden. Sie unterscheiden sich lediglich bezüglich des Nenners: Beim RoNa wird der Nenner von der Aktiv-Seite der Bilanz her als Net Assets (Anlagevermögen zuzüglich Nettoumlaufvermögen (Umlaufvermögen ./. kurzfristige Verbindlichkeiten und kurzfristige Rückstellungen) ermittelt. Beim RoCe erfolgt die Bestimmung des Capital employed von der Passiv-Seite her als Summe von Eigenkapital und verzinslichem Fremdkapital.

Auch bei Verwendung dieser Kennzahlen kann die Feststellung der Wertänderung nur durch Vergleich mit den Kapitalkosten erfolgen.

5.2.3 Economic Value Added (EVA)

Anders als die bisher dargestellten Kennzahlen, die dem Rendite-Konzept folgen, stellt der Economic Value Added eine periodenbezogene absolute Erfolgskennzahl dar, die den Übergewinn (Residualgewinn) als operativen Erfolg nach Steuern abzüglich der Kapitalkosten zu ermitteln sucht. Wertsteigerung oder Wertvernichtung der Perioden werden also als absolute Werte gezeigt, indem der operative Überschuss über die Kosten für das zur Erzielung dieses Überschusses eingesetzte Kapital errechnet wird.

Die Ermittlung des EVA kann anhand zweier verschiedener, letzten Endes gleichwertiger Verfahrensweisen erfolgen als

- Differenz aus der Erfolgsgröße und den Kapitalkosten (*Capital Charge*)

$$EVA_t = NOPAT_t - EBV_{t=1} \cdot WACC$$

oder

- als Produkt aus der Überrendite mit dem eingesetzten Kapital (*Value Spread*)

$$\text{EVA}_t = \underbrace{\left[\frac{\text{NOPAT}_t}{\text{EBV}_{t-1}} - \text{WACC}\right]}_{\text{Spread}} \cdot \text{EBV}_{t-l}$$

NOPAT = Net Operating Profit after Taxes

EBV = Economic Book Value of Assets, zeitnah bewertetes investiertes Kapital

WACC = Kapitalkostensatz

Bei dem Quotienten aus NOPAT und EBV handelt es sich um ein zeitnahes Renditemaß, sodass den marktbezogenen Kapitalkosten auch eine korrespondierende Rentabilitätsgröße gegenübergestellt wird. Bei Ermittlung der Erfolgsgröße NOPAT und der Kapitalgröße EBV werden die bilanzpolitisch beeinflussten Buchhaltungswerte (Accounting Model) in wirtschaftliche Maßgrößen überführt. Es werden zahlreiche Daten des Rechnungswesens zur Eliminierung nicht betriebsbedingter, finanzieller, steuerlicher und bewertungsbedingter Verzerrungen korrigiert, um damit ähnlich bereinigte Zahlen zu haben wie im CFRoI. Auf Einzelheiten dieser „Conversions" soll an dieser Stelle nicht eingegangen werden, weil der externe Analyst sie nicht ohne weitere Information durchführen kann und bezüglich der genannten Werte auf die Informationen aus dem Unternehmen angewiesen ist.

Bezüglich der Beurteilung der Wertänderung gilt: Ist der NOPAT größer als die Kapitalkosten (EBV · WACC), so ist EVA positiv und in der Unternehmung, im Geschäftsfeld oder im Segment wird Wert geschaffen; ist NOPAT kleiner als der mit dem gewichteten Kapitalkostensatz multiplizierte Vermögens- bzw. Kapitaleinsatz, wurde Wert vernichtet.

Sämtliche vorgestellten Kennzahlen sind geeignet, den Segmentbericht bilanzanalytisch auszuwerten. Deswegen sei nun die Segmentberichterstattung zunächst allgemein und dann bezüglich der Nutzung ihrer Informationen unter Verwendung dieser Performance-Kennzahlen dargestellt.

LITERATURHINWEISE

Böcking, H. J./Nowack, K.: Das Konzept des Economic Value Added, in: Finanzbetrieb 10/1999, S. 281-288.

Copeland, T. E./Koller, T./Murrin, J.: Unternehmenswert: Methoden und Streategien für eine wertorientierte Unternehmensführung, 2. Aufl., Frankfurt a. M./New York 1998.

Küting, K.: Performance-Messung und Unternehmensbewertung auf Basis des EVA, in: WPg 21/52 1999, S. 829-838.

Lorson, P.: Shareholder Value Ansätze, Zweck, Konzepte und Entwicklungstendenzen, in: DB 26 u. 27/1999, S. 1329-1339.

Schneider, D.: Oh, EVA, EVA, schlimmes Weib: Zur Fragwürdigkeit einer Zielvorgabe-Kennzahl nach Steuern im Konzerncontrolling, in: DB 48/2001, S. 2509-2514.

Stern, J. M./Shiely, S./Ross, I.: Wertorientierte Unternehmensführung mit E(conomic) V(alue) A(dded). Strategie, Umsetzung, Praxisbeispiele, München 2002.

Stewart, G. B.: The Quest für Value: The EVATM Management Guide, New York 1991.

5.3 Aufgaben, Struktur und Ergebnisse der Segmentberichterstattung

Konzernunternehmen sind häufig global und damit in verschiedenen Regionen, Produktgruppen etc. tätig. Der einzelne Konzernjahresabschluss stellt die Ergebnisse jedoch nur aggregiert dar. Daraus resultieren Informationsdefizite. Insbesondere können Risiken auf einzelnen Märkten, Produktgruppen oder Tätigkeitsgebieten nicht erkannt werden, weil es Kompensationseffekte gibt. Deswegen besteht die Pflicht zur Segmentberichterstattung bei kapitalmarktorientierten Konzernen. Sie informiert über die Aktivitäten und deren Ergebnisse in den einzelnen Segmenten und geografischen Gebieten in Form von Kennzahlen.

Unter einem **Segment** versteht man grundsätzlich jeden isolierbaren Teilbereich innerhalb eines diversifizierten Unternehmens oder Konzerns, z. B. Produktgruppe, Geschäftszweig, Profit-Center, Region. Folglich bedeutet **Segmentberichterstattung** eine nach Bereichen differenzierte oder strukturierte Darstellung, in der aggregierte Daten eines Jahresabschlusses zerlegt und den einzelnen Bereichen des diversifizierten Unternehmens zugeordnet werden.

Die Bildung der einzelnen Segmente erfolgt nach folgenden Kriterien und Abgrenzungen:

- **geografisch:** Länder, Ländergruppen
- **organisatorische Abgrenzungen** im Sinne des *„Management Approach“;* d. h., die Abgrenzung der einzelnen Segmente, über die berichtet wird, muss dem internen Berichtswesen und den Verantwortlichkeiten im Konzern entsprechen. Dabei sollen, dem „Risk and Reward Approach“ entsprechend, auch die Risiken und Chancen der einzelnen Segmente berücksichtigt werden.
- **Wesentlichkeitskriterium:** Sofern in einem Tätigkeitsbereich mehr als 10 % der Umsatzerlöse, des Ergebnisses oder des Bruttovermögens kumuliert sind, muss speziell berichtet, ein eigenes Segment definiert werden.

Für jedes Segment werden üblicherweise zumindest angegeben:

- **der Segmentumsatz;**
- **das Segmentergebnis,** es entspricht weitgehend dem Betriebsergebnis des Bereichs. Allerdings ist dieses häufig nicht ausreichend um die außerordentlichen Komponenten bereinigt;
- **das Segmentvermögen,** mit dem dieses Ergebnis erzielt wurde. In angelsächsischer Terminologie häufig als „employed capital“ bezeichnet;
- **die Segmentrendite,** häufig auf Basis des Cashflow Return on Investment ermittelt.

Soweit die Segmentrendite oder eine ähnliche Kennzahl, wie z. B. der CFRoI, nicht schon berichtet werden, lässt sie sich leicht ermitteln als

$$\text{Segmentrendite} = \frac{\text{Segmentergebnis}}{\text{Segmentvermögen}} \cdot 100$$

Ähnlich lassen sich die anderen vorgestellten Kennzahlen auf das Segment beziehen, so z. B. die Umsatzrendite

$$\text{Segmentumsatzrendite} = \frac{\text{Segmentergebnis}}{\text{Segmentumsatz}} \cdot 100$$

Die Segmentberichterstattung ermöglicht die Beurteilung der Leistungsfähigkeit der einzelnen Segmente, lässt **„Werttreiber“** und **„Wertvernichter“** erkennen.

Funktion der Segmentberichterstattung ist es, die Adressaten der Rechnungslegung mit entscheidungsrelevanten finanziellen und nicht finanziellen Informationen über die Entwicklungschancen und -risiken sowie die Rentabilität der einzelnen Segmente zu versorgen, um eine verlässliche Einschätzung der wirtschaftlichen Lage des Unternehmens zu gewährleisten. Die Segmentberichterstattung dient also der Verbesserung eines den tatsächlichen Verhältnissen entsprechenden Bildes der Vermögens-, Finanz- und Ertragslage sowie der Risikosituation eines Unternehmens und schafft somit eine qualifizierte Informationsbasis für Kapitalanleger, aber auch für alle anderen Interessengruppen. Sie ist sehr gut dazu geeignet, Informationsasymmetrien zwischen dem Management und den Kapitalgebern zu reduzieren, indem sie der zuletzt genannten Gruppe einen Einblick in die Wertschaffung und die speziellen Risiken unterschiedlicher, heterogener Segmente gewährt. Hierdurch können auch potenzielle Principal-Agent-Konflikte, die eine Folge der Trennung von Eigentum und Management sind, verringert werden.

MERKE

Am Ende dieses Kapitels zur wertorientierten Unternehmensanalyse und zur Auswertung des Segmentberichtes ist noch ein wichtiger Hinweis angebracht:

Schlechte oder gar negative Performance-Kennzahlen der einzelnen Geschäftsfelder oder Segmente besagen nur, dass es sich um problematische Bereiche oder gar Wertvernichter im Sinne des beschriebenen Konzeptes handelt. Das aber heißt nicht ohne Weiteres, dass es sich um „Verlustbereiche" im klassischen Sinne handelt. Möglicherweise liefern sie wichtige Deckungsbeiträge und tragen zu positiven Ergebnissen und Jahreserfolgen bei. Eine unter den Kapitalkostensätzen liegende Rendite – wie auch immer gemessen – weist nur darauf hin, dass die Rendite nicht dem dem Kapitalkostenkonzept zugrunde liegenden Risiko entspricht. Außerdem stellt sich real immer die Frage nach der alternativen Verwendung der durch eine Aufgabe oder durch den Verkauf der entsprechenden Segmente freigesetzten finanziellen Mittel.

LITERATURHINWEISE

Böcking, H. J./Benecke, B.: Neue Vorschriften zur Segmentberichterstattung nach IAS und US-GAAP unter dem Aspekt des Business Reporting, in: WPg 3/1998, S. 92-107.

Coenenberg, A. G.: Segmentberichterstattung als Instrument der Bilanzanalyse, in: Der Schweizer Treuhänder 6–7/2001 S. 593-606, DRS 3: Segmentberichterstattung, in: Deutsches Rechnungslegungs Standards Committee e.V. (Hrsg): Deutsche Rechnungslegungs Standards (DRS)/ German Accounting Standards (GAS), Stuttgart 2000.

Gubelt, C.: Die Jahresabschlussanalyse, a. a. O.

Haller, A./Park, P.: Segmentberichterstattung auf Basis des „Management Approach" – Inhalt und Konsequenzen, in: Kostenrechnungspraxis, Sonderheft 3/1999, S. 59-66.

Krawitz, N.: Zur Erweiterung der deutschen Segmentberichterstattung unter Berücksichtigung internationaler Entwicklungen, in: Fischer, T. R./Homberg, R. (Hrsg.): Jahresabschluss und Jahresabschlussprüfung, Düsseldorf 1997.

Nardmann, H.: Die Segmentberichterstattung – Anforderungen nach DRS 3 im internationalen Vergleich, Herne/Berlin 2002.

Ostmeier, V.: Das Informationspotenzial neuerer Rechnungslegungsinstrumente, a. a. O.

4. Teil: Statistische Verfahren zur Früherkennung von Insolvenzen: Die Diskriminanzanalyse

1. Problemstellung und Ansatz

Die statistischen Verfahren – hier dargestellt am Beispiel der Diskriminanzanalyse – stellen anders als die bisher beschriebene Kennzahlenrechnung nicht auf eine möglichst umfassende Beurteilung einer Unternehmung ab, sondern haben vorzugsweise eine möglichst frühzeitige **Insolvenzprognose** zum Ziel. Sie werden in der Kreditwirtschaft verwendet, die durch ein zu bewältigendes Massengeschäft charakterisiert ist und nach Wegen sucht, „solvente Kreditnehmer" im Kreditgeschäft von solchen zu unterscheiden, die in Zahlungsschwierigkeiten kommen könnten. Der Grund für die Anwendung statistischer Verfahren ist darin zu sehen, dass die Ressourcen an Arbeitskraft und finanziellen Mitteln auf die problematischen Fälle konzentriert und nicht durch aufwendige Routineanalysen auch bei zweifellos ungefährdeten Kunden verschwendet werden sollen.

In dieser Situation ist die traditionelle Kennzahlenanalyse wenig hilfreich, weil sie folgende Fragen nicht zu beantworten vermag:

- Welche der vielen vorgestellten Kennzahlen zeigen zuverlässig und frühzeitig Fehlentwicklungen an?
- Wie viele solcher Kennzahlen sind für eine Urteilsbildung erforderlich?
- Wie können Kennzahlen vor dem Hintergrund einer möglichst schnellen Urteilsfindung zu einem Gesamtindikator kombiniert werden, und ab welchem Wert eines solchen Gesamtindikators wird eine mögliche Unternehmensgefährdung angezeigt?

(Vgl. hierzu auch die Ausführungen von *Küting, K.* und *Lorson, P.:* Stand und Entwicklungsperspektiven …, a. a. O., BBK F. 19 S. 266)

Da eine theoretische Fundierung der Kennzahlenrechnung als Instrument der Jahresabschlussanalyse bisher fehlt, wird die Antwort auf diese Fragen nunmehr empirisch gesucht: Mithilfe **statistischer Verfahren** wie der Diskriminanzanalyse werden vergangenheitsorientiert große Datenmassen vorhandener Jahresabschlüsse im Hinblick auf die genannten Fragestellungen analysiert. Dabei gilt es solche Kennzahlen zu identifizieren und zu isolieren, mit denen die zu beurteilenden Probanden möglichst zweifelsfrei in Gruppen solventer und insolventer Unternehmen eingeteilt werden können. Ist eine derartige Zweiteilung mit hoher Trennkraft möglich, so hätte sie den Vorteil, dass man für ein zukünftiges Neugeschäft lediglich die als geeignet erkannten Kennzahlen des kreditsuchenden Unternehmens berechnen und dieses entsprechend einer der beiden Gruppen zuordnen müsste: Handelt es sich danach um ein solventes Unternehmen (sogenannter „weißer Bereich"), kann der Kredit ohne weitere große Prüfungen vergeben werden; signalisieren die Kennzahlen dagegen Insolvenz (sogenannter „schwarzer Bereich"), so ist von einer Kreditvergabe tendenziell abzuraten. Eine eingehendere Prüfung ist dagegen dann erforderlich, wenn ein Teil der Kennzahlen eine Klassifizierung als solventes, ein anderer dagegen eine Einordnung als vermeintlich insolventes Unternehmen nahelegt („Graubereich").

Das Ziel des Einsatzes statistischer Verfahren besteht also zunächst darin, für die Trennung geeignete Kennzahlen zu finden und sie dann für eine intersubjektiv nachprüfbare, systematische und zügige Bonitätsbeurteilung eines Unternehmens zu nutzen.

2. Generelle Vorgehensweise bei der Diskriminanzanalyse

Die Diskriminanzanalyse ist ein statistisches Verfahren zur Analyse von Gruppenunterschieden, das es dem Anwender gestattet, gleichzeitig mehrere Variablen simultan zu untersuchen. Voraussetzung für die Durchführung einer jeden Diskriminanzanalyse ist, dass sich die Elemente einer Grundgesamtheit, z. B. alle Kredite nachfragenden Unternehmen, in Bezug auf bestimmte Merkmale (hier die Kennzahlen der Bilanzanalyse) voneinander unterscheiden und sich diese Merkmale auch messen lassen. Auf der Basis unterschiedlicher Merkmalsausprägungen (Werte der Kennzahlen) wird dann eine Zuordnung der einzelnen Elemente in sich gegenseitig ausschließende Gruppen vorgenommen. Ein Kreditsuchender muss z. B. eindeutig als solvent oder insolvent eingestuft werden können.

Mathematisch gesehen geschieht dies in zwei aufeinanderfolgenden Arbeitsgängen: Zunächst gilt es Merkmale (Kennzahlen) auszuwählen, die eine möglichst gute Trennung (= Diskriminanz) der betrachteten Unternehmen ermöglichen – man nennt sie **Diskriminanzvariablen.** Dabei ist zu beachten, dass nie zwei Faktoren ausgewählt werden dürfen, die denselben Aussagegehalt besitzen: Eine gleichzeitige Auswahl der Kennzahlen Eigenkapitalquote (als Verhältnis von Eigen- zu Gesamtkapital) und Verschuldungsgrad (als Quotient aus Fremd- und Gesamtkapital und damit als Komplementärwert zur Eigenkapitalquote) käme z. B. nicht infrage. Anschließend werden die aussagekräftigsten Kennzahlen miteinander verknüpft; dieses vollzieht sich in der einfachsten Form additiv. Die so aufgestellte Gleichung bezeichnet man als **Diskriminanzfunktion.**

Aus mathematischen Gründen ist ferner zu fordern, dass die Gruppen aus normalverteilten Grundgesamtheiten stammen, damit man Signifikanztests und Wahrscheinlichkeitsberechnungen durchführen kann. Die generelle Vorgehensweise soll nachfolgend verbal beschrieben werden.

1. Zunächst wird aus dem vorhandenen Kundenpool eine gleich hohe Anzahl an Unternehmen herausgesucht, die bekanntermaßen solvent geblieben und insolvent geworden sind.
2. Dann wird heuristisch oder analytisch überprüft, durch welche Diskriminanzvariablen (bilanzanalytische Kennzahlen) sich diese beiden Gruppen voneinander unterscheiden lassen.
3. Die Diskriminanzvariablen werden gewichtet und miteinander zu einer Diskriminanzfunktion verknüpft.
4. Für die Diskriminanzfunktion werden nun die Wertebereiche beider Gruppen angegeben, die durch einen **Trennwert,** den sogenannten **cut-off-point**, begrenzt sind. Dieser wird so gewählt, dass der Bereich der Fehleinschätzungen (solvente Unternehmen werden als gefährdet eingestuft und umgekehrt) möglichst klein ist.
5. Nachdem das Verfahren für die Stichproben durchgeführt wurde, muss anschließend anhand der bislang nicht einbezogenen Unternehmen überprüft werden, ob die ermittelte Diskriminanzfunktion auch für diese eine möglichst zutreffende Trennung in solvente und insolvente Probanden erbringt und damit grundsätzlich zur Prognose herangezogen werden kann. Sollte dieses nicht der Fall sein, ist die gesamte Prozedur erneut zu durchlaufen.

Nach der Anzahl der in die Analyse einbezogenen Variablen lassen sich uni-, bi- und multivariate Verfahren unterscheiden. Bei einer **univariaten Diskriminanzanalyse** wird zur Trennung nur eine einzige Kennzahl herangezogen, z. B. nur die Eigenkapitalquote; ihr Vorteil ist vor allem darin zu sehen, dass sich die Analyse auch grafisch veranschaulichen lässt. Bei einer **bivariaten Analyse** wird eine Untersuchung anhand zweier Variablen durchgeführt, wie z. B. Eigenkapitalquote und Umsatzrentabilität. Die **multivariate Diskriminanzanalyse** stellt das anspruchsvollste Verfahren der genannten drei dar und bezieht beliebig viele Variablen ein. Der Vorteil der beiden letztgenannten gegenüber dem ersten Verfahren ist darin zu sehen, dass auch Beziehungen zwischen den Kennzahlen mit in die Berechnung eingehen: So wäre es denkbar, dass die Variablen A und B für sich genommen keine zufriedenstellende Trennung ermöglichen, wohl aber ihre Kombination.

3. Die Ermittlung geeigneter Kennzahlen und deren Kombination

3.1 Die Ausgangslage

Die Grundgesamtheit einer Bank bildet der Kundenpool, der sich aus gesunden und gefährdeten Unternehmen zusammensetzt. Anhand welcher Merkmale können nun die beiden Gruppen von Unternehmen voneinander unterschieden werden? Wie lassen sich insbesondere die gefährdeten Unternehmen, denen erhöhte Aufmerksamkeit zu schenken ist, identifizieren? Welche Merkmalsausprägungen charakterisieren die eine oder die andere Gruppe? Und welche Fehlklassifikationen können sich hierbei ergeben? Das sind die Fragestellungen, denen wir nachgehen wollen.

Dazu wird i. d. R. auf **die Jahresabschlüsse der letzten drei Jahre** zurückgegriffen: Unternehmen, die diesen Zeitraum ohne Leistungsstörungen überlebt haben und nicht auffällig geworden sind, werden der Gruppe der solventen Unternehmen zugeordnet; bekanntermaßen in Zahlungsschwierigkeiten geratene Unternehmen werden dagegen als insolvent eingestuft.

Sodann werden Kriterien, die eine Aussage über die Solidität der Unternehmen ermöglichen, gesucht. So stellt man sich z. B. vor, dass die Ausstattung mit Eigenmitteln ein geeignetes Merkmal sein kann, bei dem zu vermuten ist, dass diese bei solventen Unternehmen höher als bei insolventen Unternehmen ist. Auch könnte das Kriterium der Rentabilität Auskunft über die wirtschaftliche Potenz eines Unternehmens geben; hier würde gemutmaßt, dass die Rentabilität gesunder Unternehmen signifikant höher als jene von in Zahlungsschwierigkeiten befindlichen ist. Da im Vorhinein nicht bekannt ist, welche dieser Kennzahlen „besser“ (trennschärfer) ist, betrachten wir zunächst jede für sich; wir führen also zweimal eine univariate Diskriminanzanalyse durch.

3.2 Univariate Diskriminanzanalyse

In der Abbildung 40 auf S. 156 sind beide Kriterien abgetragen: Merkmal 1 (Eigenkapitalquote) auf der Abszisse, Merkmal 2 (Rentabilität) auf der Ordinate. Unternehmen, die sich in den drei betrachteten Jahren als solvent erwiesen haben, kennzeichnen wir durch ein schwarzes Quadrat, solche, die in dieser Zeit bekanntermaßen insolvent geworden sind, durch einen grauen Kreis.

Eindeutig solvente Unternehmen finden sich im II. Quadranten: Sowohl die Werte der Rentabilität wie auch der Eigenkapitalquote liegen über den Trennwerten. Bei Unternehmen, die sich im 1. Quadranten befinden, ist zwar die Rentabilität genügend, jedoch reicht das Eigenkapital nicht aus. Im III. Quadranten finden sich die eindeutig insolvent gewordenen Unternehmen: Rentabilität und Eigenkapitalquote liegen unter dem als notwendig erkannten Wert. Im IV. Quadranten sollten die Unternehmen auffällig werden, deren Eigenkapital zwar hinreichend, die aber nicht die erforderliche Rentabilität aufweisen.

ABB. 40: Zweifache univariate Diskriminanzanalyse

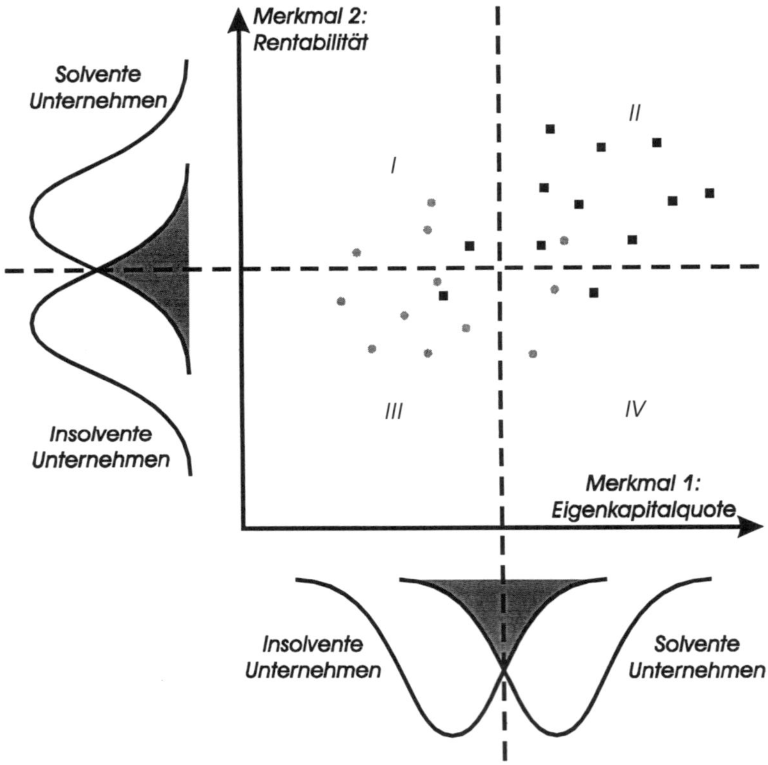

Die Grafik zeigt nun aber, dass es auch zu Fehlklassifikationen gekommen ist. So finden sich im I., III. und IV. Quadranten auch Unternehmen, die als „gefährdet" klassifiziert wurden, sich aber als solvent erwiesen haben (schwarzes Quadrat). Andererseits wird im II. Quadranten ein Unternehmen als solvent eingestuft, das jedoch insolvent geworden ist (grauer Kreis).

Auch wenn das Gros der Unternehmen richtig eingestuft wurde, sieht man deutlich, dass es zu Fehlentscheidungen kam, grafisch gesprochen Probanden auf der „falschen Seite der Trenngeraden" liegen. Diese Fehlklassifikationen werden in der Testtheorie Fehler 1. und 2. Art genannt. Als Fehler 1. Art wird üblicherweise der Umstand bezeichnet, dass ein Unternehmen als schlecht klassifiziert wird, obwohl es solvent ist. Dies ist zwar bedauerlich, führt im Ernstfall aber nicht zu weiteren Konsequenzen für das beurteilende Kreditinstitut, weil sich der „Schaden" lediglich auf die Höhe des entgangenen Gewinns beläuft. Schwerwiegender ist der Fehler 2. Art, bei dem ein insolventes Unternehmen als solvent eingestuft wird: Eine derartige Fehlklassifikation kann im schlimmsten Fall zum Totalausfall des Engagements führen, der Schaden ist also weitaus größer als im ersten Fall.

Die Wahrscheinlichkeit für das Auftreten der beiden Fehler wird in der Grafik durch die grau schattierte Fläche zwischen den beiden Normalverteilungskurven dargestellt. Sie ist umso höher, je näher die beiden Kurven beieinander liegen und je flacher sie verlaufen. Da der zweite Umstand nicht beeinflussbar ist, bleibt nur die Kontrolle des Abstandes zwischen den Kurven; sie gibt Aufschluss über die Güte der Trennung: Bei einer gut trennenden Variablen liegen die Kurven weiter auseinander als bei einer nur mäßig diskriminierenden.

Aus der Grafik wird aber noch etwas ersichtlich: Die fehlklassifizierten Unternehmen unterscheiden sich, je nachdem, welche Variable herangezogen wird: Wurde die Eigenkapitalquote als Diskriminanzvariable benutzt, so wurden zwei tatsächlich solvente Unternehmen als insolvent und drei tatsächlich insolvente als solvent eingestuft; wurde dagegen das Merkmal Rentabilität betrachtet, so werden zwei solvente als in Zahlungsschwierigkeiten befindlich abgebildet und vier insolvente als solvent eingestuft. Bei den falsch klassifizierten Unternehmen handelt es sich aber nur in einem Fall um ein und dasselbe Unternehmen; das zweite Unternehmen ist jeweils ein anderes.

Welche Trennung ist nun die „richtige"? Natürlich ließe sich die Güte einer Diskriminanzvariablen nach der Zahl der Fehlklassifikationen aussuchen: Dann wäre jene Variable auszuwählen, bei der am wenigsten falsch zugeordnete Unternehmen auftauchen; in unserem Beispiel wäre das Merkmal Eigenkapitalquote dem Merkmal Rentabilität damit überlegen. Es wurde weiter oben aber schon angeführt, dass ein derartiges Vorgehen nicht sinnvoll ist, weil mögliche Beziehungen zwischen den Kriterien nicht in die Untersuchung mit eingehen. Aus diesem Grunde führen wir als Nächstes eine multivariate Diskriminanzanalyse durch.

3.3 Multivariate Diskriminanzanalyse

Multivariate Diskriminanzanalysen sind Verfahren, die simultan mehrere Kennzahlenverteilungen analysieren und eine Klassifikationsregel mit mindestens zwei Kennzahlen berechnen. Mithilfe eines schrittweisen Suchverfahrens lässt sich die Kombination von Kennzahlen finden, die eine Klassifikation in Gruppen „guter" und „schlechter" Unternehmen am trennschärfsten, also mit der geringsten Zahl an Fehlklassifikationen durchführt. Die in die Betrachtung eingehenden Kennzahlen xi werden entsprechend ihrer Bedeutung für die Früherkennung von Unternehmenskrisen mit einem Gewichtungsfaktor ai multipliziert: Je trennschärfer die Kennzahl, desto höher die Gewichtung. Die gewichteten Merkmale werden anschließend additiv miteinander verknüpft; das Ergebnis ist die sogenannte (kanonische) Diskriminanzfunktion, die folgendes Aussehen hat:

$$D = a_0 + a_1 \cdot x_1 + a_2 \cdot x_2 + \ldots + a_m \cdot x_m$$

Der berechnete Wert D heißt Diskriminanzwert. Je höher dieser Wert ist, desto wahrscheinlicher ist es, dass das betrachtete Unternehmen solvent ist.

Zusammenfassung

(1) Bestimmung der Grundgesamtheit und ihrer Abgrenzung, z. B. nach Branchenzugehörigkeit.

(2) Aufteilung der Grundgesamtheit anhand ihrer tatsächlichen historischen Entwicklung in zwei Gruppen: insolvent gewordene und solvent gebliebene Unternehmen.

(3) Ziehung einer Stichprobe mit gleichem Umfang aus jeder Gruppe.

(4) Berechnung von vorher festgelegten Kennzahlen aus den beiden Stichproben.

(5) Bestimmung derjenigen Kennzahlen, anhand derer sich die beiden Gruppen signifikant unterscheiden. Dabei müssen die zu kombinierenden Kennzahlen trennscharf und statistisch unabhängig sein. (Eine Kombination von Eigenkapitalrentabilität und Gesamtrentabilität wäre wohl unzulässig.)

(6) Schrittweise wechselnde Kombination und Gewichtung der als geeignet erkannten Kennzahlen und Kennzahlenkombination, bis die optimale Diskriminanzfunktion gefunden ist (optimale Vermeidung der Fehler 1. und 2. Art).

(7) Daraus kann dann für die zugrunde liegenden Stichproben ein kritischer Wert der Gesamtkennzahl (Diskriminanzwert) bestimmt werden, bei dem der Gesamtfehler minimiert wird. Der Gesamtfehler bestimmt sich aus der Summe der Fehler 1. und 2. Art.

(8) Validierung der empirisch gefundenen Diskriminanzfunktion anhand solcher Unternehmen, deren Gruppenzugehörigkeit bekannt ist, die aber nicht Elemente der Stichprobe zur Bestimmung der Diskriminanzfunktion waren.

(9) Zeigt die empirische Validierung tolerable Ergebnisse, kann die gefundene Diskriminanzfunktion angewendet werden. Den sich im Graubereich zwischen gesunden und gestörten Unternehmen befindlichen Kunden ist besondere Aufmerksamkeit zu schenken.

(10) Regelmäßige Überprüfung der ausgewählten und als trennscharf erkannten Kennzahlen auf ihre Trennschärfe hin, um sicherzustellen, dass es nicht andere Kennzahlen gibt, die aussagefähiger sind als die bisher herangezogenen.

(Vgl. hierzu auch die Ausführung von Küting, K. und Lorson, P.: Stand und Entwicklungsperspektiven …, a. a. O., BBK F. 19 S. 266, an die sich diese Zusammenfassung eng anlehnt.)

3.4 Besonders geeignete Kennzahlen und ihre Kombinationen

Als besonders trennscharf haben sich in Untersuchungen von Baetge und Niehaus folgende Kombinationen von Kennzahlen herausgestellt:

Eigenkapitalquote $\frac{\text{wirtschaftliches Eigenkapital}}{\text{Gesamtvermögen – flüssige Mittel – Immobilien}}$	
Kapitalrentabilität $\frac{\textbf{Cashflow I}}{\textbf{Gesamtkapital}}$	Betriebsergebnis vor Steuern + Normal-Abschreibungen ± Zuführung Pensionsrückstellungen = Cashflow I
Kapitalrückflussquote $\frac{\textbf{Cashflow II}}{\textbf{kurzfristiges Fremdkapital}}$	± finanzwirksame a. o. Erträge u. Aufwend. ± Bestandsverminderungen/-erhöhungen = Cashflow II

3.5 Zusammenfassung

Empirische Untersuchungen haben gezeigt, dass diskriminanzanalytisch gefundene Kennzahlen und ihre Kombinationen durchaus geeignet sind, Symptome drohender Insolvenzen frühzeitig erkennen zu lassen. Allerdings sind einige Einschränkungen zu machen:

Die Verfahren haben keine umfassenden Unternehmensbeurteilungen zum Gegenstand, sondern zielen nur auf die Insolvenzprognose ab. Das Instrumentarium kann nur von Institutionen eingesetzt werden, die über eine Vielzahl von Bilanzen verfügen. Externe Informationen reichen i. d. R. nicht aus, um eine Diskriminanzfunktion zu bestimmen. Aufgrund der nur ungenügend aufbereitbaren, bilanzpolitisch beeinflussten Jahresabschlüsse besteht die Gefahr einer Fehlinterpretation.

LITERATURVERZEICHNIS

A

Amen, M.: Erstellung von Kapitalflussrechnungen, 2. Aufl., München 1998.

ders.: Die Kapitalflussrechnung als Rechnung zur Finanzlage, in: WPg 1995, S. 498-509.

Arbeitskreis „Das Unternehmen in der Gesellschaft", Betriebswirtschaftlicher Ausschuss der chemischen Industrie e.V.: Das Unternehmen in der Gesellschaft in: DB 1975, S. 161-173.

Arbeitskreis „Externe Unternehmensrechnung" der Schmalenbach-Gesellschaft: Empfehlungen zur Vereinheitlichung von Kennzahlen in Geschäftsberichten, in: DB 1996, S. 1889-1994.

B

Baetge, J.: Rating von Unternehmen anhand von Bilanzen, in: WPg 1994, S. 1-10.

Baetge, J./Armeloh, K.-H.: Vermögensstrukturanalyse, in: BBK 1995 S. 905-912 (F. 19 S. 321-328).

Baetge, J./Bruns, C.: Erfolgsquellenanalyse, in: BBK 1996 S. 1003-1018 (F. 19 S. 387-402).

Baetge, J./Huss, M./Niehaus, H.-J.: Betriebswirtschaftliche Möglichkeiten zur Erkennung einer drohenden Insolvenz, in: IDW (Hrsg.) Beiträge zur Reform des Insolvenzrechts, Düsseldorf 1987.

Baetge, J./Jerschensky, A./Herrmann D./Stibi, B.: Die Auswahl prüfungsbedingter Betriebe im Rahmen der steuerlichen Außenprüfung, in: DB 1995, S. 585-593.

Baetge, J./Jerschensky, A.: Rentabilitätsanalyse, in: BBK 1997 S. 353-362, (F. 19 S. 413-422).

dies.: Beurteilung der wirtschaftlichen Lage von Unternehmen mit Hilfe von modernen Verfahren der Jahresabschlußanalyse, in: DB 1996, S. 1581-1591.

Baetge, J./Kirsch, H.-J./Thiele, S.: Bilanzanalyse, 2. Aufl., Düsseldorf 2004.

Baetge, J./Niehaus, H.J.: Prognosefähigkeit von Vermögens-, Finanz- und Ertragskennzahlen im empirischen Test, in: Bilanzanalyse nach neuem Recht (Hrsg. Coenenberg, A. G.), Landsberg 1989, S. 69-90.

dies.: Moderne Verfahren derJahresabschlußanalyse, in: Baetge, J. (Hrsg.): Bilanzen und Bilanzpolitik, Düsseldorf 1989, S. 139-174.

Baetge, J./Siefke, M.: Kapitalstrukturanalyse, in: BBK 1996 S. 191-196 (F. 19 S. 343-348).

dies.: Analyse der horizontalen Bilanzstruktur, in: BBK 1996 S. 287-290, (F. 19 S. 349-352).

dies.: Bilanzanalyse, in: Handwörterbuch des Rechnungswesens, 3. Aufl. Stuttgart 1993, S. 211-221.

Ballwieser, W.: Unternehmensbewertung mit Discounted Cash Flow-Verfahren, in: WPg 1998, S. 81-92.

Bartram, W.: Die Umsatz Rentabilität – zentrale Kennzahl zur Unternehmensbeurteilung, in: WPg 10/1996, S. 393-403.

Bartram, W.: Einblick in die Finanzlage eines Unternehmens aufgrund seiner Jahresabschlüsse, in: DB 1989, S. 2389-2395.

Bieg, H./Hossfeld, C.: Der Cashflow nach DVFA/SG, in: DB 1996, S. 1429-1434.

Böcking, H. J./Benecke, B.: Neue Vorschriften zur Segmentberichterstattung nach IAS und US-GAAP unter dem Aspekt des Business Reporting, in: WPg 1998, S. 92-107.

Böcking, H.-J./Nowack, K.: Das Konzept des Economic Value Added, in: Finanzbetrieb 10/1999, S. 281-288.

Born, K.: Bilanzanalyse International, 2. Aufl., Stuttgart 2000.

Budde, D./Steuber, E.: Rückwirkungen des Konzernabschlusses auf den Einzelabschluss, in: BB 55. Jg. 2000, S. 971-977.

Burger, A.: Jahresabschlußanalyse, 4. Aufl., München 1998.

Busse von Colbe, W. u. a.: Ergebnis nach DVFA/SG, Stuttgart 2000.

Busse von Colbe, W.: Was ist und was bedeutet Sharehoulder Value aus betriebswirtschaftlicher Sicht, in: ZG R 1997, S. 271-290.

C

Coenenberg, A. G.: Jahresabschluss und Jahresabschlussanalyse, 21. Aufl., Stuttgart 2009.

Coenenberg, A. G.: Kapitalflussrechnung als Instrument der Bilanzanalyse, in: Der Schweizer, Treuhänder, 4/2001, S. 311-320.

Coenenberg, A. G.: Segmentberichterstattung als Instrument der Bilanzanalyse, in: Der Schweizer Treuhänder, 67/2001, S. 593-606.

Coenenberg, A. G./Mattner, G.: Segment und Wertberichterstattung in der Jahresabschlussanalyse – das Beispiel Siemens, in: BB 2000 S. 1827-1831.

Copeland, T. E./Koller, T. und Murrin, J.: Unternehmungswert: Methoden und Strategien für eine wertorientierte Unternehmensführung, 2. Aufl., Frankfurt a. M./New York 1998.

D

DRS 3, Segmentberichterstattung, in: Deutsches Rechnungslegungs Standards Committee e.V. (Hrsg.): Deutsche Rechnungslegungs Standards (DRS)/ German Accounting Standards (GAS), Stuttgart 2000.

F

Fischer, T.: Umsatzkostenverfahren, in: Chmielewicz, K./Schweitzer, M. (Hrsg.): Handbuch des Rechnungswesens, 3. Aufl. 1993, S. 1927-1936.

G

Gräfer, H./Schneider, G.: Rechnungslegung, 4. Aufl., Herne 2009.

Gräfer, H./Ostmeier, V.: Discounted Cash Flow, Cash Flow Return on Investment und Economic Value Added als Instrumente der wertorientierten Unternehmenssteuerung, in: BBK 2000 S. 967-982 (F. 26 S. 923 ff.).

Gräfer, H./Ostmeier, V.: Der Discounted Cash Flow als Instrument der Unternehmensbewertung, in: BBK 2000 S. 667-682 (F. 28 S. 1241 ff.).

Gräfer, H./Scheld, G.: Grundzüge der Konzernrechnungslegung, 11. Aufl., Berlin 2009.

Gubelt, C.: Die Jahresabschlussanalyse von nach IFRS erstellten Abschlüssen, Hamburg 2004.

H

Hachmeister, D.: Der Cashflow Return on Investment, in: ZfBF 1997, S. 556-579.

Haller, A./Park, P.: Segmentberichterstattung auf Basis des „Management-Approach" – Inhalt und Konsequenzen, in: Kostenrechnungspraxis, Sonderheft 3/1999, S. 59-66.

Hauschildt, J.: Bilanzanalyse, Bilanzkritik und Bilanzpolitik, in: Albers, W. u. a. (Hrsg.): Handwörterbuch der Wirtschaftswissenschaften HdWW, Göttingen 1977, Bd. 1, S. 659-670.

ders.: Entwicklungslinien der Bilanzanalyse, in: ZfbF 1971, S. 335-351.

ders.: Erfolgs und Finanz-Analyse, 3. Aufl., Köln 1996.

ders.: Erfolgsspaltung: Ermittlungsmöglichkeiten und empirischer Test, in: Coenenberg, A. G. (Hrsg.): Bilanzanalyse nach neuem Recht, Landsberg 1989, S. 189-208.

Hauschildt, J./Leker, J.: Bilanzanalyse unter dem Einfluss moderner Analyse- und Prognoseverfahren, in: BFuP 3/1995 S. 249-269.

Hauschildt, J./Grenz, T./Gmünden, H. G.: Entschlüsselung von Unternehmenskrisen durch Erfolgsspaltung?, in: DB 1985, S. 877-885.

K

Kirsch, H.: Erfolgsstrukturanalyse auf Basis der Gliederungs- und Angabevorschriften zur IAS/IFRS – Gewinn- und Verlustrechnung, in: DB 2003, S. 2449-2455.

Kirsch, H.: Finanz und erfolgswirtschaftliche Jahresabschlussanalyse nach IFRS, 2. Aufl., München 2007.

Kirsch, H.: Rentabilitätsanalyse auf Basis einer IAS/IFRS-Anschlusses, in BB 5/2004, S. 261-265.

Klook, J.: Cashflow-Return on Investment als Rentabilitätskennzahl aus externer Sicht, in: WISU 1996, S. 1101-1107.

Kommission für Methodik der Finanzanalyse der Deutschen Vereinigung für Finanzanalyse und Anlageberatung (DVFA) und Arbeitskreis „Externe Unternehmensrechnung“ der Schmalenbach-Gesellschaft – Deutsche Gesellschaft für Betriebswirtschaft (SG): Cashflow nach DVFA/SG, in: WPg 1993, S. 599-602.

Krawitz, N.: Latente Steuern als Problem der Konzernbilanzanalyse, in Lachnit, L./Freidank, C. (Hrsg.): Investorenorientierte Unternehmenspublizität, Wiesbaden 2000.

Krawitz, N.: Zur Erweiterung der deutschen Segmentberichterstattung unter Berücksichtigung internationaler Entwicklungen, in: Fischer, T. R./Homburg, R. (Hrsg.): Jahresabschluss und Jahresabschlussprüfung, Düsseldorf 1997.

Kriete, T./Padberg, T./Werner T.: EBIT – eine „neue“ Kennzahl in Jahresabschluss und Jahresabschlussanalyse, in: StuB 22/2002 S. 1090-1094.

Küting, K.: Beim Geschäfts- und Firmenwert ist vieles reine Willkür, FAZ vom 9. 2. 1995.

Küting, K.: Das Spannungsverhältnis zwischen Bilanzpolitik und Bilanzanalyse, in: DStR 1996, S. 934-944.

ders.: Betriebswirtschaftliche Steuerberatung: Jahresabschlußanalyse mit Hilfe betriebswirtschaftlicher Kennzahlen, in: DStR 1986, Beihefter zu Heft 15.

ders.: Aufbereitungsmaßnahmen im Rahmen der Bilanzanalyse, in: DStR 1991, S. 1468-1474.

ders.: Möglichkeiten und Grenzen einer betragsmäßigen Ergebnisanalyse, in: DStR 1992, S. 369-374, S. 406-410.

ders.: Möglichkeiten und Grenzen der bilanziellen Erfolgsspaltung, in: DStR 1992, S. 122-127, S. 154-159.

ders.: Analyse der Rentabilität, in: DStR 1992, S. 265-270.

ders.: Finanzwirtschaftliche Bilanzanalyse: Grundlagen und Investitionsanalyse, in: DStR 1992, S. 994-999.

Küting, K.: Performance-Messung und Unternehmensbewertung auf Basis des EVA, in: WPg 21/52 1999, S. 829-838.

Küting, K./Heiden, M.: Pro-Forma-Ergebnisse in deutschen Geschäftsberichten-Kritische Bestandsaufnahme aus Sicht der Erfolgsanalyse, in: StuB 22/2002 S. 1085-1089.

Küting, K./Kessler, H.: Finanzwirtschaftliche Bilanzanalyse: Grundlagen der Investitionsanalyse, in: DStR 1999, S. 994-999.

dies.: Handbuch der Rechnungslegung, Kommentar zur Bilanzierung und Prüfung, 4. Aufl., Stuttgart 1995.

Küting, K./Lorson, P.: Stand und Entwicklungsperspektiven der Bilanzanalyse, in BBK 1994 S. 627-642 und S. 675-684 (F. 19 S. 255-270, S. 271-280).

Küting, K./Weber, C. B.: Die Bilanzanalyse, 9. Aufl., Stuttgart 2009.

L

Lachnit, L.: Bilanzanalyse, Wiesbaden 2004.

Lachnit, L.: Das Rentabilitäts-Liquiditäts(R/L-)Kennzahlensystem als Basis controllinggestützter Managementkonzepte, in: Konzeption, Umsetzungen, Praxiserfahrungen (hrsg. von Laurenz Lachnit), München 1988.

Lachnit, L.: Der Daimler-Benz-Konzern in der externen Jahresabschlußanalyse, in: DB 1996, S. 2137-2145.

Lachnit, L.: Probleme der wertorientierten Performancedarstellung von Unternehmen, in: DB 2002, S. 2553-2559.

Lachnit, L./Ammann, H./Müller S./Wulf, I.: Geschäfts oder Firmenwert als Problem der Konzernabschlussanalyse, in: WPg. 52. Jg. 1999, S. 677-688.

Lachnit, L./Ammann, H.: Währungsumrechnung als Problem einer tatsachengetreuen Darstellung der wirtschaftlichen Lage im Konzernabschluss, in: WPg, 51. Jg. 1998, S. 751-766.

Leffson, O.: Bilanzanalyse, 3. Aufl., Stuttgart 1984.

Lewis, T. G./Lehmann, S.: Überlegene Investitionsentscheidungen durch CFROI, in: BFuP 1992 S. 1-13.

Loistl, O.: Externes Rechnungswesen, München 1990.

Lorson, P.: Shareholder Value-Ansätze, Zweck, Konzepte und Entwicklungstendenzen, in: DB 26 u. 27/1999, S. 1329-1339.

Löw, E./Lorenz, K.: Währungsumrechnung nach EDRS 18 und nach den Regelungen des IASB, in: BB, 57. Jg. 2002, S. 2543-2547.

M

Mansch, H./Stolberg, K./von Wysocki, K.: Die Kapitalflussrechnung als Ergänzung des Jahresabschlusses, in: WPg 1995, S. 185-203.

Meyer, C.: Bilanzierung nach Handels und Steuerrecht, 21. Aufl., Herne 2010.

N

Nardmann, H.: Die Segmentberichterstattung – Anforderungen nach DRS 3 im internationalen Vergleich, Herne/Berlin 2002.

Niehaus, H. J.: Früherkennung von Unternehmenskrisen, Düsseldorf 1987.

O

Ostmeier, V.: Das Informationspotenzial neuerer Rechnungslegungsinstrumente, Frankfurt 2004.

o. V.: Segmentberichterstattung – Deutscher Rechnungslegungsstandard Nr. 3 (DRS 3), in: BBK F. 12 S. 6445-6454.

P

Peemöller, V. H.: Bilanzanalyse und Bilanzpolitik, 3. Aufl., Wiesbaden 2003.

Preißler, P. R.: Betriebswirtschaftliche Kennzahlen, München 2008.

R

Rehkugler, H./Podding, T.: Bilanzanalyse, 4. Aufl., München 1998.

Reichmann, T.: Controlling mit Kennzahlen & Management- Tools, 7. Aufl., München 2006.

Riebell, C.: Die Praxis der Bilanzauswertung, 8. Aufl., Stuttgart 2006.

S

Scheffels, R.: Fuzzy-Logik in der Jahresabschlußprüfung, Wiesbaden 1996.

Schindler, R.: EBITDA – Führungsgröße mit Zukunft – Konzept zur Steuerung des Ressourcemanagements, in: Der Schweizer Treuhänder, 9/2002, S. 771-778.

Schneider, D.: Erste Schritte zu einer Theorie der Bilanzanalyse, in: WPg 1989, S. 633 ff.

Schneider, D.: Oh, EVA, EVA, schlimmes Weib: Zur Fragwürdigkeit einer Zielvorgabe – Kennzahl nach Steuern in Konzerncontrolling, in: DB 48/2001, S. 2509-2514.

Schult, E./Brösel, G.: Bilanzanalyse, 12. Aufl., Berlin 2008.

Selchert, F. W.: Latente Steuern als in der Konzernabschlusspolitik, in: DStR 1994, S. 34-40.

Stern, J. M./Shiely, S./Ross, I.: Wertorientierte Unternehmensführung mit E(conic) V(alue) A(dded). Strategie, Umsetzung, Praxisbeispiele, München 2002.

Stewart, G. B.: The Quest für Value: The EVATM Management Guide, New York 1991.

T

Tacke, H.: Jahresabschlußanalyse in der Praxis, Herne 1997.

Tacke, H.: Liquidität als Analyseziel, in: BBK 1995 S. 433-436 (F. 19, S. 317-320).

V

Veit, K.-R.: Der Einblick in Unternehmenszusammenschlüsse durch den Jahresabschluß, in: BBK 1996 S. 1093-1100 (F. 12 S. 2025-2032).

Volk, G.: „Neue" Jahresabschluss- bzw. Ertragskennzahlen: Arten, Aussagekraft und Verwendungsmotivation, in: StuB 11/2002 S. 512-525.

ders.: EBITDA: Das Gute, das Schlechte, das Hässliche, in: StuB 11/2003 S. 503-506.

Vollmuth, H.: Bilanzen richtig lesen, besser verstehen, optimal gestalten, 9. Aufl., Freiburg 2009.

W

Wagenhofer, A.: Bilanzierung und Bilanzanalyse, Wien 2005.

Wagenhofer, A./Ewert, R.: Externe Unternehmensrechnung, 2. Aufl., Berlin/Heidelberg/New York 2007.

Wehrheim, M.: Die Erfolgsspaltung als Krisenindikator, in: Deutsches Steuerrecht (DStR) 1997, S. 508-513.

Wehrheim, M.: Krisenprognose mit Hilfe einer Kapitalflussrechnung, in: DStR 43/1997, S. 1699-1704.

Weinrich, G.: Bilanzanalyse aus Finanzsicht – ein zukunftsorientiertes Instrumentarium zur Unternehmensdiagnose, in: WPg 1993, S. 225-235.

Werner, T./Padberg, T.: Bankbilanzanalyse, 2. Aufl., Stuttgart 2006.

Z

Zündorf, H.: Der Einsatz von wissensbasierten Systemen bei der Analyse von Jahresabschlüssen, in: BBK 1994 S. 515-524.

STICHWORTVERZEICHNIS

A

Abschreibungen 15, 36, 43, 48, 57, 92, 98, 101, 107, 118, 144
– auf Finanzanlagen 38, 39, 42

Abschreibungsmethode 15, 58

Abschreibungsquote 103

Aktienanalyse 29

Anhang 2, 14, 16

Anlagenabnutzungsgrad 103

Anlagendeckungsgrade 88

Anlagenintensität 50, 74, 105

Anlagevermögen 74, 94

Anleiheemissionen 85

Arbeitsintensität 50, 74, 105

Aufwendungen 91
– außerordentliche 13, 39

Ausschüttungen 1, 5, 13, 27, 44 f., 95
– Politik 82
– Sperrfunktion 1

Auszahlungen 91, 126, 128

B

Barliquidität 72

Bestandsveränderung 35, 47, 48, 98, 105

Bestätigungsvermerk 15 f.

Beteiligungen 38, 89, 117

Beteiligungsergebnisanteil 40

Beteiligungsrendite 40

Betriebs- und Branchenvergleich 22 f., 62, 102

Betriebsergebnis 34, 46 f., 54 f., 97, 118
– ordentliches, operatives 28, 29, 34, 39, 63 f., 96

Betriebsrentabilität 63, 69

Bewertungserfolg 28, 29, 42 f.

Bewertungsmethoden 15 f., 62, 126, 138, 143 f.
– Änderungen 17

Bilanz 2, 8
– Stichtag 10, 17, 70

Bilanzanalyse 1, 4, 10, 15, 18, 24
– als Kennzahlenrechnung 18
– finanzwirtschaftliche 23
– Grenzen und Schwierigkeiten 10
– horizontale 87
– Ziele 11

Bilanzgewinn/-verlust 14, 27, 86

Bilanzpolitik 16
– Profil 17
– Instrumentarium 29

Bilanzregel
– goldene 87 f., 90, 92 f.

Börsenkurs 9, 137 f.

Börsenwert 109, 137, 139

Buchwert 28, 62

C

Cashflow 37, 58, 61, 91 f., 95 f., 108, 125, 130, 132

Cashflow Return on Investment (CFRoI) 143, 145 ff.

Cashflow/Umsatzrate 95, 98

Capital employed 141, 147 f.

D

Debitorenlaufzeit 76

Disagio 93

Diskriminanzanalyse 153

Dispositionsfreiheit 61, 71, 77 f.

Diversifikation 100

Dividendenrendite 139

DVFA 93, 95 f., 137

Dynamischer Verschuldungsgrad 96

E

Earnings before Interest and Taxes (EBIT) 34, 57 f., 147

Earnings before Interest, Taxes and Amortization (EBITA) 57, 60

Earnings before Interest, Taxes, Depreciation, Amortization (EBITDA) 58

Earnings before Taxes (EBT) 56, 59
EBIT-Marge 57, 64, 69
Economic Value Added (EVA) 147
Eigenkapital 19, 61, 68, 71, 77, 78, 81, 90, 109, 118, 125, 146
– bilanzanalytisches 79, 109
– bilanziertes 61
– gezeichnetes 82
Eigenkapitalquote 78, 81 f., 109, 154, 159
Eigenkapitalrentabilität siehe Rentabilitäten
Einmalergebnisse 28 f.
Einzahlungen 91
Entwicklungsvergleich 21 f.
Erfolgsanalyse 28, 32, 43
Erfolgskennzahlen 27
Erfolgsrechnung 23
Erfolgsspaltung 28, 29, 32
Erfolgsverwendung 44
Ergebnis der gewöhnlichen Geschäftstätigkeit 13
Ergebnisquellenanalyse 32
Erträge 91
– außerordentliche 13, 39
Ertragskraft 20, 25, 27, 45, 95, 97
Ertragslage 30, 136

F

Finanz- und Verbunderfolg 28, 38 f.
Finanzergebnis 29, 38
– außerordentliches 28
Finanzierungsgrundsätze 76, 89, 91
Finanzierungspolitik 44, 71
Forderungen 73, 89, 93
Fremdkapital 71, 90
Fristenkongruenz 87 f.

G

Gesamtkapital 68, 81
Gesamtkapitalrentabilität siehe Rentabilitäten
Gesamtkostenverfahren (GKV) 30, 31, 34
Geschäfts- und Firmenwert 57 f., 117 ff.
Gewinnabführungsverträge 38
Gewinnausschüttungen 27
Gewinn je Aktie 138
Gewinnthesaurierung 83 f.
Gewinn- und Verlustrechnung 2, 18, 27 f., 30 f., 91, 94
Gewinnverwendungspolitik 33, 56
Gläubigerschutz 83, 91
Goodwill 57 f., 117
Gratisaktien 109

H

Haftungskapital 78, 109
Herstellungskosten 47, 49

I

Illiquidität 70
Impairment only 58
Innenfinanzierungsgrad 96, 98, 108
Innenfinanzierungspotenzial 91, 95, 108
Intensitäts- und Aufwandsstrukturkennzahlen 47
International Financial Reporting Standards (IFRS) 2, 17, 56, 111 f., 113, 120, 137
Investitionen 13, 95, 100 f., 131 ff.
Investitionsdeckung 108
Investitionspolitik 99 f.
Investitionsquote 101 f.
Investitionsrisiko 89, 90 f., 104

J

Jahresabschluss 4, 17, 136
– Funktionen 1
Jahresabschlussanalyse 3, 125
– erfolgswirtschaftliche 3, 27
– finanzwirtschaftliche 3, 70
– Problemstellungen 2
Jahresfehlbetrag 27, 83
Jahresüberschuss 13, 27, 37, 42 f., 56 f., 63, 91 f., 131
– vor Steuern 13

K

Kapazitätsauslastung 50
Kapitalbindungsdauer 87
Kapitalerhaltung 1, 91

Kapitalerhöhung 84, 90, 110

Kapitalflussrechnung 91, 99, 111, 125, 128, 130

Kapitalgesellschaften 15, 33, 56

Kapitalintensität 48

Kapitalkosten 141 ff., 148

Kapitalmarkt 85, 136, 141

Kapitalrücklage 82

Kapitalstruktur 33, 56, 63, 85, 90, 142

Kennzahlen 3, 4
– Arten 19

Konzern 111

Konzernjahresabschluss 113, 118

Kreditorenlaufzeit 76

Kreditwürdigkeit 89

Krisenprognose 94 f.

Kundenziel 76

Kurs-/Gewinnverhältnis 136

Kursverluste 36

L

Lagebericht 2, 15

Leasing 106

Leverage- Effekt 63 ff., 68, 143

Lieferantenziel 76

Liquidationsergebnis 41 f.

Liquidität 20, 71, 72 ff., 82, 91 f., 97, 99, 125

Liquiditätskennzahlen 72 f.

Lucky buy 119

M

Marktwert 137

Materialaufwandsintensität 47

Materialaufwendungen 36, 47

Netto-Investitionen 98

Normenvergleich, Soll-/Ist-Vergleich 23

O

Operatives Ergebnis 29

Opportunitätskosten 141

P

Passivischer Unterschiedsbetrag 116, 119

Pensionsrückstellungen 36, 48, 84 f., 93, 96

Performance 148

Personalaufwand 36, 47

Personalintensität 48

Praktikerformel 92 f.

Produktivität 52 f.

Pro-Forma-Kennzahlen 56

R

Rechnungslegungsvorschriften 15

Rentabilität 18, 23, 29, 60 f., 89, 97, 150, 155
– Betrieb 63, 69
– Eigenkapital 61, 68
– Gesamtkapital 63, 68
– Umsatz 64, 69

Reserven, stille siehe Rücklagen

Return on Investment (RoI) 61, 65, 69

Rücklageanteil 83, 90, 109

Rücklagen 13, 17, 27, 33, 79
– Gewinn 82
– Kapital 82
– stille 15, 17, 28, 43, 48, 61 f., 80, 137

Rückstellungen 79, 84, 96, 121

S

Sale-lease-back-Verfahren 17

Schuldendeckungspotenzial 71

Schuldentilgungsdauer 96, 98

Segmentberichterstattung 111, 141, 146, 149

Segmentrendite 149

Segmentumsatzrendite 149

Selbstfinanzierungsgrad 84

Shareholder-Value 111, 139, 146

Sondereinflüsse 29, 34

Sonstige betriebliche Aufwendungen 34, 50 f.

Sonstige betriebliche Erträge 34 f., 84

Steuern 36, 93
– latente 80, 123

T

Testat 15 f.

Tilgungen 92

U

Umlaufvermögen 87, 89
Umsatzanalyse 46
Umsatzerlöse 35, 46
Umsatzkostenverfahren (UKV) 23, 30, 33, 49
Umsatzrentabilität, -rendite siehe Rentabilitäten
Umschlagsdauer 51, 75
Umschlagshäufigkeit 51, 65 f., 69, 75
Umschlagskoeffizienten 50, 75
Unternehmensrendite 61
Unternehmenswert 139

V

Verbindlichkeiten 85 f., 87
– Verbund 85
– aus Lieferungen und Leistungen 85
Verbundene Unternehmen 14
Verlustvortrag 83
Vermögen
– betriebsnotwendiges 63, 64
Vermögensanalyse 105
Vermögensgegenstände 28, 100
– immaterielle 93, 102
Vermögensintensität 74
Vermögensstrukturkennzahlen 74
Vertriebskosten 50
Vorräte 89
Vorratsintensität 51 f.

W

Wachstum 99, 106
Währungsumrechnung 119, 121
Wertorientierte Unternehmensführung 61, 146
Werttreiber 140, 146, 149
Wertvernichter 140, 149
Wirtschaftlichkeitsbetrachtung 50
Working Capital 73, 98 f.

Z

Zeit- und Entwicklungsvergleich 21, 62
Zinsaufwand 36, 63
Zinsen 36, 92
Zinsergebnis 39, 40